高职高专计算机专业规划教材

网络安全技术

主　编　杨寅春

副主编　许　力

参　编　徐晓林　谢加华　纪祥敏　章　静

西安电子科技大学出版社

内 容 简 介

本书较系统地介绍了网络安全的主要理论、技术及应用方面的知识，主要包括密码技术、操作系统安全、数据库安全、防火墙技术、网络入侵与防范、入侵检测技术、计算机病毒与防范、Internet 安全、VPN 技术、无线局域网安全、计算机网络安全工程等。

本书注重理论结合实践，每一章均配有与理论相关的实例及习题，使读者能够加深对网络安全理论的理解与掌握，增强动手能力，最终具备基本的网络安全管理和设计能力。

本书可作为高职高专院校的计算机专业、通信工程专业和信息安全专业等相关专业的教材，也可作为开设了计算机网络安全和信息安全课程的应用型本科专业的教材，还可作为网络工程技术人员和信息安全管理人员的参考资料。

★ 本书配有电子教案，有需要者可登录出版社网站，免费下载。

图书在版编目(CIP)数据

网络安全技术 / 杨寅春主编. —西安：西安电子科技大学出版社，2009.2(2020.1 重印)
中国高等职业技术教育研究会推荐. 高职高专计算机专业规划教材
ISBN 978-7-5606-2152-4

Ⅰ. 网… Ⅱ. 杨… Ⅲ. 计算机网络—安全技术—高等学校：技术学校—教材 Ⅳ. TP393.08

中国版本图书馆 CIP 数据核字(2008)第 194111 号

策　　划　臧延新
责任编辑　王跃华　臧延新
出版发行　西安电子科技大学出版社(西安市太白南路 2 号)
电　　话　(029)88242885　88201467　　　邮　　编　710071
网　　址　www.xduph.com　　　　　电子邮箱　xdupfxb001@163.com
经　　销　新华书店
印刷单位　陕西日报社
版　　次　2009 年 2 月第 1 版　　2020 年 1 月第 5 次印刷
开　　本　787 毫米×1092 毫米　1/16　印　张　17
字　　数　394 千字
印　　数　5751～6950 册
定　　价　35.00 元

ISBN 978-7-5606-2152-4/TP

XDUP 2444001-5

如有印装问题可调换

前　言

计算机网络的高速发展和快速普及使信息资源得到了最大程度的共享，与此同时信息和网络的安全问题也日渐突出。计算机网络在设计时的安全缺陷使其容易受到黑客与病毒的入侵与攻击，从而导致信息的泄露或丢失。因此，如何解决网络上的信息安全问题，制止计算机犯罪，建立安全的网络体系已成为全球关注的焦点。

本书采用实例教学方法，结合大量的应用实例分别从理论、技术及应用的角度介绍了包括有线网络和无线网络在内的网络安全技术，使读者能够对网络安全有一个系统、全面的认识，并通过对网络安全工程的介绍使读者能够从总体上把握网络安全的结构和框架，学会灵活利用所学知识在开放的网络环境中保护自己的信息和数据，抵御黑客和病毒的侵害，避免在学习了很多安全技术之后却仍不知如何进行网络安全设计和管理的情况。

全书共 12 章，各章内容简述如下：

第 1 章对网络安全所面临的威胁、信息系统安全框架、OSI 和 TCP/IP 参考模型安全、安全评估标准及立法等做一般性的介绍。

第 2 章介绍密码体制、常用密码算法、报文认证和数字签名的原理，并结合 CAP 软件和 PGP 软件应用实例演示密码算法原理和应用。

第 3 章介绍常用操作系统 Windows Server 2003 和 Linux 的安全，并结合具体的需求实现在操作系统中的安全配置。

第 4 章介绍数据库安全理论知识，并结合实例介绍如何在数据库中实现安全配置。

第 5 章介绍防火墙的基本概念、体系结构和技术，以及常用的防火墙产品及选购，并结合两款典型的防火墙软件介绍如何配置包过滤和代理防火墙。

第 6 章介绍网络攻击和防范技术，并结合实例介绍如何实现扫描和网络监听技术与防范、系统服务入侵与防范、木马入侵与防范和系统漏洞入侵与防范。

第 7 章介绍入侵检测系统的原理和技术，以及相关的产品和选购，并结合 Snort 系统实例介绍如何实现入侵检测功能配置。

第 8 章介绍常见的计算机病毒原理，包括引导型病毒、文件型病毒、宏病毒、蠕虫、木马和脚本病毒，并结合实例和产品介绍了如何防范各类病毒。

第 9 章介绍常用的 WWW 服务、FTP 服务和电子邮件的安全原理，并结合实例介绍如何实现这些服务的安全配置，包括服务本身的安全配置以及通过 SSL 协议和 IPSec 协议实现 Internet 通信安全。

第 10 章介绍 VPN 隧道协议和 VPN 集成，并结合 VPN 应用实例，介绍如何实现 PPTP VPN 配置。

第 11 章介绍常用的无线局域网安全措施和安全协议，并结合实例介绍如何组建一个安全的无线局域网。

第 12 章介绍网络安全系统设计过程，并结合电子政务网络安全系统设计实例，介绍如何根据项目需求设计安全方案并实施。

本书在内容的编排上由浅入深、循序渐进，力争使用目前最新版本的信息安全软件实现基于 Windows Server 2003 系统平台的配置，并给出了相关软件的下载链接，书中所有截图均为真实实验过程截图，具有较强的可操作性和实用性。

本书由上海第二工业大学计算机与信息学院杨寅春担任主编；福建师范大学许力担任副主编。第 1、3 章由徐晓林编写；第 2、4 章由许力、陈志德、陈建伟编写；第 6 章由谢加华编写；第 5、7 章的理论部分由许力、章静、纪祥敏编写；第 5、7 章的实例部分和第 8、9、10、11、12 章由杨寅春编写，全书由杨寅春统稿并定稿。

在编写过程中，上海三零卫士信息安全有限公司提供了部分案例素材，欧寅浩、黄彬宏、胡颖川、周智君四位同学做了部分实验验证工作，西安电子科技大学出版社的编辑们为本书的出版也提供了大力支持和帮助，我们对此表示由衷的感谢和敬意。

由于编者水平有限，加之时间仓促，不妥之处在所难免，衷心希望广大读者批评指正。编者的 E-mail 为：ycyang@it.sspu.cn。

编　者

2008 年 8 月于上海

目　录

第 1 章　概论..1

　1.1　计算机网络安全概述..1

　　1.1.1　信息安全发展历程..1

　　1.1.2　网络安全的定义及特征..2

　　1.1.3　主要的网络信息安全威胁..2

　　1.1.4　网络安全防护体系层次..4

　　1.1.5　网络安全设计原则..5

　1.2　网络信息系统安全架构..6

　　1.2.1　安全服务..6

　　1.2.2　安全机制..7

　1.3　OSI 参考模型安全..8

　1.4　TCP/IP 参考模型安全..11

　　1.4.1　TCP/IP 协议栈..11

　　1.4.2　TCP/IP 主要协议及安全..12

　　1.4.3　端口安全..13

　1.5　安全评估标准及立法..14

　　1.5.1　国际安全评估标准..14

　　1.5.2　我国安全立法..15

　1.6　安全技术发展趋势..16

　习题..17

第 2 章　密码技术..18

　2.1　密码学概述..18

　　2.1.1　密码体制..19

　　2.1.2　密码分类..20

　2.2　古典密码..20

　　2.2.1　替代密码..20

　　2.2.2　换位密码..24

　2.3　分组密码..24

　　2.3.1　DES..24

　　2.3.2　AES..26

　2.4　公钥密码体制..26

　　2.4.1　RSA..27

2.4.2　ElGamal 和 ECC 28

2.4.3　公钥密码体制应用 28

2.5　报文认证与数字签名 29

2.5.1　Hash 函数 29

2.5.2　报文认证 30

2.5.3　数字签名 32

2.6　密钥管理与分发 34

2.7　密码技术实例 35

2.7.1　CAP 软件应用 35

2.7.2　PGP 软件应用 40

习题 47

第 3 章　操作系统安全 48

3.1　安全操作系统概述 48

3.1.1　可信计算机安全评估准则 49

3.1.2　安全操作系统特征 50

3.2　操作系统帐户安全 51

3.2.1　密码安全 52

3.2.2　帐号管理 53

3.3　操作系统资源访问安全 55

3.3.1　Windows 系统资源访问控制 55

3.3.2　Linux 文件系统安全 56

3.4　操作系统安全策略 57

3.5　我国安全操作系统现状与发展 62

3.6　操作系统安全实例 63

3.6.1　Windows Server 2003 安全设置 63

3.6.2　Linux 安全设置 69

习题 72

第 4 章　数据库安全 73

4.1　数据库安全概述 73

4.1.1　数据库系统面临的安全威胁 73

4.1.2　数据库的安全 74

4.2　数据库安全技术 76

4.2.1　数据库安全访问控制 76

4.2.2　数据库加密 77

4.2.3　事务机制 78

4.3　SQL Server 数据库管理系统的安全性 79

4.3.1　安全管理 79

　　　4.3.2　备份与恢复 ···82
　　　4.3.3　使用视图增强安全性 ·······································85
　　　4.3.4　其他安全策略 ···85
　　习题 ···87

第5章　防火墙技术 ··88
　5.1　防火墙概述 ···88
　　　5.1.1　防火墙的作用与局限性 ·······························88
　　　5.1.2　防火墙的类型 ···90
　　　5.1.3　防火墙技术的发展趋势 ·······························91
　5.2　防火墙体系结构 ···91
　　　5.2.1　传统防火墙系统 ···91
　　　5.2.2　分布式防火墙系统 ···94
　　　5.2.3　混合型防火墙系统 ···95
　5.3　防火墙技术 ···96
　　　5.3.1　包过滤技术 ···96
　　　5.3.2　代理技术 ··100
　　　5.3.3　状态检测技术 ··101
　5.4　防火墙产品及选购 ··102
　　　5.4.1　防火墙产品介绍 ···102
　　　5.4.2　防火墙选购原则 ···103
　5.5　防火墙技术实例 ··105
　　　5.5.1　包过滤防火墙实例 ·······································105
　　　5.5.2　代理防火墙应用实例 ····································108
　　习题 ···111

第6章　网络入侵与防范 ···112
　6.1　入侵与防范技术概述 ···112
　6.2　扫描和网络监听技术与防范 ··114
　　　6.2.1　扫描技术与防范 ···114
　　　6.2.2　网络监听技术与防范 ····································117
　6.3　系统服务入侵与防范 ···122
　　　6.3.1　IPC$的入侵与防范 ·····································122
　　　6.3.2　Telnet 的入侵与防范 ····································125
　　　6.3.3　远程计算机管理 ···127
　　　6.3.4　安全防范 ··129
　6.4　木马入侵与防范 ··129
　　　6.4.1　木马技术概述 ··130
　　　6.4.2　木马连接方式 ··130

      6.4.3　木马入侵过程 132

      6.4.4　木马入侵实例 133

      6.4.5　木马技术防范 139

  6.5　系统漏洞入侵与防范 139

  习题 142

第7章　入侵检测技术 143

  7.1　入侵检测技术概述 143

  7.2　入侵检测系统分类 146

  7.3　入侵检测产品和选购 147

  7.4　入侵检测系统实例——Snort 系统 149

      7.4.1　Snort 系统概述 149

      7.4.2　Snort 体系结构 149

      7.4.3　Windows 平台下 Snort 的应用 154

  习题 158

第8章　计算机病毒与防范 159

  8.1　计算机病毒概述 159

      8.1.1　计算机病毒的定义 159

      8.1.2　计算机病毒的分类 160

  8.2　计算机病毒原理 162

      8.2.1　引导型病毒 162

      8.2.2　文件型病毒 163

      8.2.3　宏病毒 165

      8.2.4　蠕虫 167

      8.2.5　木马 169

      8.2.6　脚本病毒 169

      8.2.7　病毒的检测 171

  8.3　网络防病毒技术 172

  8.4　常用防病毒软件产品 173

  8.5　病毒防范实例 176

  习题 179

第9章　Internet 安全 180

  9.1　WWW 服务安全 180

  9.2　FTP 服务安全 186

  9.3　电子邮件的安全 187

  9.4　SSL 协议 189

  9.5　IPSec 协议 190

9.6　Internet 安全技术实例 193

　9.6.1　SSL 技术应用 193

　9.6.2　IPSec 技术应用 197

习题 203

第 10 章　VPN 技术 205

10.1　VPN 概述 205

10.2　VPN 隧道协议 207

　10.2.1　PPTP 207

　10.2.2　L2TP 209

　10.2.3　MPLS 212

10.3　VPN 集成 212

10.4　VPN 应用实例 214

习题 219

第 11 章　无线局域网安全 220

11.1　无线局域网概述 220

11.2　基本的 WLAN 安全 222

11.3　WLAN 安全协议 224

　11.3.1　WEP 224

　11.3.2　802.1x 225

　11.3.3　WPA 226

　11.3.4　802.11i 与 WAPI 226

11.4　第三方安全技术 227

11.5　无线局域网组建实例 228

习题 234

第 12 章　计算机网络安全工程 235

12.1　网络安全系统设计过程 235

12.2　区级电子政务网络安全系统设计实例 236

　12.2.1　项目概述 237

　12.2.2　需求分析 239

　12.2.3　策略建设 241

　12.2.4　措施建设 242

　12.2.5　产品选型 249

习题 257

参考文献 258

第 1 章 概 论

随着信息系统及计算机网络的快速普及，信息资源得到了最大程度的共享，处理信息的多样性与便捷性使计算机正日益成为社会各行各业生产和管理的有效工具。然而，伴随信息和网络发展而来的安全问题也日渐突出。由于计算机网络涉及到政府、军事、金融、文教等诸多领域，担负着处理各种重要及敏感信息的工作，因此难免会遭到各种手段的攻击，如进行信息窃取、数据篡改等。而由于计算机网络在设计之初只考虑了方便性和开放性而忽视了安全性，也使得计算机网络非常脆弱，容易受到黑客与病毒的入侵与攻击，使网络系统遭到破坏，导致信息的泄露或丢失。如何解决网络上的信息安全问题，制止计算机犯罪，建立安全的网络体系已成为全球关注的焦点。

1.1 计算机网络安全概述

1.1.1 信息安全发展历程

在计算机出现之前，信息安全主要指信息保密，靠物理安全和管理政策保护有价值信息的安全性，如将文件锁在柜子中和采用人事审查程序。计算机出现之后，信息安全在其发展过程中经历了如下三个阶段。

1. 简单通信阶段

在早期网络技术还未出现的时候，电脑只是分散在不同的地点，这时信息的安全主要局限于保证电脑的物理安全，即把电脑安置在相对安全的地点，不允许陌生人靠近，以此来保证信息的安全。如果有信息要交流则从源主机将数据拷贝到介质上，派专人将其秘密地送到目的地，拷贝进目标主机。为了防止信息被信息传递员泄露，可以用加密方法对信息加密，到了目的地再进行解密，因此这个阶段强调的信息安全更多的是信息的机密性，对安全理论和技术的研究也仅限于密码学。

2. 传输安全阶段

上世纪 60 年代后期，由于计算机网络技术的发展，数据的传输已经可以通过电脑网络来完成，这时的信息安全除了保证网络中传输数据的机密性之外，信息的完整性和可用性也是传输安全阶段关注的主要目标。也就是说，要保证信息在传输过程中不被窃取，或即使窃取了也不能读出正确的信息，还要保证数据在传输过程中不被篡改，让读取信息的人能够看到正确无误的信息。

3. 信息保障阶段

到了上世纪 90 年代，由于互联网技术与电子商务技术的飞速发展，信息达到了空前的繁荣与开放，信息安全的焦点已经不仅仅是传统的机密性、完整性和可用性三个原则了，由此衍生出了诸如可控性、抗抵赖性、真实性等其他的原则和目标，信息安全也转化为从整体角度考虑其体系建设的信息保障阶段。这个阶段的任务是防止信息在互联网上遭到不法分子的窃取和破坏，以及控制非法、虚假信息的传播。本书关注的计算机网络信息安全就是利用网络安全技术来保护网络上的信息，是广义上的网络安全技术。

1.1.2　网络安全的定义及特征

网络安全主要是保护网络系统的硬件、软件及其系统中的数据免受泄露、篡改、窃取、冒充、破坏，使系统连续可靠、正常地运行。网络安全包括物理安全和逻辑安全两方面，其中物理安全指系统设备及相关设施受到物理保护，免于破坏、丢失等；逻辑安全包括信息保密性、完整性和可用性。

1. 网络安全的特征

网络安全从其本质上来讲就是网络上的信息安全。从广义来说，凡是涉及到网络上信息的机密性、完整性、可用性、真实性和可控性的相关技术和理论都是网络安全的研究领域。

- ➢ 机密性：是指信息不泄露给非授权用户、实体或过程的特性。
- ➢ 完整性：是指数据在存储或传输过程中未经授权不能进行改变的特性。
- ➢ 可用性：是指得到授权的实体在需要时可以得到所需的网络资源和服务的特性。
- ➢ 真实性：是指传递或发布的信息不是虚假的，而是可靠的特性。
- ➢ 可控性：是指对信息的传播及内容具有控制能力的特性。

2. 不同环境的网络安全

➢ 运行系统安全：即保证信息处理和传输系统的安全。它侧重于保证系统正常运行，避免因为系统的崩溃和损坏而对系统存储、处理和传输的信息造成破坏和损失，避免由于电磁泄漏产生信息泄露，干扰他人或受他人干扰。

➢ 系统信息的安全：包括用户口令鉴别，用户存取权限控制，数据存取权限、方式控制，安全审计，安全问题跟踪，计算机病毒防护，数据加密等。

➢ 信息传播安全：即信息传播后果的安全，包括信息过滤等。它侧重于防止和控制非法、有害的信息进行传播后的后果，避免公用网络上大量自由传输的信息失控。

➢ 信息内容的安全：它侧重于保证信息的保密性、真实性和完整性，避免攻击者利用系统的安全漏洞进行窃听、冒充、诈骗等损害合法用户的行为，保护用户的利益和隐私。

1.1.3　主要的网络信息安全威胁

威胁网络信息安全的因素很多，究其原因，其一是计算机系统本身的不可靠性和脆弱性；其二是人为破坏，这也是网络信息安全的最大威胁。网络信息安全的主要威胁有以下几个方面。

1. 物理安全威胁

物理安全又称为实体安全，是指在物理介质层次上对存储和传输的信息的安全保护。主要的物理安全威胁有以下几方面：

- ➤ 自然灾害：地震、水灾、火灾等。
- ➤ 物理损坏：硬盘损坏、设备使用寿命到期和外力破坏等。
- ➤ 设备故障：停电或电源故障造成设备断电和电磁干扰。
- ➤ 电磁辐射：通过电磁辐射信号监听系统或网络信息。
- ➤ 操作失误：误删除文件、误格式化硬盘和线路误拆除等。
- ➤ 意外疏忽：系统掉电、操作系统死机等系统崩溃。

以上物理安全威胁除电磁辐射可以造成信息机密性的破坏以外，其他的威胁都会造成对信息完整性和可用性的破坏。

2. 操作系统的安全缺陷

操作系统是用户和硬件设备的中间层，是在计算机使用前必须安装的。很多操作系统在安装时存在着服务和用户帐号缺省，而这些服务是操作系统自带的一系列的系统应用程序，如果这些应用程序有安全缺陷，那么系统就会处于不安全的状态，这将极大地影响系统上的信息安全。

3. 网络协议的安全缺陷

由于目前 Internet 使用的 TCP/IP 协议在最初设计的时候并没有把安全作为重点考虑，而所有的应用协议都架设在 TCP/IP 协议之上，因此随着各种各样利用网络底层协议本身的安全脆弱性进行攻击的手段层出不穷，极大地影响着上层应用的安全。

4. 体系结构的安全缺陷

在现实应用中，多数的体系结构中的设计和实现存在着安全问题，即使是完美的安全体系结构，也有可能会因为一个小的编程缺陷而被攻击。另外，安全体系中的各种构件如果缺乏紧密的通信和合作，也容易导致整个系统被各个击破。还有非常重要的一点，我国计算机网络中许多技术和设备是进口的，这导致国内网络安全的危险性更大。

5. 黑客和黑客程序的威胁

"黑客"，英文是"hacker"，以前是指具有高超的编程技术、强烈的解决问题和克服限制的欲望的人，而现在已经泛指那些强行闯入系统或者以某种恶意的目的破坏系统完整性的人。黑客程序是指一类专门用于通过网络对远程的计算机设备进行攻击，进而控制、盗取、破坏信息的软件程序。互联网的发达使获取黑客程序更容易，也直接催生了大量的黑客活动，对网络信息安全造成了极大的威胁。

6. 计算机病毒的威胁

计算机病毒是一种人为编制的程序，能在计算机系统中自我复制，破坏计算机功能或者数据，使系统出现某种故障或者完全瘫痪，具有传染方式多、传播速度快、清除难度大、破坏性强等特点。随着网络技术的发展，计算机病毒的种类越来越多，如"求职信"、"红色代码"、"震荡波"、"冲击波"、"尼姆达"等，而且每年都有不同类型的新病毒产生，很多病毒具备了部分黑客软件的性质，破坏力越来越强。

此外，安全防范意识薄弱、安全管理制度不落实、安全管理人员缺乏培训、缺乏有效的安全信息通报渠道、安全服务行业发展不能满足社会需要等问题都比较突出，这些都严重影响了网络的安全性。

1.1.4 网络安全防护体系层次

1．技术性防护体系

要保证一个网络的安全必须要建立安全防护体系，对其实行全方位的保护。而对整个防护体系也要划分层次，每个层次解决不同的安全问题。通常将防护体系划分为实体安全、系统安全、网络安全和应用安全，如图 1.1 所示。

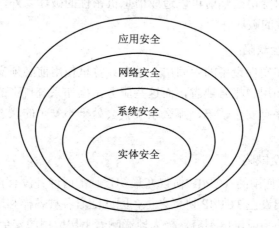

图 1.1　网络安全防护体系层次

1）**实体安全**

实体安全(Physical Security)又叫物理安全，目的是保护物理环境的安全，包括网络系统运行环境(温度、湿度、烟尘)、场地、设备(计算机、网络服务器、打印机等)的安全，保证它们免受地震、水灾、火灾、有害气体和其他环境事故(如电磁污染等)的破坏；还要建立完备的安全管理制度，防止人为失误和犯罪行为对此造成的破坏。

2）**系统安全**

系统安全是指保护网络内使用的操作系统的安全。操作系统是硬件上的第一层软件，是其他软件运行的基础，安全保护尤为重要，包括检测操作系统漏洞、对操作系统进行安全配置、防范病毒等。

3）**网络安全**

网络安全主要保证数据在网络中的安全，包括身份认证、网络资源的访问控制、数据传输的保密与完整性、远程接入的安全、路由系统的安全、入侵检测的手段、病毒的防范等。

4）**应用安全**

应用安全主要保证提供服务的应用软件和数据的安全，包括 Web 服务、FTP 服务、电子邮件系统、域名服务等。

2．其他防护体系

除上述技术性的安全保护以外，在现实生活中，还应该包括严格的安全管理、法律约束和道德教育手段。

1) 管理保护手段

使用计算机网络的各个机构、企业和单位都应建立相应的安全管理办法，加强内部管理。如机房、终端、网络控制室等重要场所的安全保卫，对重要区域或高度机密的部门应引进电子门锁、自动监视系统、自动报警系统等设备；对工作人员进行身份识别验证，保证只有授权的人员才能访问计算机系统和数据；完善安全审计和跟踪体系；提高系统操作人员、管理人员对整体网络的安全意识。

2) 法律保护手段

网络安全是一个发展中的新事物，对其进行破坏的一些信息犯罪行为也是变化多端的，所以必须建立、健全与网络安全相关的法律和法规，来震慑非法行为，使犯罪分子无机可乘。为此各国已纷纷制定了相关法律。我国于 1997 年 3 月通过的新刑法首次规定了计算机犯罪。同年 5 月，国务院公布了经过修订的《中华人民共和国计算机信息网络国际管理暂行规定》。这些法律法规的出台，为打击计算机犯罪提供了法律依据。

3) 道德保护手段

网络打破了传统的区域性，使个人的不道德行为对社会的影响空前增大。技术的进步给了人们以更大的信息支配能力，也要求人们更严格地控制自己的行为。要建立一个洁净的互联网，需要的不仅是技术、法律和管理上的不断完备，还需要网络中的每个信息人的自律和自重，用个人的良心和个人的价值准则来约束自己的行为。

只有从技术、管理、法律和道德方面综合实施网络安全防护，才能够从根本上保护网络信息安全。

1.1.5　网络安全设计原则

在对网络安全系统进行设计时，应遵循以下原则。

1. 系统性与整体性原则

安全体系是一个复杂的系统工程，可以运用系统工程的观点、方法，分析网络的安全及具体措施。这些措施涉及人、技术、操作等要素，主要包括：人员的思想教育与技术培训、安全规章管理制度(人员审查、工作流程、维护保障制度等)的建立、专业技术措施(身份认证技术、访问控制、密码技术、防火墙技术、安全审计技术等)以及行政法律手段的实施。不同的安全措施其效果对不同的网络也并不完全相同。不能单靠技术手段或单靠管理手段来达到安全的效果，合理的网络安全体系结构往往是多种方法适当综合应用的结果。

2. 一致性原则

一致性原则主要是指制定的安全体系结构必须与网络的安全需求相一致。因此，在网络建设开始之前，就应该对网络进行安全需求分析，在进行网络系统设计、计划实施时应同步考虑其安全内容的实施。

3. 木桶原则

"木桶的最大容积取决于最短的一块木板"，同样，信息系统的安全强度也取决于安全性最薄弱的地方是否容易被攻破。网络信息系统是一个复杂的计算机系统，它本身在物理上、操作上和管理上的种种漏洞构成了系统的安全脆弱性。因此，只有充分、全面、完整地对系统的安全漏洞和安全威胁进行分析，才不会因为攻击者对某个薄弱环节的攻击而降低整个安全系统的性能。

4. 等级性原则

等级性原则是指要对信息安全系统划分层次和级别，包括对信息保密程度分级，对用户操作权限分级，对网络安全程度分级(安全子网和安全区域)，对系统实现结构分级(应用层、网络层、链路层等)，从而针对不同级别的安全对象，提供全面、可选的安全算法和安全体制，以满足网络中不同层次的各种实际需求。

5. 风险与代价平衡性原则

网络的安全是相对的，绝对安全是达不到的。安全体系设计要对网络面临的威胁和可能承担的风险以及防范风险需要花费的代价进行综合评判与衡量，然后制定最合适的规范和措施，确定系统的安全策略。

除上述主要安全设计原则以外，还包括适应性原则和易操作原则，即安全措施必须能随着网络性能及安全需求的变化而不断调整以适应新的网络环境，且对安全策略的制定必须具有易操作性，因为过分复杂的安全策略不仅对人的要求过高，而且也会降低系统运行的效率。总之，一个好的网络安全设计应该是所有设计原则的综合平衡的结果。

1.2　网络信息系统安全架构

在 ISO 7498-2 中描述了开放系统互联安全的体系结构，提出了设计安全的信息系统的基础架构应该包含五种安全服务(安全功能)和能够对这五种安全服务提供支持的八种安全机制。

1.2.1　安全服务

网络的安全服务可以分为认证服务、访问控制服务、数据机密性服务、数据完整性服务、和不可否认性服务五种。

1. 认证服务

认证服务是对通信的双方实体进行身份识别的服务，保证某一个实体所声称的身份是真实有效的，信息确实是由具有真实身份的实体发送的。认证服务可以防止身份的假冒，以及防止在合法的通信者确定身份进行通信后，被非法之徒塞进伪造的信息继续进行通信。常用的身份认证包括密码认证、智能卡认证、生理特征认证等方法。其中密码认证是通过验证用户在登录系统时输入的用户名和密码是否正确来判断其合法性的；智能卡认证是借助物理的存储卡/芯片卡中的秘密信息来对身份进行验证，比密码认证要可靠一些；生理特征认证则是利用人的一些难以替代的生理特征来进行身份识别，如指纹、掌纹、虹膜、声音等。

2. 访问控制服务

访问控制服务是对使用者确认身份后访问某些资源的限制，允许授权用户访问相应的资源或者接受其通信请求，防止未授权用户非法访问受控的资源，也防止已授权用户超越自己的权限访问资源。在计算机系统中,把用户或用户组看成主体(subject),把系统的资源看成客体(object),访问就是主体与客体之间的交互,访问控制决定了系统的主体能访问系统的何种资源以及如何使用这些资源。适当的访问控制能够阻止未经允许的用户有意或无意地获取数据。

3. 数据机密性服务

数据机密性服务保证信息不泄漏或不暴露给未授权得到信息的实体,即使网络中各通信主体之间交换的数据被拦截和窃取,窃取者也一时难以解读出数据的内容。保证数据机密性的最重要手段是对数据进行加密,使原本正常的信息变得杂乱无序,只能在使用了相应的技术解密之后才能显示出本来内容,以此来达到保护数据不被非法窃取、阅读的目的。

4. 数据完整性服务

数据完整性服务就是用来防止非法实体(用户)的主动攻击,如对数据进行修改、插入、使数据延时以及丢失等。在电子商务时代,保证数据的完整性显得尤为重要,例如订单、合约、技术规格说明和股票交易单等,这些资料是绝对禁止被恶意修改的,必须保证数据从最初的传送端到接收端的完整性。数据完整性服务能对付新增、删除或修改数据的企图,但对于复制数据而造成的重放攻击就无能为力了,所以还必须加上时间戳等其他技术来保证数据的安全。

5. 不可否认性服务

不可否认性又称抗抵赖性,实际上就是保证数据的有效性。这种服务用来防止发送数据方发送数据后否认自己发送过数据,或接收方接收数据后否认自己收到过数据,如在电子商务中,买卖双方都必须对交易的信息进行确认,买家不能否认自己的购买行为,而卖家也不能否认其发布某种商品信息的事实。

以上五种安全服务的应用都不是孤立的,往往需要相互结合,互为补充,建立起一个综合的安全系统才能有效地抵御来自各方的挑战,在不影响正常业务运行的情况下最大限度地实现数据的安全保障。

1.2.2　安全机制

安全机制是利用密码算法对重要而敏感的信息进行处理,是安全服务的核心和关键。现代密码学的理论和技术在安全机制的设计中起到了重要的作用。主要的安全机制有八种,安全机制与安全服务的关系如表 1.1 所示。

表 1.1　安全机制与安全服务的关系

安全机制 / 安全服务	加密	数字签名	访问控制	数据完整性	交换鉴别	业务流量填充	路由控制	公证
认　证	√	√			√			
访问控制			√					
数据机密性	√						√	
数据完整性	√	√		√				
不可否认性		√		√				√

1. 加密机制

加密是提供信息保密的核心方法。加密是靠加密算法来实现的，发送方按照加密算法用加密密钥对信息进行处理，使信息不可直接阅读；接收方用解密密钥对收到的信息进行恢复，得到源信息明文。

2. 数字签名机制

数字签名就是基于加密技术，用来确定用户的身份是否真实，同时提供了不可否认功能的信息保密方法。数字签名必须达到如下效果：发送方发送后不能根据自己的利益否认所发送过的报文；而接收方也不能根据自己的利益来伪造报文或签名。数字签名机制所具有的可证实性、不可否认性、不可伪造性和不可重用性的特点保证了信息世界中信息传递的有效性。

3. 访问控制机制

访问控制机制允许授权用户合法访问网络和系统资源，拒绝未经授权的访问，并把它记录在审计报告中。

4. 数据完整性机制

数据完整性机制保证了信息传递过程中不被恶意篡改。常用的数据完整性机制的技术有加密、散列函数和报文认证码 MAC 三种。

5. 交换鉴别机制

交换鉴别机制是通过互相交换特有身份信息的方式来确定彼此的身份。如提供口令、智能卡、指纹、声音频谱、虹膜图像等。

6. 业务流量填充机制

窃取者有时可以从通信线路是否繁忙就能大体推断是否存在他想获取的信息，所以为了迷惑窃取者，可以使用不断发送信息，哪怕用垃圾信息填充的办法使通信线路一直处于繁忙状态，使窃取者无法进行准确判断，即业务流量填充机制。

7. 路由控制机制

网络上的道路错综复杂，从源节点到目标节点有多条路径可以选择，路由控制机制的原则就是尽量避免走那些可能存在危险的道路，有时宁可绕路而行。

8. 公证机制

信息传递过程中有时会因为网络的一些故障和缺陷而导致信息的丢失或延误，或者被黑客篡改。因此，为了避免发生纠纷，事先可以找一个大家都信任的公正机构来对各方要交换的信息进行中转或确认，即公证机制。

1.3　OSI 参考模型安全

在网络分层体系结构发展中的一个重要里程碑便是国际标准组织(Internet Standard Organization，ISO)于 1981 年颁布的对开放系统互连(Open System Interconnect，OSI)七层网络模型的定义。该定义把网络分为物理层、数据链路层、网络层、传输层、会话层、表示层和应用层。其中物理层、数据链路层、网络层、传输层定义了端到端的数据传输方法；会话层、表示层和应用层则定义了系统中的应用程序以及用户通信等相关的数据处理方法。OSI 七层模型的协议堆栈如图 1.2 所示。

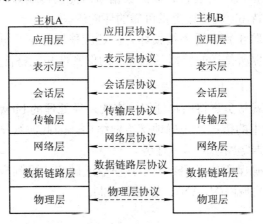

图 1.2　OSI 七层模型的协议堆栈

ISO 7498-2 中定义的安全服务与安全机制映射到 OSI 的七层模型的体系结构如图 1.3 所示。

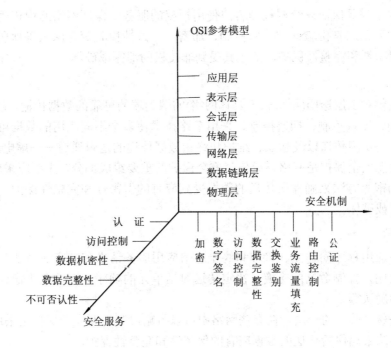

图 1.3　ISO 7498-2 安全架构三维图

在进行网络安全设计的时候，首先应判断出所需要的安全行为属于 OSI 模型的哪一层，如网络层或传输层；然后判断出需要哪种安全服务，如防止黑客入侵或者是保障数据的安全完整等；最后根据要实现的安全目的选择适合的安全机制来实现。OSI 参考模型各层协议功能与安全服务说明如下：

1. 物理层

物理层是 OSI 的最底层，是整个开放系统的基础。它建立在物理通信介质的基础上，作为系统和通信介质的接口，为设备之间的数据通信提供传输媒体及互连装置，为实现数据链路实体间透明的比特(bit)流传输提供可靠的环境。

物理层安全除了要防止物理通路被损坏外，还应采用加密数据流的方法来防止物理通路遭到窃取和攻击，确保所传送的数据受到应有的保密性和完整性保护。

2. 数据链路层

数据链路层的作用就是负责将由物理层传来的未经处理的 bit 数据分装成数据帧，检查和改正物理层上可能发生的错误，正确地交给网络层。因此，数据链路的建立、拆除，对数据的检错、纠错是数据链路层的基本任务。

数据链路层安全要确保所传送的数据不被窃取或破坏，受到应有的机密性和完整性保护，主要采用划分虚拟局域网(VLAN)、加密等机制。

3. 网络层

网络层将数据按固定大小分组，在分组头中标识源节点和目的节点的逻辑地址，并能够根据这些地址来选择从源地址到目的地址的路径，保证每个数据包能够成功和有效地从出发点到达目的地。

网络层安全需要保证只给授权的客户使用授权的服务，保证网络路由正确，避免被拦截或监听，主要采用身份验证、访问控制、加密、一致性检验等方法来确保所传送的数据受到应有的保密性和完整性保护，防止其受到非授权的泄露或破坏。

4. 传输层

传输层提供对上层透明(不依赖于具体网络)的端到端的可靠的数据传输。它的功能主要包括差错控制、流量控制、拥塞控制、采用多路技术使多个不同应用的数据可以通过单一的物理链路共同实现传递以及建立、维护和终止数据传递的逻辑通道——虚电路。

传输层信息安全保护是网络系统信息安全保护的重要组成部分，主要应采用身份验证、访问控制、加密等方法来确保所传送的数据受到应有的保密性和完整性保护，防止其受到非授权的泄露或破坏。

5. 会话层

会话层在应用程序间建立、管理和终止通信应用服务请求和响应等会话。会话层保证会话均正常关闭，控制数据的交换，决定传送对话单元的顺序，以及在传输过程的哪一点需要接收端的确认等。

会话层是最"薄"的一层，在有些网络中可以省略，其主要安全保护是采用交换鉴别、访问控制等办法来确保所传送的数据应有的保密性和完整性保护。

6. 表示层

表示层定义了一系列代码和代码转换功能，以保证源端数据在目的端同样能被识别，如大部分 PC 机使用的 ASCII 码，表示图像的 GIF 或表示动画的 MPEG 等。

表示层的主要安全保护是交换鉴别、访问控制、保密性、完整性和禁止否认等，可采用多种技术(如 SSL 等)对来自外部的访问要求进行控制。

7. 应用层

应用层是 OSI 模型的最高层，是应用进程访问网络服务的窗口，负责应用程序间的通信。这一层直接为网络用户或应用程序提供各种各样的网络服务，如 Web 服务、文件传送、电子邮件、远程登录等，通过软件应用实现网络与用户的直接对话，是计算机网络与最终用户间的界面。

应用层提供多种安全服务，除了保证主机安全之外，还要采取身份验证、加密等手段增强应用平台的安全。

总之，ISO 7498-2 安全架构是国际上一个非常重要的安全技术架构基础。近年来，许多网络安全的研究机构和厂商不断地推出工作在 TCP/IP 协议每一层的安全协议、安全服务和安全产品，用来防范潜在的攻击，以适应越来越多的安全需求。这些产品所实现的保护方法，几乎都可以对应到图 1.3 中。有了这张图，任何的安全措施都能在坐标中寻找到自己的位置，这对于选择和实施具体的安全措施具有重要的意义。

1.4　TCP/IP 参考模型安全

TCP/IP 协议栈是 Internet 网使用的参考模型，它的安全是整个网络安全的基础。

1.4.1　TCP/IP 协议栈

TCP/IP 协议栈分为应用层、传输层、网络互连层和主机到网络层四个层次，如图 1.4 所示。

应用层	FTP、Telnet、HTTP	NFS、SNMP、TFTP、DNS
传输层	TCP	UDP
网络互连层	IP、ICMP、IGMP、RIP、OSPF、BGP	
主机到网络层	ARP、RARP	

图 1.4　TCP/IP 参考模型的层次结构

TCP/IP 参考模型与 OSI 参考模型的对照如图 1.5 所示。

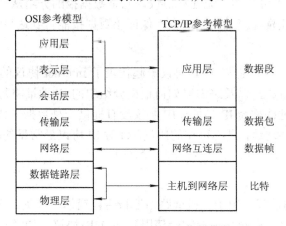

图 1.5　TCP/IP 和 OSI 参考模型的对照

TCP/IP 协议栈各层功能简单说明如下。

1. 主机到网络层

TCP/IP 模型将 OSI 参考模型中的数据链路层和物理层合并为主机到网络层，它是 TCP/IP 模型的最底层，其主要协议包括 ARP(地址解析协议)和 RARP(反向地址解析协议)。

2. 网络互连层

网络互连层是整个 TCP/IP 协议栈的核心，在功能上类似于 OSI 模型中的网络层，其主要协议包括 IP(网际协议)，ICMP(Internet 控制报文协议)以及 IGMP(Internet 组管理协议)，RIP(路由信息协议)，OSPF(开放最短路径优先)，BGP(边界网关协议，是外部网关协议)。

3. 传输层

传输层的功能类似于 OSI 模型中的传输层，其主要协议包括 TCP(传输控制协议)和 UDP(用户数据报协议)两种服务质量不同的协议。

4. 应用层

TCP/IP 模型将 OSI 参考模型中的会话层和表示层的功能合并到应用层实现，其主要协议包括基于 TCP 协议的 FTP(文件传输协议)、Telnet(远程登录)、HTTP(超文本传输协议)，也包括基于 UDP 协议的 NFS(网络文件系统)、SNMP(简单网络管理协议)、DNS(域名系统)以及 TFTP(简单文件传输协议)。

1.4.2   TCP/IP 主要协议及安全

Internet 网络使用的 TCP/IP 协议是由一组协议组成的，又称为 TCP/IP 协议组。下面介绍其中几个主要的协议。

1. TCP 协议与 UDP 协议

TCP 协议是一个面向连接的、可靠的协议，能够将一台主机发出的字节流无差错地发往互联网上的其他主机。TCP 协议还要处理端到端的流量控制，以避免缓慢接收的接收方没有足够的缓冲区接收发送方发送的大量数据。针对 TCP 协议最常见的攻击是利用 TCP 协议三次握手过程，向目标主机发送大量的 SYN 数据包进行拒绝服务攻击。

UDP 协议是一个不可靠的、无连接协议，它把数据报的分组从一台主机发向另一台主机，但并不进行差错检查与流量控制，也不保证该数据报能否到达另一端。

2. IP 协议

IP 协议是网络层协议，它与 TCP 协议一起代表了 Internet 协议的核心。IP 协议精确地定义了分组必须怎样组成，以及路由器如何根据分组中的 IP 地址将每一个分组传递到目的地，这个寻找路线的过程称为 IP 寻址。IP 协议没有提供一种数据未传达以后的处理机制，因此它不保证分组能够送达，是不可靠的协议。针对 IP 协议最常见的攻击就是 IP 地址假冒攻击。

3. ICMP 协议

ICMP 是网络层的协议，用于主机或路由器报告差错情况和提供有关异常情况的报告，是一个非常重要的协议。在网络中经常会使用到 ICMP 协议，如经常使用的用于检查两个主机之间连通性的 Ping 命令，这个 "Ping" 的过程实际上就是 ICMP 协议工作的过程。Ping 命令是由主机或路由器向一个特定的目的主机发送的询问报文，收到此报文的主机必须给源主机或路由器发送回答报文。这个过程非常容易被黑客利用，对目标主机或路由器进行攻击。例如操作系统规定 ICMP 数据包最大尺寸不超过 64 KB，如果向目标主机发送超过 64 KB 的 ICMP 数据包，目标主机就会出现内存分配错误，致使 TCP/IP 堆栈崩溃，目标主机死机。这被称为 "Ping of Death"（即死亡之 Ping）。此外，向目标主机长时间、连续、大量地发送 ICMP 数据包，形成 "ICMP 风暴"，使得目标主机耗费大量的 CPU 资源进行处理，而无法正常工作，最终使系统瘫痪。为避免 ICMP 攻击，可以通过在主机上设置 ICMP 数据包的处理规则来拒绝接收 ICMP 数据包。

4. ARP 协议与 RARP 协议

ARP 是用于将 IP 数据报中的 IP 地址转化为主机物理地址(以太网卡的 MAC 地址)的一种解析协议；RARP 是将局域网中某个主机的物理地址(MAC 地址)转换为 IP 地址的协议。常见的攻击是伪造 ARP 包，以目的主机的 IP 地址和 MAC 地址为源地址发 ARP 包，使交换集线器更新 Cache，从而送往目的主机的包都送到攻击者处，实现对网络信息的监听。

1.4.3 端口安全

TCP/IP 端口(Port)是计算机与外界进行通信交流的接口。一个 IP 地址的端口可以有 65 536(即 256 × 256)个之多，其中端口号 0～1024 是公认端口(Well Known Ports)，用于紧密绑定一些特定的服务；端口号 1025～49 151 是注册端口(Registered Ports)，用于松散地绑定某些服务，比较容易被黑客利用；端口号 49 152～65 535 是动态和/或私有端口(Dynamic and/or Private Ports)，这类端口既非公用也非注册，应用上更为自由。在实际应用中，系统通常从 1024 开始分配动态端口，因为这些端口较隐蔽，又不会引起用户的重视，所以一些木马程序往往偏爱这些端口。

不同的端口对应不同的网络服务，当有信息包传来请求不同服务的时候，与之对应的端口必须要打开，这样信息包才能进来。但是，打开端口会使计算机变得更容易受到攻击，因为如果攻击者使用软件扫描目标计算机，将得到目标计算机打开的端口，也就能够了解到目标计算机提供的服务，进而猜测可能存在的漏洞，对其进行攻击。所以，端口打开的越多，受到的安全威胁就越大。常见的端口服务及攻击如表 1.2 所示。

表 1.2 常见端口服务及攻击对照表

端口	服 务	服务功能说明	常 见 攻 击
21	FTP	文件传输协议服务，用于远程文件上传、下载	寻找并打开匿名的FTP服务器获取读写目录的信息
23	Telnet	远程登录服务，用于远程登录终端	通过网络监听获得明文传输的用户名和密码
25	SMTP	简单邮件传输协议，用于邮件的发送	通过寻找SMTP服务器来传递攻击者的垃圾邮件
53	DNS	域名服务器，用于网络域名解析	试图进行区域传递，欺骗DNS或隐藏其他的通信

端口	服 务	服务功能说明	常 见 攻 击
79	Finger	用于查询远程主机系统及用户信息	获取在线用户、操作系统类型以及是否缓冲区溢出等用户的详细信息，以便进行攻击
80	HTTP	超文本传输协议服务，用于网页浏览	利用Web站点的安全漏洞进行攻击
110	POP3	邮件接收协议，用于接收邮件	通过网络监听可获取用户口令
139	NetBIOS Session Service	用于提供Windows文件和打印机共享以及Unix中的Samba服务	通过攻击获取网络主机共享资源
161	SNMP	允许远程管理设备	通过SNMP获得存储在数据库中的所有配置和运行信息

在提供端口服务的时候，遵循以下原则有助于降低安全风险：

➢ 只有当真正需要的时候才打开端口；

➢ 使用防火墙对外界程序的请求连接进行拦截检查，允许正常的请求进入，但决不为未识别的程序打开端口；

➢ 端口使用完毕后应立即将其关闭。

1.5 安全评估标准及立法

1.5.1 国际安全评估标准

由于信息安全产品和系统的安全评价事关国家的安全利益，因此许多国家都在充分借鉴国际标准的前提下，积极制定本国的计算机安全评估认证标准。国际上已经在操作系统的检测和评估方面做了大量的工作，主要的评估标准有以下几个：

➢ 可信计算机标准评估准则(Trusted Computer Standards Evaluation Criteria，TCSEC)：又称桔皮书(Orange Book)，于1983年由美国国防部发布，对计算机操作系统的安全性规定了不同的等级。1985年正式推出修订后的版本。由于TCSEC存在评估对象只针对单一系统，并且没有完整性评估的缺点，1987年美国又推出了TCSEC可信网络说明(Trusted Network Interpretation)，又被称为红皮书(Red Book)，用于评估电信和网络系统。

➢ 信息技术安全评估准则(Information Technology Security Evaluation Criteria，ITSEC)：于1990年由英国、法国、荷兰等欧共体国家联合发布，是欧洲的标准，与TCSEC最主要的区别在于，ITSEC不单针对了保密性，同时也把完整性和可用性作为评估的标准之一。

➢ 加拿大可信计算机产品评估准则(Canadian Trusted Computer Product Evaluation Criteria，CTCPEC)：是1993年由加拿大发布的参照美国TCSEC标准制定的评价IT系统安全性的标准，综合了TCSEC和ITSEC两个准则的优点。

➢ 信息技术安全评估联邦准则(FC)：是1993年由美国在对TCSEC进行修改补充并吸

收了 ITSEC 优点的基础上发布的，目的是提供 TCSEC 的升级版本，同时保护已有投资，但 FC 有很多缺陷，只是一个过渡标准，后来结合 ITSEC 发展为 CC。

➤ 信息技术安全评估的公共准则(Common Criteria for Information Technology Security Evaluation，CC)：于 1993 年 6 月由美国、欧洲和加拿大共同起草并推广为国际标准，目的是建立一个各国都能接受的通用的安全评估准则，国家与国家之间可以通过签订互认协议来决定相互接受的认可级别，这样能使基础性安全产品在通过 CC 准则评估并得到许可进入国际市场时，不需要再作评估。CC 结合了 FC 及 ITSEC 的主要特征，它强调将安全的功能与保障分离，并将功能需求分为九类 63 族，将保障分为七类 29 族。

各种评估标准的发展关系如图 1.6 所示。

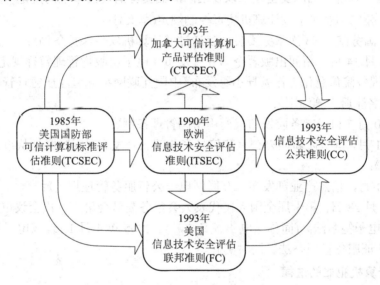

图 1.6　国际安全评估标准的发展及其联系

此外，国际标准化组织和国际电工委也已经制定了上百项安全标准，其中包括专门针对银行业务制定的信息安全标准。国际电信联盟和欧洲计算机制造商协会也推出了许多安全标准。

1.5.2　我国安全立法

网络信息时代出现了许多新的与法律相关的问题，例如网络隐私保护，网络侵权，网上税收、网络淫秽，暴力、迷信等有毒信息及虚假失真信息的传播、黑客攻击、病毒侵犯等。这些问题的出现对原有的法律体系、法律原则和法律概念中的许多内容都提出了挑战，急需建立新的法律和法规或对原有法律和法规进行修改，所以各国都相继进行了安全立法，使公民了解在信息系统的管理和应用中什么是违法行为，从而营造一个良好的社会环境，起到保护信息系统安全的重要作用。

我国对信息系统的安全立法工作很重视，但仍处于起步阶段，还没有形成一个具有完整性、使用性、针对性的法律体系。我国已经制定的信息系统安全方面的法规较多，涉及到计算机安全、互联网安全、信息安全产品的审批、计算机违法犯罪等多方面，主要有以下一些。

1. 有关计算机安全、互联网安全的法规

1994 年 2 月 18 日，国务院发布《中华人民共和国计算机信息系统安全保护条例》；

1996 年 2 月 1 日，国务院发布《中华人民共和国计算机信息网络国际联网管理暂行规定》；

1997 年，原邮电部出台《国际互联网出入信道管理办法》；

2000 年，《互联网信息服务管理办法》正式实施；

2000 年 12 月 28 日，第九届全国人大常务委员会通过了《全国人大常委会关于维护互联网安全的决定》。

2. 有关信息内容、信息安全技术以及信息产品安全的授权审批的规定

1989 年，公安部发布了《计算机病毒控制规定(草案)》；

1991 年，国务院第 83 次常务委员会议通过《计算机软件保护条例》；

1996 年 3 月 14 日，新闻出版署令第 6 号发布《电子出版物管理暂行规定》；

1997 年，国务院信息化工作领导小组发布《中国互联网络域名注册暂行管理办法》、《中国互联网络域名注册实施细则》；

1999 年 10 月 7 日，国务院发布《商用密码管理条例》；

2000 年 11 月，国务院新闻办公室和信息产业部联合发布《互联网站从事登载新闻业务管理暂行规定》；

2000 年 11 月，信息产业部发布《互联网电子公告服务管理规定》；

2004 年 8 月 28 日，第十届全国人民代表大会常务委员会第十一次会议审议通过了《中华人民共和国电子签名法》(简称《电子签名法》)。2005 年 4 月 1 日，《电子签名法》正式实施，《电子认证服务管理办法》同时实施。

3. 有关计算机犯罪的法律

1997 年 10 月，我国第一次在修订刑法时增加了计算机犯罪的罪名。

4. 涉及国家安全的法律

1988 年 9 月 5 日，第七届全国人民代表大会常务委员会第三次会议通过了《中华人民共和国保守国家秘密法》。

此外，我国还缔约或者参加了许多与计算机相关的国际性的法律和法规，如《建立世界知识产权组织公约》、《保护文学艺术作品的伯尔尼公约》与《世界版权公约》。加入世界贸易组织后，我国要执行《与贸易有关的知识产权(包括假冒商品贸易)协议》。我国正努力与世界上其他国家一起致力于维护网络世界的公平与正义。

1.6 安全技术发展趋势

随着电子信息化在全社会的普及，网络安全行业成为了一个产业，各种新技术、新思路层出不穷。

1. 新技术的应用

在未来的 TCP/IP 协议体系中，IP 协议将成为保障安全的核心层。目前，IPSec、虚拟专用网(Virtual Private Network，VPN)、无线局域网(Wireless Local Area Network，WLAN)

逐渐得到广泛的认可。蓝牙(Bluetooth)技术、无线应用协议(Wireless Application Protocol，WAP)及其无线安全技术也日渐成为业界关注的焦点。

2. 综合安全产品的出现

安全产业正在从原有的防火墙、紧急响应系统、风险评估系统等各个产品独立为政的情况转向安全整体解决方案，各种产品之间相互融合，取长补短，成为一个完整的网络安全体系，这种兼有两种或者几种功能的产品正在逐渐走向成熟。这既是中国信息化建设需求带动的结果，也是信息安全领域向全方位、纵深化、专业化方向发展的结果。

3. 安全服务崭露头角

在现有网络安全解决方案中，有相当数量的厂商都已经把提供安全服务作为解决方案的一部分。安全服务从一开始就贯穿在整个的安全体系中，从售前的安全咨询、安全风险评估到安全产品项目实施、售后安全培训、技术支持、系统维护、产品更新等项目周期的全过程，持续性地为企事业的网络提供安全保障。国内的金融行业、电信行业与政府部门开始逐步成为网络安全的服务对象。

作为一个新兴的研究领域，网络安全正孕育着无限的机遇和挑战。相信在未来十年中，网络安全技术一定会取得更为长足的进展。与此同时，我们也应该意识到：安全是相对的，不安全是绝对的，无论采取多么全面的网络安全防范措施都不能保证网络系统百分之百的安全。采用安全技术来保证网络的安全是必须的，但一般来说，新安全技术的发展总是落后于网络攻击技术，而且，使用复杂的安全技术是以影响系统的性能和使合法用户的活动大大受限为代价的。例如，通过加密来保障系统安全，用户必须解密后才能阅读信息，强化了安全但便利性大大降低；通过防火墙技术，使内部网与互联网或者其他外部网络隔离，保护了内网的安全但同时也限制了网络互访。因此，制定安全策略的原则应该是实用有效的，在保证系统安全的同时不会给系统性能和合法用户在获取合法信息时造成较大影响，两者之间必须寻求一个平衡点。同样，制定严格的法律和加强行政管理对网络安全问题的防范和保护也是相对的，也必须随着不同类型网络安全问题的出现而不断变化，以应对新时期的网络安全问题。

综合来看，无论什么样的技术、法律和管理手段都有其局限性，要真正拥有安全的网络，根本在于我们每个网络中的信息人能从人类道德出发，能够自我约束，合理合法地使用网络资源，尊重网络安全，共同创造和谐的网络信息环境。所以，人是影响网络安全的根本因素。

习 题

1. 什么是网络安全？它的特征是什么？
2. 对信息安全的保护手段有哪些？
3. 网络安全防护体系包括哪几个层次？
4. 网络安全体系的设计原则有哪些？
5. 安全网络应提供哪些安全服务？内容分别是什么？
6. 安全网络的安全机制有哪些？它和安全服务的关系是怎样的？

第2章　密码技术

2.1　密码学概述

密码学(Cryptology)是一门古老的科学。自古以来，密码主要用于军事、政治、外交等重要部门，因而密码学的研究工作本身也是秘密进行的。密码学的知识和经验主要掌握在军事、政治、外交等保密机关，不便公开发表。然而随着计算机科学技术、通信技术、微电子技术的发展，计算机和通信网络的应用进入了人们的日常生活和工作中，出现了电子政务、电子商务、电子金融等必须确保信息安全的系统，使得民间和商界对信息安全保密的需求大大增加。总而言之，在密码学形成和发展的历程中，科学技术的发展和战争的刺激起着积极的推动作用。

回顾密码学的历史，应用的无穷需求是推动密码技术文明和进步的直接动力。在古代，埃及人、希伯来人、亚述人都在实践中逐步发明了密码系统。从某种意义上可以说，战争是科学技术进步的催化剂。人类自从有了战争，就面临着通信安全的需求。这其中比较著名的是大约公元前 440 年出现在古希腊战争中的隐写术。当时为了安全传送军事情报，奴隶主剃光奴隶的头发，将情报写在奴隶的光头上，待头发长长后将奴隶送到另一个部落，再次剃光头发，原有的信息复现出来，从而实现这两个部落之间的秘密通信。严格上说，这只是对信息的隐藏，而不是真正意义上的加密。自从有了文字以来，人们为了某种需要总是想方设法隐藏某些信息，以起到保证信息安全的目的。这些古代加密方法体现了后来发展起来的密码学的若干要素，但只能限制在一定范围内使用。

古典密码的加密方法一般是文字置换，使用手工或机械变换的方式实现。古典密码系统已经初步体现出近代密码系统的雏形，加密方法逐渐复杂。虽然从近代密码学的观点来看，许多古典密码是不安全的，极易破译，但我们不应当忘掉古典密码在历史上发挥的巨大作用。古典密码的代表性密码体制主要有：单表代替密码、多表代替密码及转轮密码。Caser 密码是一种典型的单表加密体制；Vigenere 密码是典型的多表代替密码；而著名的 Enigma 密码就是第二次世界大战中使用的转轮密码。

密码技术形成一门新的学科是在 20 世纪 70 年代，这是受计算机科学蓬勃发展和推动的结果。密码学的理论基础之一是 1949 年 Claude Shannon 发表的"保密系统的通信理论"(The Communication Theory of Secrecy Systems)，这篇文章发表了 30 年后才显示出它的价值。1976 年 W.Diffie 和 M.Hellman 发表了"密码学的新方向"(New Direction in Cryptography)一文，提出了适应网络保密通信的公钥密码思想，开辟了公开密钥密码学的新领域，掀起了公钥密码研究的序幕。各种公钥密码体制被提出，特别是 1978 年 RSA 公钥密码体制的出现，在密码学史上是一个里程碑。同年，美国国家标准局正式公布实施了美国的数据加密标准(Data Encryption Standard，DES)，宣布了近代密码学的开始。2001 年美国联邦政府颁布高级加密标准(Advanced Encryption Standard，AES)。随着其他技术的发展，一些具有潜在密码应用价值的技术也逐渐得到了密码学家极大的重视并加以应用，出现了一些新的密码技术，如混沌密码、量子密码等，这些新的密码技术正在逐步地走向实用化。

2.1.1 密码体制

研究各种加密方案的科学称为密码编码学(Cryptography)，而研究密码破译的科学称为密码分析学(Cryptanalysis)。密码学(Cryptology)作为数学的一个分支，是密码编码学和密码分析学的统称，其基本思想是对信息进行一系列的处理，使未受权者不能获得其中的真实含义。

一个密码系统，也称为密码体制(Cryptosystem)，有五个基本组成部分，如图 2.1 所示。

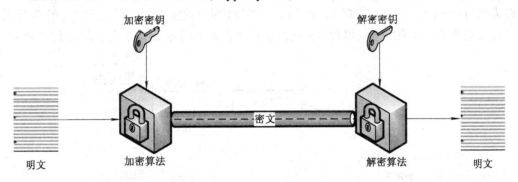

图 2.1 密码系统模型

明文：是加密输入的原始信息，通常用 m 表示。全体明文的集合称为明文空间，通常用 M 表示。

密文：是明文经加密变换后的结果，通常用 c 表示。全体密文的集合称为密文空间，通常用 C 表示。

密钥：是参与信息变换的参数，通常用 k 表示。全体密钥的集合称为密钥空间，通常用 K 表示。

加密算法：是将明文变换为密文的变换函数，即发送者加密消息时所采用的一组规则，通常用 E 表示。

解密算法：是将密文变换为明文的变换函数，即接收者加密消息时所采用的一组规则，通常用 D 表示。

加密：是将明文 M 用加密算法 E 在加密密钥 K_e 的控制下变成密文 C 的过程，表示为 $C = E_{Ke} = (M)$。

解密：是将密文 C 用解密算法 D 在解密密钥 K_d 的控制下恢复为明文 M 的过程，表示为 $M = D_{Kd}(D)$，并且要求 $M = D_{Kd}(E_{Ke}(M))$，即用加密算法得到的密文用一定的解密算法总是能够恢复成为原始的明文。

对称密码体制：当加密密钥 K_e 与解密密钥 K_d 是同一把密钥，或者能够相互较容易地推导出来时，该密码体制被称为对称密码体制。

非对称密码体制：当加密密钥 K_e 与解密密钥 K_d 不是同一把密钥，且解密密钥不能根据加密密钥计算出来(至少在假定合理的长时间内)时，该密码体制被称为非对称密码体制。

在密码学中通常假定加密和解密算法是公开的，密码系统的安全性只系于密钥的安全性，这就要求加密算法本身要非常安全。如果提供了无穷的计算资源，依然无法被攻破，则称这种密码体制是无条件安全的。除了一次一密之外，无条件安全是不存在的，因此密码系统用户所要做的就是尽量满足以下条件：

(1) 破译密码的成本超过密文信息的价值。

(2) 破译密码的时间超过密文信息有用的生命周期。

如果满足上述两个条件之一，则密码系统可认为实际上是安全的。

2.1.2　密码分类

加密技术除了隐写术以外可以分为古典密码和现代密码两大类。古典密码一般是以单个字母为作用对象的加密法，具有久远的历史；而现代密码则是以明文的二元表示作为作用对象，具备更多的实际应用。现将常用密码算法按照古典密码与现代密码归纳如图 2.2 所示。

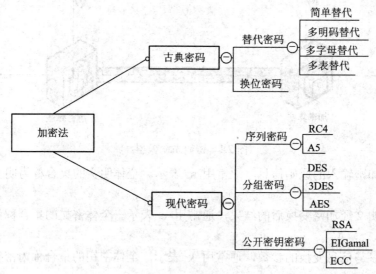

图 2.2　加密法分类图

2.2　古典密码

常用的古典密码可以分为替代密码和换位密码两大类。替代密码(Substitution Cipher)是发送者将明文中的每一个字符用另外一个字符来替换，生成密文发送，接收者对密文进行逆替换恢复出明文。换位密码是将明文中的字母不变而位置改变的密码，也称为置换密码。

2.2.1　替代密码

在古典密码学中，替代密码以下四种类型：

➢ 简单替代密码(simple substitution cipher)；

- ➢ 多明码替代密码(homophonic substitution cipher)；
- ➢ 多字母替代密码(polygram substitution cipher)；
- ➢ 多表替代密码(polyalphabetic substitution cipher)。

其中，最常用的古典密码是简单替代密码和多表替代密码。

1. 简单替代密码(simple substitution cipher)

简单替代密码又称为单表替代密码或单字母密码(monalphabetic cipher)，是指一个明文字符用相应的唯一一个密文字符替代的密码。如打乱字母的排列次序构成与明文对应的密码表，或者采用密钥词组来推导密码表。

移位密码是简单替代密码中的一种，其替代规则是明文字母被字母表中排在该字母后面的第 K 个字母所替代，即明文字母表向左循环移位 K 位，Z 的字母后面是 A。当 K = 3 时，就是最早的替代密码——恺撒密码(Caesar Cipher)。

移位密码算法可以表示如下：

设明文字母为 m，则加密算法 $c = E(m) = (m + k) \bmod 26$，解密算法 $m = D(c) = (c - m) \bmod 26$，其中 $M = \{A,B,C,\cdots,Z\}$，$C = \{A,B,C,\cdots,Z\}$，$K = \{0,1,2,\cdots,25\}$。

【例 2.1】已知移位密码的密钥 K = 5，明文 M = CLASSROOM，求密文 C = ?

解 1：首先建立英文字母和模 26 的剩余 0~25 之间的对应关系，如图 2.3 所示。

明文	A	B	C	D	E	F	G	H	I	J	K	L	M	N	O	P	Q	R	S	T	U	V	W	X	Y	Z
密文	0	1	2	3	4	5	6	7	8	9	10	11	12	13	14	15	16	17	18	19	20	21	22	23	24	25

图 2.3　字母数值表

利用图 2.3 可查到 CLASSROOM 对应的整数为 2，11，0，18，18，17，14，14，12。

利用公式 $c=E(m)=(m+5)\bmod 26$ 可计算出值为 7，16，5，23，23，22，19，19，17。

再利用图 2.3 查到算式值对应的字母分别为 H，Q，F，N，N，W，T，T，R。

因此明文 CLASSROOM 对应的密文为 HQFNNMTTR。

解 2：利用循环移位密码的概念使字母表向左循环移位 5 位，生成的密码表如图 2.4 所示。

明文	A	B	C	D	E	F	G	H	I	J	K	L	M	N	O	P	Q	R	S	T	U	V	W	X	Y	Z
密文	F	G	H	I	J	K	L	M	N	O	P	Q	R	S	T	U	V	W	X	Y	Z	A	B	C	D	E

图 2.4　循环移位密码表

由图 2.4 可查到明文 CLASSROOM 对应的密文为 HQFXXWTTR。

移位密码仅有 25 个可能的密钥，用强行攻击密码分析直接对所有 25 个可能的密钥进行尝试即能破解，因此非常不安全。如果允许字母能够任意替代则可以使密钥空间变大，消除强行攻击密码分析的可能性，如采用密钥词组单字母密码(Keyword Cipher)。

在密钥词组的单字母密码替代算法中，密文字母序列为先按序写下密钥词组，去除该序列中已出现的字母，再依次写下字母表中剩余的字母构成密码表。

【例 2.2】已知密钥词组的单字母密码替代算法的密钥 K = CLASSISOVER，明文 M = BOOKSTOR，求密文 C = ?

解：按照密钥词组的单字母替代算法生成密码表如图 2.5 所示。

明文	A	B	C	D	E	F	G	H	I	J	K	L	M	N	O	P	Q	R	S	T	U	V	W	X	Y	Z
密文	C	L	A	S	R	O	M	B	D	E	F	G	H	I	J	K	N	P	Q	T	U	V	W	X	Y	Z

图 2.5　密钥词组单字母替代密码表

查密码表得明文 BOOKSTOR 对应的密文为 LJJFQTJP。

密钥词组的单字母密码虽然比移位密码更安全一些，但由于它和移位密码一样，都是明文字母与密文字母一一对应的，因此，利用语言的规律性，采用频率分析的方法仍能对密文进行破解。为了对抗频率分析，可以对单个字母提供多种替代，即一个明文字母可以对应多个密文字母，如果分配给每个字母的替代字母数正比于该字母的相对频率，则单字母频率信息会完全被淹没，如多表替代密码。

2. 多表替代密码(polyalphabetic substitution cipher)

多表替代密码是由多个简单替代密码组成的密码算法。Vigenere 密码是一种典型的多表替代密码，其密码表是以字母表移位为基础，把 26 个英文字母进行循环移位，排列在一起，形成 26 × 26 的方阵，如图 2.6 所示。

	A	B	C	D	E	F	G	H	I	J	K	L	M	N	O	P	Q	R	S	T	U	V	W	X	Y	Z
A	A	B	C	D	E	F	G	H	I	J	K	L	M	N	O	P	Q	R	S	T	U	V	W	X	Y	Z
B	B	C	D	E	F	G	H	I	J	K	L	M	N	O	P	Q	R	S	T	U	V	W	X	Y	Z	A
C	C	D	E	F	G	H	I	J	K	L	M	N	O	P	Q	R	S	T	U	V	W	X	Y	Z	A	B
D	D	E	F	G	H	I	J	K	L	M	N	O	P	Q	R	S	T	U	V	W	X	Y	Z	A	B	C
E	E	F	G	H	I	J	K	L	M	N	O	P	Q	R	S	T	U	V	W	X	Y	Z	A	B	C	D
F	F	G	H	I	J	K	L	M	N	O	P	Q	R	S	T	U	V	W	X	Y	Z	A	B	C	D	E
G	G	H	I	J	K	L	M	N	O	P	Q	R	S	T	U	V	W	X	Y	Z	A	B	C	D	E	F
H	H	I	J	K	L	M	N	O	P	Q	R	S	T	U	V	W	X	Y	Z	A	B	C	D	E	F	G
I	I	J	K	L	M	N	O	P	Q	R	S	T	U	V	W	X	Y	Z	A	B	C	D	E	F	G	H
J	J	K	L	M	N	O	P	Q	R	S	T	U	V	W	X	Y	Z	A	B	C	D	E	F	G	H	I
K	K	L	M	N	O	P	Q	R	S	T	U	V	W	X	Y	Z	A	B	C	D	E	F	G	H	I	J
L	L	M	N	O	P	Q	R	S	T	U	V	W	X	Y	Z	A	B	C	D	E	F	G	H	I	J	K
M	M	N	O	P	Q	R	S	T	U	V	W	X	Y	Z	A	B	C	D	E	F	G	H	I	J	K	L
N	N	O	P	Q	R	S	T	U	V	W	X	Y	Z	A	B	C	D	E	F	G	H	I	J	K	L	M
O	O	P	Q	R	S	T	U	V	W	X	Y	Z	A	B	C	D	E	F	G	H	I	J	K	L	M	N
P	P	Q	R	S	T	U	V	W	X	Y	Z	A	B	C	D	E	F	G	H	I	J	K	L	M	N	O
Q	Q	R	S	T	U	V	W	X	Y	Z	A	B	C	D	E	F	G	H	I	J	K	L	M	N	O	P
R	R	S	T	U	V	W	X	Y	Z	A	B	C	D	E	F	G	H	I	J	K	L	M	N	O	P	Q
S	S	T	U	V	W	X	Y	Z	A	B	C	D	E	F	G	H	I	J	K	L	M	N	O	P	Q	R
T	T	U	V	W	X	Y	Z	A	B	C	D	E	F	G	H	I	J	K	L	M	N	O	P	Q	R	S
U	U	V	W	X	Y	Z	A	B	C	D	E	F	G	H	I	J	K	L	M	N	O	P	Q	R	S	T
V	V	W	X	Y	Z	A	B	C	D	E	F	G	H	I	J	K	L	M	N	O	P	Q	R	S	T	U
W	W	X	Y	Z	A	B	C	D	E	F	G	H	I	J	K	L	M	N	O	P	Q	R	S	T	U	V
X	X	Y	Z	A	B	C	D	E	F	G	H	I	J	K	L	M	N	O	P	Q	R	S	T	U	V	W
Y	Y	Z	A	B	C	D	E	F	G	H	I	J	K	L	M	N	O	P	Q	R	S	T	U	V	W	X
Z	Z	A	B	C	D	E	F	G	H	I	J	K	L	M	N	O	P	Q	R	S	T	U	V	W	X	Y

图 2.6　Vigenere 密码表

Vigenere 密码算法表示如下。

设密钥 $K = k_0k_1k_2\cdots k_d$，明文 $M = m_0m_1m_2\cdots m_n$

加密变换：$c_i = (m_i + k_i)\bmod 26, i = 0, 1, 2, \cdots, n$

解密变换：$m_i = (c_i - k_i)\bmod 26, i = 0, 1, 2, \cdots, n$

【例 2.3】 已知 Vigenere 密码算法中密钥 K = SCREEN，明文 M = COMPUTER，求密文 C = ?。

解 1：根据字母数值表图 2.3 查得明文串的数值表示为(2，14，12，15，20，19，4，17)，密钥串的数值表示为(18，2，17，4，4，13)，根据 Vigenere 密码算法对明文和密钥串进行逐字符模 26 相加：

$$c_0 = (m_0 + k_0)\bmod 26 = (2 + 18)\bmod 26 = 20，对应字母表中的字母 U；$$
$$c_1 = (m_1 + k_1)\bmod 26 = (14 + 2)\bmod 26 = 16，对应字母表中的字母 Q；$$
$$c_2 = (m_2 + k_2)\bmod 26 = (12 + 17)\bmod 26 = 3，对应字母表中的字母 D；$$
$$\cdots$$
$$c_7 = (m_7 + k_1)\bmod 26 = (17 + 2)\bmod 26 = 19，对应字母表中的字母 T。$$

因此明文 COMPUTER 加密的密文为 UQDTYGWT。

解 2：将明文与密钥字符串一一对应，密钥不足重复字符串，如图 2.7 所示。

明文	C	O	M	P	U	T	E	R
密文	S	C	R	E	E	N	S	C

图 2.7　明文与密钥对应表

构造所需密码表如图 2.8 所示。(注：对于实际计算使用的密码表并不需要将 26×26 密码表字符全部列出，由于每一行均为移位密码的单表构成，每一行的首字母与密码表的行标是一致的，所以只要知道密钥字母(行标字母)就可以很方便地列出此行的密码字符串。因此本题只需列出密钥字母标识的行即可。)

	A	B	C	D	E	F	G	H	I	J	K	L	M	N	O	P	Q	R	S	T	U	V	W	X	Y	Z
S	S	T	U	V	W	X	Y	Z	A	B	C	D	E	F	G	H	I	J	K	L	M	N	O	P	Q	R
C	C	D	E	F	G	H	I	J	K	L	M	N	O	P	Q	R	S	T	U	V	W	X	Y	Z	A	B
R	R	S	T	U	V	W	X	Y	Z	A	B	C	D	E	F	G	H	I	J	K	L	M	N	O	P	Q
E	E	F	G	H	I	J	K	L	M	N	O	P	Q	R	S	T	U	V	W	X	Y	Z	A	B	C	D
N	N	O	P	Q	R	S	T	U	V	W	X	Y	Z	A	B	C	D	E	F	G	H	I	J	K	L	M

图 2.8　Vigenere 密码表

按照明文字母为列，密钥字母为行，查找密码表对应的字母即为密文字母。如明文 C 对应的密文为 C 行 S 列的字母 U，明文 O 对应的密文为 O 行 C 列的 Q，…，最终查到明文 COMPUTER 对应的密文为 UQDTYGWT。

2.2.2　换位密码

将明文中的字母不变而位置改变的密码称为换位密码，也称为置换密码。如，把明文中的字母逆序来写，然后以固定长度的字母组发送或记录。列换位法是最常用的换位密码，其算法是以一个矩阵按行写出明文字母，再按列读出字母序列即为密文串。

【例 2.4】已知列换位法密钥 K=SINGLE，明文 M=ABOUT FUNCTION DISCOVERVERY，求密文 C = ?

解：根据密钥中字母在字母表中出现的次序可确定列号为(6 3 5 2 4 1)，将明文按行写，不足部分以不常用的字母进行填充，本例题以 ABC…进行填充，如图 2.9 所示。

按照列次序读出，得到密文序列为 FOORE UTSVC BNDEA TICED OCIRB AUNVY。

纯换位密码易于识别，因为它具有与原文字母相同的频率，但通过多次换位可以使密码的安全性有较大的改观。

S	I	N	G	L	E
6	3	5	2	4	1
A	B	O	U	T	F
U	N	C	T	I	O
N	D	I	S	C	O
V	E	R	V	E	R
Y	A	B	C	D	E

图 2.9　列换位法矩阵

2.3　分组密码

现代密码学中所出现的密码体制可分为两大类：对称加密体制和非对称加密体制。对称加密体制中相应采用的就是对称算法。在大多数对称算法中，加密密钥和解密密钥是相同的。从基本工作原理来看，古典加密算法最基本的替代和换位工作原理，仍是现代对称加密算法最重要的核心技术。对称算法可分为两类：序列密码(Stream Cipher)和分组密码(block cipher)，其中绝大多数、基于网络的对称密码应用，使用的是分组密码。

与序列密码每次加密处理数据流的一位或一个字节不同，分组密码处理的单位是一组明文，即将明文消息编码后的数字序列划分成长为 L 位的组 m，各个长为 L 的分组分别在密钥 k(密钥长为 t)的控制下变换成与明文组等长的一组密文输出文字序列 c。

分组密码算法实际上就是在密钥的控制下，通过某个置换来实现对明文分组的加密变换。为了保证密码算法的安全强度，对密码算法的要求如下：

(1) 分组长度足够长；

(2) 密钥量足够多；

(3) 密码变换足够复杂。

2.3.1　DES

美国国家标准局(NBS)于 1973 年向社会公开征集一种用于政府机构和商业部门的加密算法，经过评测和一段时间的试用，美国政府于 1977 年颁布了数据加密标准(Data Encryption Standard，DES)。DES 是分组密码的典型代表，也是第一个被公布出来的标准算法，曾被美国国家标准局(现为国家标准与技术研究所 NIST)确定为联邦信息处理标准(FIPS PUB 46)，使用广泛，特别是在金融领域，曾是对称密码体制事实上的世界标准。

DES 是一种分组密码，明文、密文和密钥的分组长度都是 64 位，并且是面向二进制的密码算法。DES 处理的明文分组长度为 64 位，密文分组长度也是 64 位，使用的密钥长度为 56 位(实际上函数要求一个 64 位的密钥作为输入，但其中用到的只有 56 位，另外 8 位可以用作奇偶校验位或者完全随意设置)。DES 是对合运算，它的解密过程和加密相似，解密时使用与加密同样的算法，不过子密钥的使用次序则要与加密相反。DES 的整个体制是公开的，系统的安全性完全靠密钥保密。

DES 的整体结构如图 2.10 所示。

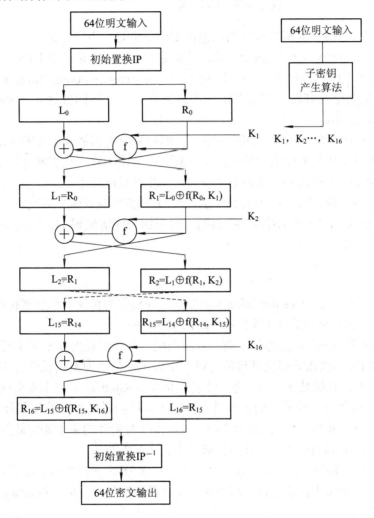

图 2.10　DES 的整体结构

DES 算法的加密过程经过了三个阶段：

首先，64 位的明文在一个初始置换 IP 后，比特重排产生了经过置换的输入，明文组被分成右半部分和左半部分，每部分 32 位，以 L_0 和 R_0 表示；第二阶段是对同一个函数进行 16 轮迭代，称为乘积变换或函数 f。这个函数将数据和密钥结合起来，本身既包含换位又包含替代函数，输出为 64 位，其左边和右边两个部分经过交换后得到预输出。

$$\begin{cases} L_i = R_{i-1} \\ R_i = L_{i-1} \oplus f(R_{i-1}, K_i) \end{cases} \quad , i = 1, 2, L, 16$$

最后阶段，预输出通过一个逆初始置换 IP^{-1} 算法就生成了 64 位的密文结果。相对应的 DES 的解密过程由于 DES 的运算是对合运算，所以解密和加密可共用同一个运算，只是子密钥的使用的顺序不同。解密过程可用如下的数学公式表示：

$$\begin{cases} R_{i-1} = L_i \\ L_{i-1} = R_i \oplus f(L_i, K_i) \end{cases} , i = 1, 2, L, 16$$

DES 在总体上应该说是极其成功的，但在安全上也有其不足之处。

(1) 密钥太短：IBM 原来的 Lucifer 算法的密钥长度是 128 位，而 DES 采用的是 56 位，这显然太短了。1998 年 7 月 17 日美国 EFF(Electronic Frontier Founation)宣布，他们用一台价值 25 万美元的改装计算机，只用了 56 个小时就穷举出一个 DES 密钥。1999 年 EFF 将该穷举速度提高到 24 小时。

(2) 存在互补对称性：将密钥的每一位取反，用原来的密钥加密已知明文得到密文分组，那么用此密钥的补密钥加密此明文的补便可得到密文分组的补。这表明，对 DES 的选择明文攻击仅需要测试一半的密钥，从而穷举攻击的工作量也就减半。

除了上述两点之外，DES 的半公开性也是人们对 DES 颇有微辞的地方。后来虽然推出了 DES 的改进算法，如三重 DES，即 3DES，将密钥长度增加到 112 位或 168 位，增强了安全性，但效率较低。

2.3.2 AES

高级加密标准(Advanced Encryption Standard，AES)作为传统对称加密标准 DES 的替代者，于 2001 年正式发布为美国国家标准(FIST PUBS 197)。

AES 采用的 Rijndael 算法是一个迭代分组密码，其分组长度和密钥长度都是可变的，只是为了满足 AES 的要求才限定处理的分组大小为 128 位，而密钥长度为 128 位、192 位或 256 位，相应的迭代轮数 N 为 10 轮、12 轮、14 轮。Rijndael 汇聚了安全性能、效率、可实现性和灵活性等优点，其最大的优点是可以给出算法的最佳差分特征的概率，并分析算法抵抗差分密码分析及线性密码分析的能力。Rijndael 对内存的需求非常低且操作简单，也使它很适合用于受限制的环境中，并可抵御强大和实时的攻击。

在安全性方面，Rijndael 加密、解密算法不存在像 DES 里出现的弱密钥，因此在加密、解密过程中，对密钥的选择就没有任何限制；并且根据目前的分析，Rijndael 算法能有效抵抗现有已知的攻击。

除了前面介绍的分组密码外，还有其他很多的分组密码，比如 RC 系列分组密码(包括 RC2、RC5、RC6 等)，CLIPPER 密码，SKIPJACK 算法，IDEA 密码等。国际上目前公开的分组密码不下 100 种，在此不一一介绍。

2.4 公钥密码体制

公钥密码学与其之前的密码学完全不同。首先，公钥密码算法基于数学函数而不是之前的替代和置换。其次，公钥密码学是非对称的，它使用两个独立的密钥。公钥密码学在消息的保密性、密钥分配和认证领域都有着极其重要的意义。

公开密钥密码的基本思想是将传统密码的密钥 k 一分为二,分为加密钥 K_e 和解密钥 K_d,用加密钥 K_e 控制加密,用解密钥 K_d 控制解密,而且在计算上确保由加密钥 K_e 不能推出解密钥 K_d。这样,即使是将 K_e 公开也不会暴露 K_d,从而不会损害密码的安全。于是可对 K_d 保密,而对 K_e 进行公开,从而在根本上解决了传统密码在密钥分配上所遇到的问题。为了区分常规加密和公开密钥加密两个体制,一般将常规加密中使用的密钥称为秘密密钥(Secret Key),用 K_s 表示。公开密钥加密中使用的能够公开的加密密钥 K_e 称为公开密钥(Public Key),用 KU 表示,加密中使用的保密的解密密钥 K_d 被称为私有密钥(Private Key),用 KR 表示。

根据公开密钥密码的基本思想,可知一个公开密钥密码应当满足以下三个条件:

(1) 解密算法 D 与加密算法 E 互逆,即对所有明文 M 都有 $D_{KR}(E_{KU}(M)) = M$;

(2) 在计算上不能由 KU 推出 KR;

(3) 算法 E 和 D 都是高效的。

满足了以上三个条件,便可构成一个公开密钥密码,这个密码可以确保数据的秘密性。进而,如果还要求确保数据的真实性,则还应满足第四个条件。即:

对于所有明义 M 都有 $E_{KU}(D_{KR}(M)) = M$。

如果同时满足以上四个条件,则公开密钥密码可以同时确保数据的秘密性和真实性。此时,对于所有的明文 M 都有 $D_{KR}(E_{KU}(M)) = E_{KU}(D_{KR}(M)) = M$。

公开密钥密码从根本上克服了传统密码在密钥分配上的困难,利用公开密钥密码进行保密通信需要成立一个密钥管理机构(KMC),每个用户都将自己的姓名、地址和公开的加密密钥等信息在 KMC 登记注册,将公钥记入共享的公开密钥数据库 PKDB 中。KMC 负责密钥的管理,并且得到用户的信赖。这样,用户利用公开密钥密码进行保密通信就像查电话号码簿打电话一样方便,无须按约定持有相同的密钥,因此特别适合计算机网络应用。

2.4.1 RSA

RSA 公钥算法是由美国麻省理工学院(MIT)的 Rivest, Shamir 和 Adleman 在 1978 年提出的,其算法的数学基础是初等数论的 Euler 定理,其安全性建立在大整数因子分解的困难性之上。

RSA 密码体制的明文空间 M = 密文空间 C = Z_n 整数,其算法描述如下:

(1) 密钥的生成:首先,选择两个互异的大素数 p 和 q(保密),计算 n = pq(公开),$\varphi(n) = (p-1)(q-1)$(保密),选择一个随机整数 $e(0<e<\varphi(n))$,满足 $gcd(e, \varphi(n)) = 1$(公开)。计算 $d = e^{-1}mod\varphi(n)$(保密)。确定:公钥 $K_e = \{e, n\}$,私钥 $K_d=\{d, p, q\}$,即$\{d, n\}$;

(2) 加密:$C = M^e mod n$;

(3) 解密:$M = C^d mod n$。

【例 2.5】p = 17,q = 11,e = 7,M = 88,使用 RSA 算法计算密文 C = ?

(1) 选择素数 p = 17, q = 11;

(2) 计算 n = pq = 17*11 = 187;

(3) 计算$\varphi(n) = (p-1)(q-1) = 16*10 = 160$;

(4) 选择 e = 7,满足 0 < e < 160,且 gcd(7, 160) = 1;

(5) 计算 d,因为 $d = e^{-1}mod\varphi(n)$,即 $ed \equiv 1mod\varphi(n)$,选择 d = 23。因为 23*7 = 1*160 + 1;

(6) 公钥 $K_e = \{e,n\} = \{7,187\}$,私钥 $K_d = \{d, n\} = \{23, 187\}$;

(7) 计算密文 C = M^{e}mod n = 88^{7}mod 187 = 11。(解密 M = 11^{23}mod 187 = 88)

由于 RSA 密码安全、易懂，既可用于加密，又可用于数字签名，因此 RSA 方案是唯一被广泛接受并实现的通用公开密钥密码算法，许多国家标准化组织，如 ISO，ITU 和 SWIFT 等都已接受 RSA 作为标准。Internet 网的 E-mail 保密系统 PGP(Pretty Good Privacy) 以及国际 VISA 和 MASTER 组织的电子商务协议(Secure Electronic Transaction，SET 协议) 中都将 RSA 密码作为传送会话密钥和数字签名的标准。

2.4.2 ElGamal 和 ECC

ElGamal 密码是除了 RSA 密码之外最有代表性的公开密钥密码。ElGamal 密码建立在离散对数的困难性之上。由于离散对数问题具有较好的单向性，所以离散对数问题在公钥密码学中得到广泛应用。除了 ElGamal 密码外，Diffie-Hellman 密钥分配协议和美国数字签名标准算法 DSA 等也都是建立在离散对数问题之上的。ElGamal 密码改进了 Diffie 和 Hellman 的基于离散对数的密钥分配协议，提出了基于离散对数的公开密钥密码和数字签名体制。由于 ElGamal 密码的安全性建立在 GF(p)离散对数的困难性之上，而目前尚无求解 GF(p)离散对数的有效算法，所以 p 足够大时 ElGamal 密码是很安全的。

椭圆曲线密码体制(Elliptic Curve Cryptography，ECC)通过由"元素"和"组合规则"来组成群的构造方式，使得群上的离散对数密码较 RSA 密码体制而言能更好地对抗密钥长度的攻击，使用椭圆曲线公钥密码的身份加密系统能够较好地抵御攻击，是基于身份加密的公钥密码学在理论上较为成熟的体现。由于椭圆曲线密码学较难，故我们在这里不详细介绍。

2.4.3 公钥密码体制应用

大体上说，可以将公开密钥密码系统的应用分为如下三类。

1. 机密性的实现

发送方用接收方的公开密钥加密报文，接收方用自己相应的私钥来解密，如图 2.11 所示。

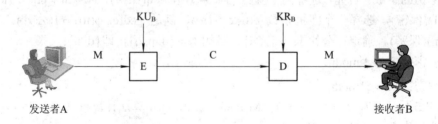

图 2.11　公开密钥算法加密过程

发送者 A 发送的信息用接收者 B 的公钥 KU$_B$ 进行加密，只有拥有与公钥匹配的私钥 KR$_B$ 的接收者 B 才能对加密的信息进行解密，而其他攻击者由于并不知道 KR$_B$，因此不能对加密信息进行有效解密。此加密过程保证了信息传输的机密性。

2. 数字签名

数字签名是证明发送者身份的信息安全技术。在公开密钥加密算法中，发送方用自己的私钥"签署"报文(即用自己的私钥加密)，接收方用发送方配对的公开密钥来解密以实现认证。如图 2.12 所示。

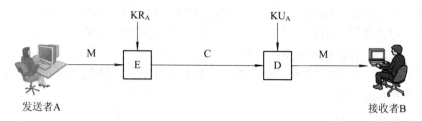

图 2.12　公开密钥算法数字签名过程

发送者 A 用自己的私钥 KR_A 对信息进行加密(即签名)，接收者用与 KR_A 匹配的公钥 KU_A 进行解密(即验证)。因为只有 KU_A 才能对 KR_A 进行解密，而发送者 A 是 KR_A 的唯一拥有者，因此可以断定 A 是信息的唯一发送者。此过程保证了信息的不可否认性。

3. 密钥交换

密钥交换即发送方和接收方基于公钥密码系统交换会话密钥。这种应用也称为混合密码系统，可以通过用常规密码体制加密需要保密传输的消息本身，然后用公钥密码体制加密常规密码体制中使用的会话密钥，充分利用对称密码体制在处理速度上的优势和非对称密码体制在密钥分发和管理方面的优势，从而使效率大大提高，如图 2.13 所示。

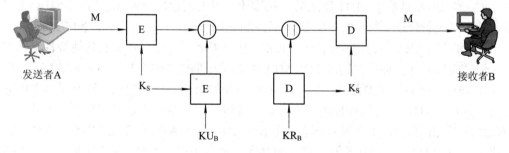

图 2.13　公开密钥算法交换会话密钥过程

发送者 A 发送明文用常规加密算法进行加密，然后把会话密钥 K_S 用接收者的公钥 KU_B 加密并与密文一起发送出去。接收者收到信息后先对信息进行分离，将加密密钥用自己的私钥 KR_B 进行解密得到会话密钥 K_S，然后再用 K_S 对密文进行解密恢复出明文。

2.5　报文认证与数字签名

2.5.1　Hash 函数

1. Hash 函数的特性

Hash 函数也被称为哈希函数或者散列函数。它是一种单项密码体制，即它是一个从明文到密文的不可逆映射，能够将任意长度的消息 M 转换成固定长度的输出 H(M)。

Hash 函数除了上述的特点之外，还必须满足以下三个性质：

(1) 给定 M，计算 H(M) 是容易的。

(2) 给定 H(M)，计算 M 是困难的。

(3) 给定 M，要找到不同的消息 M'，使得 H(M)=H(M') 是困难的。实际上，只要 M 和 M' 略有差别，它们的散列值就会有很大不同，而且即使修改 M 中的一个比特，也会使输出的比特串中大约一半的比特发生变化，即具有雪崩效应。(注：不同的两个消息 M 和 M' 使得 H(M) = H(M') 是存在的，即发生了碰撞，但按要求找到一个碰撞是困难的，因此，Hash 函数仍可以较放心地使用。)

2．Hash 函数的算法

单项散列函数的算法有很多种，如 Snefru 算法、N-Hash 算法、MD2 算法、MD4 算法、MD5 算法、SHA-1 算法等，常用的有 MD5 算法和 SHA-1 算法。

(1) MD5 算法：MD 表示信息摘要(Message Digest)。MD4 是 Ron Rivest 设计的单向散列算法，其公布后由于有人分析出算法的前两轮存在差分密码攻击的可能，因而 Rivest 对其进行了修改，产生了 MD5 算法。MD5 算法将输入文本划分成 512 bit 的分组，每一个分组又划分为 16 个 32 bit 的子分组，输出由 4 个 32 bit 的分组级联成一个 128 bit 的散列值。

(2) 安全散列算法(SHA)：由美国国家标准和技术协会(NIST)提出，在 1993 年公布并作为联邦信息处理标准(FIPS PUB 180)，之后在 1995 年发布了修订版 FIPS PUB 180，通常称之为 SHA-1。SHA 是基于 MD4 算法的，在设计上很大程度是模仿 MD4 的。SHA-1 算法将输入长度最大不超过 2^{64} bit 的报文划分成 512 bit 的分组，产生一个 160 bit 的输出。

由于 MD5 与 SHA-1 都是由 MD4 导出的，因此两者在算法、强度和其他特性上都很相似。它们之间最显著和最重要的区别是 SHA-1 的输出值比 MD5 的输出值长 32 bit，因此 SHA-1 对强行攻击有更大的强度。其次，MD5 算法的公开，使它的设计容易受到密码分析的攻击，而有关 SHA-1 的设计标准几乎没有公开过，因此很难判定它的强度。另外，在相同硬件条件下，由于 SHA-1 运算步骤多且要处理 160 bit 的缓存，因此比 MD5 仅处理 128 bit 缓存速度要慢。SHA-1 与 MD5 两个算法的共同点是算法描述简单、易于实现，并且无须冗长的程序或很大的替代表。

2.5.2　报文认证

报文认证是证实收到的报文来自于可信的源点并未被篡改的过程。常用的报文认证函数包括报文加密、散列函数和报文认证码 MAC 三种类型。

1．报文加密

报文加密是用整个报文的密文作为报文的认证符。发送者 A 唯一拥有密钥 K，如果密文被正确恢复，则 B 可以知道收到的内容没有经过任何改动，因为不知道 K 的第三方想要根据他所期望的明文来造出能够被 B 恢复的密文是非常困难的。因此对报文进行加密既能保证报文的机密性，又能认证报文的完整性。报文加密认证过程如图 2.14 所示。

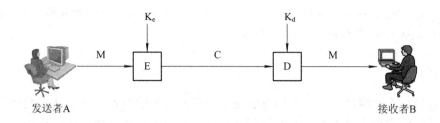

图 2.14　报文加密认证过程

2. 散列函数

散列函数是一个将任意长度的报文映射为定长的散列值的公共函数，并以散列值作为认证码。发送者首先计算要发送的报文 M 的散列函数值 H(M)，然后将其与报文一起发给 B，接收者对收到的报文 M'计算新的散列函数值 H(M')并与收到的 H(M)值进行比较，如果两者相同则证明信息在传送过程中没有遭到篡改。用散列函数进行认证的过程如图 2.15 所示。

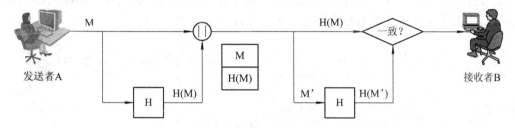

图 2.15　散列函数认证过程

3. 报文认证码(Message Authentication Code，MAC)

报文认证码(MAC)是以一个报文的公共函数和用作产生一个定长值的密钥的认证符。它使用一个密钥产生一个短小的定长数据分组，即报文认证码 MAC，并把它附加在报文中。发送者 A 用明文 M 和密钥 K 计算要发送的报文的函数值 $C_K(M)$，即 MAC 值并将其与报文一起发给 B，接收者用收到的报文 M 和与 A 共有的密钥 K 计算新的 MAC 值并与收到的 MAC 值进行比较。如果两者相同则证明信息在传送过程中没有遭到篡改。用 MAC 进行认证的过程如图 2.16 所示。

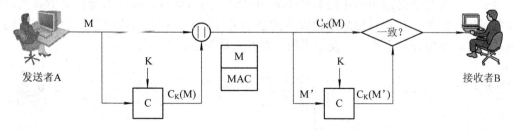

图 2.16　MAC 认证过程

基于对称分组密码(如 DES)是构建 MAC 最常用的方法，但由于散列函数(如 MD5 和 SHA-1)的软件执行速度比分组密码快、库函数容易获得以及受美国等国家的出口限制等原因，MAC 的构建逐步转向由散列函数导出。由于散列函数(如 MD5)并不是专门为 MAC 设计的，不能直接用于产生 MAC，因此提出了将一个密钥与现有散列函数结合起来的算法，其中最有代表性的是 HMAC(RFC2104)。HMAC 已经作为 IP 安全中强制执行的 MAC，并且也被如 SSL 等其他的 Internet 协议所使用。

2.5.3　数字签名

数字签名与手写签名一样，不仅要能证明消息发送者的身份，还要能与发送的信息相关。它必须能证实作者身份和签名的日期和时间，必须能对报文内容进行认证，并且还必须能被第三方证实以便解决争端。其实质就是签名者用自己独有的密码信息对报文进行处理，接收方能够认定发送者唯一的身份，如果双方对身份认证有争议则可由第三方(仲裁机构)根据报文的签名来裁决报文是否确实由发送方发出，以保证信息的不可抵赖性，而对报文的内容以及签名的时间和日期进行认证是防止数字签名被伪造和重用。

常用的数字签名采用公开密钥加密算法来实现，如采用 RSA、ElGamal 签名来实现。在图 2.12 中已经演示了发送者用自己的私钥对报文进行签名，接收者用发送者的公钥进行认证的过程。但由于直接用私钥对报文进行加密不能保证信息的完整性，因此，必须和散列函数结合来实现真正实用的数字签名。如图 2.17 所示。

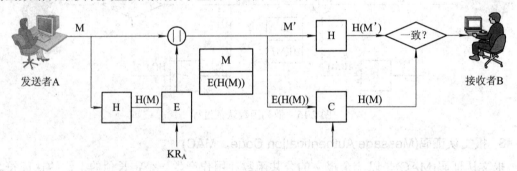

图 2.17　公开密钥算法数字签名

发送者用自己的私钥对信息的 Hash 值进行加密，然后与明文进行拼接发送出去。接收者一方面对收到的明文信息重新计算出 Hash 值，一方面对签名信息用发送方的公钥进行验证，得到的 Hash 值与重新计算的 Hash 值进行比较，如果相一致，则说明信息没有被篡改。这种方法的优点在于保证了发送者真实身份的同时还保证了信息的完整性，满足了数字签名的要求；不足之处是由于数字签名并不对明文信息进行处理，因此不能保证信息的机密性，但可以在签名之后再对信息用接收方的公钥进行加密，接收方收到信息后用自己的私钥进行解密，再验证数字签名以及信息的完整性，如图 2.18 所示。

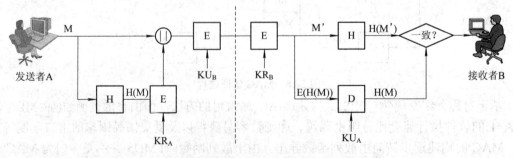

图 2.18　带数字签名信息的秘密通信

数字签名的另一种算法是使用仲裁机构进行签名。如采用常规加密算法与仲裁机构相结合实现数字签名。假设发送者 A 与接收者 B 用密钥 K_{AB} 进行通信，仲裁者为 C，发送者 A 与仲裁者 C 之间共享密钥 K_{AC}，接收者 B 与仲裁者 C 之间共享密钥 K_{BC}，签名过程如图 2.19 所示。

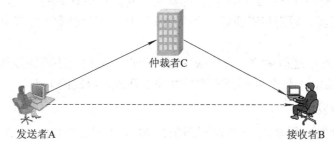

图 2.19　常规加密算法与仲裁机构相结合的数字签名

采用第三方仲裁结构进行数字签名的方法归纳如图 2.20 所示。

	发送者A→仲裁者C	仲裁者C→接收者B	数字签名$S_A(M)$说明
常规加密 仲裁C能看见明文	$M\|E_{K_{AC}}(S_A(M))$	$E_{K_{BC}}(ID_A\|M\|E_{K_{AC}}(S_A(M))\|T)$	$S_A(M)=ID_A\|H(M)$
常规加密 仲裁C不能看见明文	$ID_A\|E_{K_{AB}}(M)\|E_{K_{AC}}(S_A(M))$	$E_{K_{BC}}(ID_A\|E_{K_{AB}}(M)\|E_{K_{AC}}(S_A(M))\|T)$	$S_A(M)=ID_A\|H(E_{K_{AB}}(M))$
公开密钥加密 仲裁C不能看见明文	$ID_A\|E_{KR_A}(ID_A\|E_{KU_B}(S_A(M))$	$ID_A\|E_{KR_C}(ID_A\|E_{KU_B}(S_A(M))\|T)$	$S_A(M)=E_{KR_A}(M)$

图 2.20　采用仲裁者数字签名过程归纳

(1) 常规加密且仲裁者 C 能看见明文：发送者 A 将发送的明文和签名信息 $S_A(M)$ 用密钥 K_{AC} 加密后发送给仲裁者 C，C 对信息进行解密，恢复出明文 M，对 A 的签名信息 $S_A(M)$ 进行认证，确认正确后将明文信息和签名信息以及时间戳 T 用与接收者 B 共享的密钥 K_{BC} 加密后，发送给接收者 B。由于接收者 B 完全信任仲裁者 C，因此可以确信它发过来的信息就是发送者 A 发的信息。其中发送者 A 的签名信息 $S_A(M)$ 由 A 的标识符 ID_A 和明文的散列函数值 H(M) 组成。

(2) 常规加密且仲裁者 C 不能看见明文：如果不想被仲裁者 C 看到发送者 A 发出的明文，则可用发送者 A 和接收者 B 之间的共享密钥 K_{AB} 对明文进行加密，与签名信息一起发出。仲裁者 C 只能对发送者 A 的签名进行认证，但不能解密密文。只有接收者 B 能够对仲裁者 C 转发的信息进行两次解密，得到明文。

(3) 公开密钥加密且仲裁者 C 不能看见明文：发送者 A 用自己的私钥 KR_A 对信息进行签名，然后用接收者 B 的公钥 KU_B 进行加密，再用私钥 KR_A 对所有信息进行签名。仲裁者 C 收到信息后用发送者 A 的公钥 KU_A 进行认证，然后用自己的私钥 KR_C 对信息进行签名并转发给接收者 B。接收者 B 收到信息后通过仲裁者 C 的公钥 KU_C 进行签名认证，确认发送者 A 的密钥是有效的，再用 A 的公钥 KU_A 对信息进行解密恢复出明文。

2.6 密钥管理与分发

密钥管理负责密钥从产生到最终销毁的整个过程，包括密钥的生成、存储、分配、使用、备份/恢复、更新、撤销和销毁等，是提供机密性、完整性和数字签名等密码安全技术的基础。

密钥的分发是保密通信中的一方生成并选择密钥，然后把该密钥发送给参与通信的其他一方或多方的机制，一般分为秘密密钥分发和公开密钥分发两大类。

1. 秘密密钥分发

秘密密钥的分发一般使用一个大家都信任的密钥分发中心(Key Distribution Center, KDC)，每一通信方与 KDC 共享一个密钥。其交换方式有如下两种。

(1) 秘密密钥交换方式一，如图 2.21 所示。

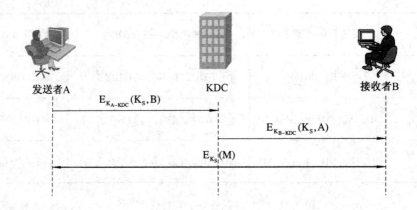

图 2.21 秘密密钥交换方式一

① 发送者 A 随机生成会话密钥 K_S，然后将 K_S 和要通信的对象信息 B 用 A 与 KDC 之间的共享密钥 $K_{A\text{-}KDC}$ 加密后发送给 KDC。

② KDC 将收到的信息解密后得到会话密钥 K_S，将此密钥和信息发送者 A 的身份信息用 B 和 KDC 之间共享的密钥 $K_{B\text{-}KDC}$ 加密后发送给接收者 B。

③ B 收到加密信息后进行解密，得到用 K_S 与 A 通信的信息。

④ 发送者 A 与接收者 B 之间用会话密钥 K_S 进行信息的秘密传输。

(2) 秘密密钥交换方式二，如图 2.22 所示。

① 发送者 A 将要与 B 通信的请求发送给 KDC。

② KDC 随机生成会话密钥 K_{AB}，并将 B 的身份信息用 A 与 KDC 之间的共享密钥 $K_{A\text{-}KDC}$ 加密后一起发送给 A；同时将会话密钥 K_{AB} 与 B 的身份信息用 B 与 KDC 之间的共享密钥 $K_{B\text{-}KDC}$ 加密后发送给 B。

③ 发送者 A 与接收者 B 分别对收到的 KDC 加密信息进行解密，得到通信另一方的信息和会话密钥 K_{AB}。

④ 发送者 A 与接收者 B 用会话密钥 K_S 进行信息的加密传输。

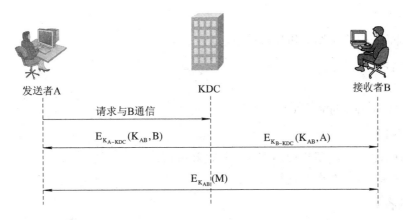

图 2.22 秘密密钥交换方式二

2. 公开密钥分发

公开密钥分发方法有四种：

(1) 通过直接将密钥发送给通信的另一方或者通过广播的方式将公钥发送给通信的其他方。

(2) 建立一个可动态访问的公钥目录(存放公钥信息的数据库服务器)，使通信的各方可以基于公开渠道访问公钥目录来获取密钥。

(3) 带认证功能的在线服务器式公钥分发。例如发送者 A 向管理员请求接收者 B 的公钥，管理员将接收者 B 的公钥用自己的私钥进行签名，使发送者 A 能够通过管理员的公钥进行认证，从而确认接收者 B 的公钥是可用的。

(4) 使用数字证书进行公钥分发。在这个方案中，一般有一个可信的第三方结构——认证中心又称为证书授权(Certificate Autnority，CA)，通信各方均向 CA 申请证书并信任 CA 颁发的证书。证书的内容一般包括证书的 ID、证书的发放者、证书的有效期、用户的名称、用户的公钥以及证书发放者对证书内容的签名信息。用户能够根据 CA 的签名信息来认证证书的有效性和合法性，并利用证书中的用户公钥对信息进行加密通信。CA 负责数字证书的颁发和管理。

2.7 密码技术实例

2.7.1 CAP 软件应用

【实验背景】

一般的密码学实验要求学习者编写实现加密法或分析工具的程序，但这势必要占用学习者较多的时间去调试程序，减少真正学习密码学的时间。加密分析程序 CAP 是Dr Richard Spillman编写的一款密码加密与分析的软件，包含了古典密码学和现代密码学常用的密码算法和分析工具。学习者可以利用 CAP 更好地学习加密法和密码分析技术，而不必花费大量的时间调试程序。CAP 的测试版本可以从http://www.cs.plu.edu/courses/privacy/cap.htm下载。

【实验目的】

掌握常规的密码算法加密和分析技术。

【实验条件】

(1) CAP 软件；

(2) 基于 Windows 的 PC 机。

【实验任务】

(1) 利用 CAP 软件实现几种常用密码加密和解密；

(2) 利用 CAP 软件对密文进行分析。

【实验内容】

双击运行 CAP4.exe，出现 CAP 软件主界面，如图 2.23 所示。

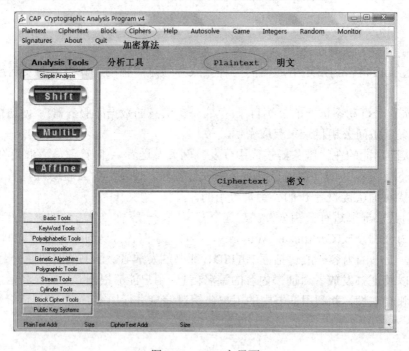

图 2.23　CAP 主界面

1．一般使用过程

先在"Plaintext"中输入要加密的明文，或在"Ciphertext"中输入要解密的密文，然后选择菜单"Ciphers"中的"加密算法"→"输入密钥"→"进行加密或解密运算"。相应的密文或回复的明文将分别出现在"Ciphertext"或"Plaintext"中。如果是对密文进行分析，则在"Ciphertext"中输入要分析的密文后。利用"Analysis Tools"中的分析工具进行分析。

现在以明文 M= Cryptographic Standards 为例，用不同的密码算法求出相应的密文 C=？(建议学习者以手工运算先计算出密文，再与 CAP 软件运算结果比较，以加强对密码算法的理解。对于密文进行分析则可使用 CAP 的分析工具以帮助提高分析效率。另外，由于知道密钥和密码算法的解密过程和加密过程一致，即先输入密文，然后选择算法及输入密钥，解密恢复出明文，因此不再在每个算法实例中单独进行演示。)

(1) 对于密钥 K=3 的简单移位密码(恺撒密码)的加密与解密过程。

在"Plaintext"窗口中输入字符串"Cryptographic Standards",在菜单中选择"Ciphers" → "Simple Shift",输入移位的个数,即密钥 3,如图 2.24 所示。

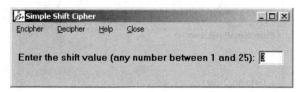

图 2.24　简单移位密码加密/解密

单击"Encipher"生成密文,如图 2.25 所示。

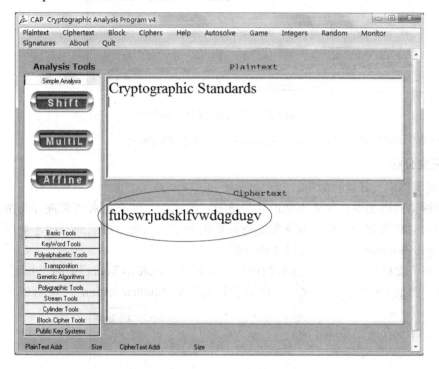

图 2.25　加密结果

(2) 对于密钥 K =badge 的 Vigenere 密码的加密与解密过程。

在菜单中选择"Ciphers" → "Vigenere",输入密钥"badge",如图 2.26 所示。

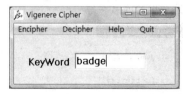

图 2.26　Vigenere 密码加密/解密

单击"Encipher",生成密文"drbvxpgugtiifyxbnggves"。

(3) 对于密钥 K =badge 的列换位法的加密与解密过程。

在菜单中选择"Ciphers"→"Column Transposition",输入密钥"badge",单击"Set Key"生成列序号及矩阵,如图 2.27 所示。

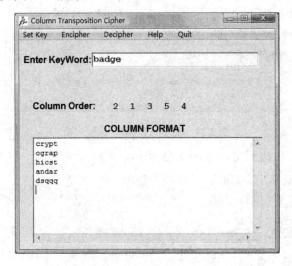

图 2.27　列变换密码加密/解密

再单击"Encipher"生成密文"rginscohadyrcdqtptrqpasaq"。

2. 密文分析

(1) 利用移位工具进行分析。

对于移位密码来说,如果不知道移位位数,即密钥,就不能对密文进行解密。对此类密文可采取尝试所有的移位数对密文进行分析的方法,以确定可能的密钥。如以移位密码密文"icbpmvbqkibqwv"为例进行密码分析。

首先在密文框中输入密文,然后利用单击左侧的"Analusis Tools"中的"Shift"→"Run"进行破解,测试 1~25 位移位密钥,经分析得到明文"authentication",如图 2.28 所示。

图 2.28　简单移位密码分析结果

(2) 采用基本频率分析工具分析。

可以使用频率分析工具，选择"Run"→"Single"即可对密文进行分析，找出 26 个字母在密文中出现的频率，然后对照字母频率表及字母出现的顺序 E T A O N I R S H D L U C M P F Y W G B V J K Q X Z 进行明文替换，直到尝试找到所有明文与密文对应的密码表。这种方法适合于一对一替换的密码分析，如移位密码，关键词密码算法等。CAP 提供了"Singel"、"Double"、"Triple"三种字母组合的频率分析，并提供了图表显示，如图 2.29 所示。

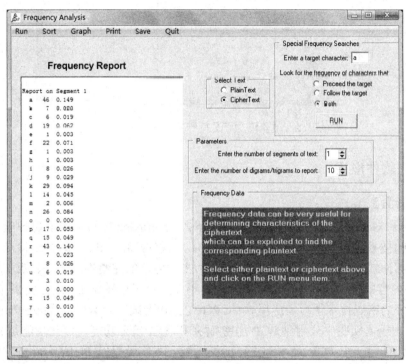

图 2.29　CAP 频率分析图表

(3) 使用低频率分析工具对多表替代密码进行分析。

已知密文："uhhogwivggiefqwvmwneutkkvfchozjnjyxbtlurfvhtxvaorcsefgpduogxfsdthdopvesevzsuhhurfshtxcywniteqjmogvzeuirtxpdhzismltixhhzlfrwniurdtwniwzieddzevngkvxeqzeoyiuvnoizenphxmogznmmeltxsaqymfnwojuhhxidelbmogvzeuirtgblfapbthyeoifbxiawjsfsqzqbtfnxiertigoxthjnwnigrdsiuhhtxieukgfiyorhswgxjoqieorhpidtwnigrdsiprirehtkkyteu"是采用 Vigenere 密码加密，密钥长度是 5，请分析得出明文。

单击 CAP 左侧分析工具"Polyalphabetic Tools"中的"Low Freq"，输入密钥可能长度，单击"Run"，出现频率分析报告和可能的密钥，再用可能的密钥对密文进行解密看是否能够正确解密出明文，直到找到正确的密钥为止。密文越长，用频率分析的效果越好。采用低频率分析工具对多表替代密码进行密钥分析，如图 2.30 所示。

(4) CAP 提供了很多实用的密码分析工具，一般来说，破译密码不可能一次成功，往往需要尝试很多的方法，学习者应当在掌握密码算法的基础上进行分析。

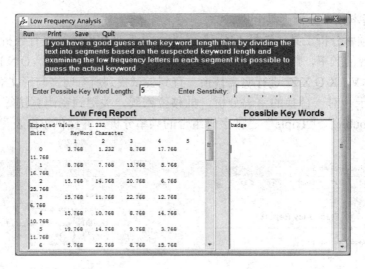

图 2.30   CAP 低频率分析工具

2.7.2   PGP 软件应用

【实验背景】

    PGP(Pretty Good Privacy)是由美国的 Philip Zimmermann 创造的用于保护电子邮件和文件传输安全的技术，在学术界和技术界都得到了广泛的应用。PGP 的主要特点是使用单向散列算法对邮件/文件内容进行签名以保证邮件/文件内容的完整性，使用公钥和私钥技术保证邮件/文件内容的机密性和不可否认性。PGP 不仅提供了程序试用，而且提供了程序源码，是一款非常好的密码技术学习和应用软件。PGP 的 30 天试用版本可以从http://www.pgp.com下载。(注：由于本实验中只用到 PGP 加密/解密和签名/验证功能，而此功能是 PGP 最基本的功能，因此任何一个 PGP 版本都支持此类功能。本实验仅以 PGP.Desktop 9.8 为例进行介绍。)

【实验目的】

通过使用 PGP 软件加强对公钥密码技术应用的理解和掌握。

【实验条件】

(1) PGPDesktop32-982.exe；
(2) 基于 Windows 的 PC 机 2 台，分别为发送者 userA 和接收者 userB 使用。

【实验任务】

(1) 掌握 PGP 基本原理；
(2) 利用 PGP 软件对文件进行加密/解密；
(3) 利用 PGP 软件对文件进行签名/验证。

【实验内容】

1. PGP 基本原理

图 2.31 显示了 PGP 提供数字签名和机密性的操作过程。如果在实际操作中只需要数字

签名服务，则把加密和解密模块取消即可；同样，若只需要机密性服务，则把签名和认证模块取消即可。

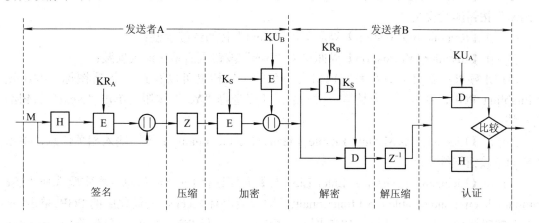

图 2.31 PGP 原理

1) 签名

发送者 A 产生报文 M，用单向散列算法(SHA 或 MD5)生成报文摘要，然后用自己的私钥 KR_A，采用 RSA 或 DSS 数字签名算法对报文摘要进行加密，把计算结果串接在 M 的前面。

2) 压缩

默认情况下，PGP 在签名之后、加密之前对报文进行压缩，用 Z 表示。此方法有利于在电子邮件传输和文件存储时节约空间，而且由于压缩过的报文比原始明文冗余更少，密码分析更加困难，因此也加强了加密的强度。一般在 PGP 软件中使用 PKZIP 算法进行压缩。

3) 加密

发送者生成 128 比特的用于作为该报文会话密钥的随机数 K_S，此会话密钥采用 CAST-128、IDEA 或 3DES 算法对报文进行加密。然后，由于会话密钥只被使用一次，因此要把会话密钥和报文绑定在一起传输。为了保护此会话密钥，需要使用接收者的公开密钥 KU_B，并采用 RSA 算法对会话密钥进行加密后附加到报文的前面。

4) 解密

接收者收到发送者发来的报文，用自己的私钥 KR_A 采用 RSA 算法解密出会话密钥 K_S，然后用会话密钥 K_S 来解密报文。

5) 解压缩

将解密后的报文进行解压缩 Z^{-1} 操作，得到压缩前的报文。

6) 认证

对解压缩后的报文进行处理，提取出发送者用自己的私钥加密的报文摘要和明文，对前者用发送者的公钥 KU_A 来解密得到报文摘要，对后者用相同的散列算法生成新的报文摘要。两个报文摘要相比较，如果两者相匹配，则报文被接受。

2. PGP 软件安装

以发送者 userA 为例，接收者 userB 安装相同

(1) 在网上取得 PGPDesktop32-982.exe 并执行，出现语言选择界面，选择"English"

继续安装；

(2) 在【License Agreement】界面选择"I accept the license agreement"选项，然后单击"Next"按钮继续安装；

(3) 在【Readme Information】界面单击"Next"按钮继续安装；

(4) 在【Installer Information】界面单击"Yes"按钮重启系统继续安装；

(5) 计算机重新启动后在系统窗口右下角的工具栏里可以看到一个 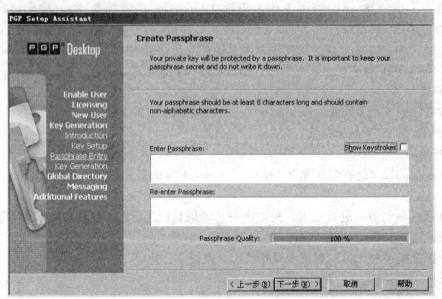 图标，并出现【Enabling PGP】界面，因为是第一次安装，所以选择"Yes"按钮，单击"Next"按钮继续安装；

(6) 在【Licensing Assistant: Enable Licensed Functionality】界面输入相关信息，单击"Next"按钮继续安装；

(7) 在【Licensing Assistant：Enter License】界面选择 License 信息，本实验选择"Use without a license and disable most functionality"即安装没有 License 的简化版的 PGP。单击"下一步"按钮继续安装。(如果是在 PGP 网站上填写信息下载 PGP，则网站会发送 License Key 到注册邮箱中，这时选择"Enter your license number"，输入 License Key。如果没有 License Key，则可选择"Request a one-time 30 day Evaluation of PGP Desktop"安装 30 天评估版的 PGP。选择"Purchase a license number now"则可立即购买 License Key)。

(8) 在【Licensing】界面中单击"下一步"按钮继续安装；

(9) 在【User Type】界面中选择"I am a new user"，单击"下一步"按钮继续安装；

(10) 在【PGP Key Generation Assistant】界面单击"下一步"按钮创建新的 PGP 密钥；

(11) 在【Name and E-mail Assignment】界面中输入使用者的名字和 E-mail 地址(本实验以创建发送者 userA 为例)，用这个信息来标识使用者的密钥以使通信的另一方能够清楚地识别使用者的公钥。输入完信息后，单击"下一步"按钮继续安装，出现【Create Passphrase】界面，如图 2.32 所示。

图 2.32　创建口令短语

(12) 在【Create Passphrase】界面中输入口令短语。PGP 在提取私钥时要求使用者必须输入口令短语才能使用私钥进行解密或签名，这样可以避免其他人随便使用使用者的私钥。注意密码长度至少要八个字符，最好不要是有意义的文字或数字，这样才不容易被别人猜到。在文本框中输入口令短语两次后单击"下一步"按钮继续安装；

(13) 在【Create PGP Security Questions】界面中单击"下一步"进入【Create Security Question 1 to 5】界面进行安全问题设定，以备遗忘密码的时候可以通过回答安全问题而提取密钥。本实验选择"Skip"跳过安全问题设定继续安装；

(14) 在【Key Generation Progress】界面中单击"下一步"按钮继续安装；

(15) 在【PGP Messaging: Introduction】界面中取消"Automatically decet my E-mail accounts"选项，不启用 PGP 自动选择邮件帐号功能，单击"下一步"按钮继续安装；

在【Congratulations!】界面单击"完成"按钮结束安装，此时在系统界面右下角的工具栏里可以看到一个 图标。

3. 交换公钥

在数据被处理之前，通信双方必须相互交换自己的公钥。为了存储密钥，PGP 在每个节点提供一对数据结构，一个用来存储该节点拥有的公开/私有密钥对，被称为私有密钥环；另一个用来存储该节点所知道的其他用户的公开密钥，被称为公开密钥环。

(1) 双击 图标打开【PGP Desktop】界面，选择界面左侧的"PGP Keys"，可以看到生成的用户密钥信息，本实例以用户 userA 为例生成密钥，以用户名和邮箱地址为标识。双击"userA"打开【userA-Key Properties】界面，可以查看密钥的 ID、类型、创建时间(即时间戳)、加密算法等信息，如图 2.33 所示。

图 2.33 用户密钥信息

(2) 按照前面 PGP 安装步骤在另一台机器上安装 PGP 并生成 userB 密钥，然后在【PGP Desktop】窗口中用鼠标右击要交换的密钥"userB"→"Export…"，导出密钥，存成 userB.asc 的文件，然后把这个文件自由地传送给 userA、或放在双方方便取得的地方，如利用邮件或文件共享方式进行交换。

(3) userA 取得发送者公钥文件后，双击 userB.asc 附件，出现【Select key(s)】界面，选择密钥 userB，然后单击"Import"导入发送者公钥，如图 2.34 所示。

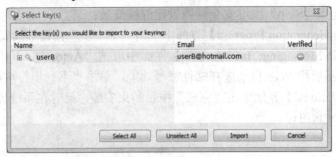

图 2.34　导入对方公钥

(4) userB 密钥导入后，userA 的【PGP Desktop-All Keys】界面如图 2.35 所示。

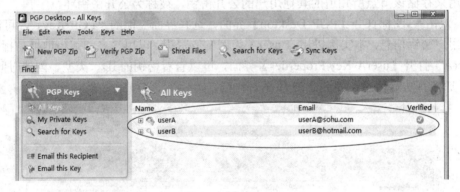

图 2.35　密钥查看

同样，将 userA 的密钥导入到 userB 的密钥环中。

4．加密/解密文件

(1) 在 userA 机器上新建一个文本文件 a.txt，输入内容并选中，如图 2.36 所示。

图 2.36　明文信息

(2) 单击 图标→"Current Windows" →"Encrypt"，出现【Key Selection Dialog】界面，双击 userB 密钥使其出现在"Recipients"对话框中，如图 2.37 所示。

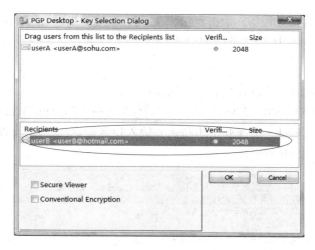

图 2.37 选择接收方公钥

(3) 单击 "OK" 按钮，发现文本内容已被加密，如图 2.38 所示。

图 2.38 密文信息

(4) 将文件保存成 fromA.txt，用邮件或文件共享方式发给 userB。userB 收到 userA 发来的加密文件 fromA.txt 后双击打开，然后右击 图标→ "Current Windows" → "Decrypt & Verify"，出现【Enter Passphrase】界面，如图 2.39 所示。

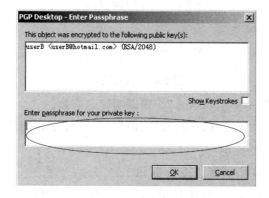

图 2.39 输入口令短语

(5) 输入 userB 的口令短语，单击"OK"按钮，系统会提取 userB 的私钥对密文进行解密从而恢复出明文。

5. 签名/验证

(1) userA 对发送的文件进行签名与加密过程类似。

打开要签名的文档，如图 2.36 所示。右击 图标→ "Current Windows" → "Sign"，在【Enter Passphrase】界面，选择要用的私钥并输入口令短语(发送者可以有多个通信密钥)，生成签名文件，如图 2.40 所示。

图 2.40 签名信息

(2) 将文件保存成 signA.txt，用邮件或文件共享方式发给 userB。userB 收到 userA 发来的签名文件后双击打开，右击 图标→ "Current Windows" → "Decrypt & Verify"，出现验证界面，如图 2.41 所示。

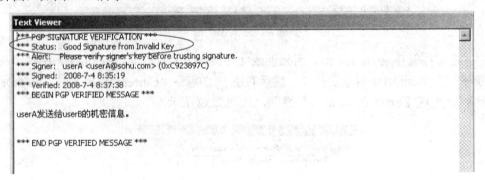

图 2.41 验证签名

(3) 若签名状态为 "Good Signature"，则证明签名有效。

如果 userA 想发给 userB 既签名又加密的信息，则需要右击 图标→"Current Windows" → "Encrypt & Sign"，过程同前。

6. 直接对文件进行加密/解密，签名/验证

右击要加密的文件 A.txt→ "PGP Deskop" → "Secure 'B.txt' with Key..."。在【PGP

Zip Assistant】界面的下拉菜单中选中要加密的公钥 userB，单击"下一步"按钮，生成文件 A.txt.pgp，然后将文件发送给 userB，userB 双击解密，步骤同前。

对文件直接签名与加密类似，选择好签名密钥以后在保存目录下生成一个 .sig 文件，即签名文件，然后将原文件与签名文件一起发送给接收者。接收者收到以后进行验证。

对文件直接既加密又签名与前面类似。

习　题

1. 已知明文 M = COMPUTER SYSTEM。

(1) 对于密钥 K = 4，计算移位密码和列变换算法的密文 C；

(2) 对于密钥 K = PRINT，计算移位密码和 Vigenere 密码算法的密文 C。

2. 简述密码体制基本概念。

3. 简述 DES 的基本原理。

4. 已知 p = 13，q = 7，e = 7，计算 RSA 算法公钥 KU 和私钥 KR。

5. 简述公钥密钥体制的应用。

6. 简述报文认证的几种方法。

7. 简述密钥分发的原理。

8. 简述 PGP 原理。

9. 简述利用 PGP 对信息进行加密/解密、签名/验证的基本过程。

第 3 章   操作系统安全

社会信息化的过程离不开对操作系统、网络系统与数据库管理系统等各种系统软件的使用，作为系统软件中最基础部分的操作系统是唯一紧靠硬件的基本软件，是社会信息化的关键基础设施之一。由于操作系统上运行着各种各样其他的系统软件或应用软件，因此它的安全直接关系着信息的安全。若没有安全操作系统的支持，数据库就不可能具有存取控制的安全可信性；就不可能有网络系统的安全性；也不可能有应用软件信息处理的安全性，而且构筑在其上的应用系统以及安全系统，如 PKI、加密/解密技术的安全性也得不到根本保障。因此，安全操作系统是整个信息系统安全的基础，没有操作系统的安全，信息的安全就是"沙地上的城堡"。

针对操作系统的攻击有很多，基本上可以分为被动攻击和主动攻击两类。其中被动攻击是通过侦听所在网络中所传输的数据来获取有价值的信息；而主动攻击则是通过修改或破坏正常运行和传输的数据来对系统进行入侵。通常被动攻击是在为主动攻击做准备，主动攻击才是黑客的真正目的。例如，通过网络嗅探分析信息，获得用户的系统登录密码，然后登入系统，修改数据，进行破坏活动。常见的主动攻击类型如下：

➢ 拒绝服务：通过大量占用系统或网络的可用资源，从而使系统不能为合法用户提供服务。

➢ 内部攻击：在系统或网络的内部发起有效的攻击。大多数的安全系统和防范都是针对外部攻击的，对于内部攻击，往往缺少必要的防范措施。

➢ 网络欺骗：伪造网络数据包来欺骗和避免检查，目的是取得系统的访问权或突破安全系统。

➢ 木马陷阱：替换系统的文件或把未授权的命令、功能隐藏在合法功能下面。

现有操作系统针对以上攻击的安全防范能力各有不同，但没有一个操作系统能够抵御所有的攻击。虽然各操作系统都不定期地发布修补程序以解决系统的某个安全漏洞，但一些操作系统本身安全设计就先天不足，因此很难从根本上解决问题。

3.1   安全操作系统概述

由于计算机操作系统是网络信息系统的核心，其安全性占据着十分重要的地位，因此，网络环境的计算机操作系统的安全检测和评估是非常重要的。国际上建立了计算机系统安全评估标准。评估标准是一种技术性法规，安全操作系统必须符合评估标准的安全规定。在信息安全这一特殊领域，如果没有可遵循的计算机系统安全评估标准，则与此相关的立法、执法就难以建立健全，就会给国家的信息安全带来严重的后果。

国际上已经在操作系统的检测和评估方面做了大量的工作。此外，国际标准化组织和国际电工委也已经制定了上百项安全标准，其中包括专门针对银行业务制定的信息安全标准。国际电信联盟和欧洲计算机制造商协会也推出了许多安全标准。

3.1.1　可信计算机安全评估准则

可信计算机安全评估准则(TCSEC)于 1970 年由美国国防部提出，是计算机系统安全评估的第一个正式标准，具有划时代的意义。TCSEC 将计算机系统的安全划分为 4 个等级(D、C、B、A)、8 个级别(D1、C1、C2、B1、B2、B3、A1、超 A1)，从 D1 开始，等级不断提高，可信度也随之增加，风险也逐渐减少。

1. D 类安全等级

D 类安全等级又叫无保护级，它只包括 D1 一个级别。D1 的安全等级最低，任何人无需经过身份验证就可以进入计算机使用系统中的任何资源，也没有任何硬件保护措施，因此，硬件系统和操作系统非常容易被攻破。常见的 D1 级操作系统有 DOS、Windows 3.x、Windows 95/98(工作在非网络环境下)、Apple 的 Macintosh System7.1。

2. C 类安全等级

C 类安全等级又叫自主保护级，它能够提供审慎的保护，并为用户的行动和责任提供审计能力。一般只适用于具有一定等级的多用户环境，具有对主体责任及其动作审计的能力。C 类安全等级可划分为 C1 和 C2 两类。

(1) C1 级。C1 级称为自主安全保护级。C1 系统的可信计算基通过将用户和数据分开来达到安全的目的，要求用户在使用系统之前先通过身份验证，保护一个用户的文件不被另一个未授权用户获取。C1 级的不足之处是不能控制进入系统的用户的访问级别，用户可以拥有与系统管理员相同的权限，可以将系统中的数据随意移动，也可以更改系统配置。常见的 C1 级操作系统有标准 Unix。

(2) C2 级。C2 级称为控制访问保护级，它除了具有 C1 系统中所有的安全性特征外，还完善了 C1 系统的自主存取控制，增加了用户权限级别，系统管理员可以按照用户的职能对用户进行分组，统一为用户组指派一定的权限。除此之外，C2 级还增加了可靠的审计控制。系统通过登录过程、安全事件和资源隔离来增强这种控制。常见的 C2 级操作系统有 Unix、Xenix、Novell 3.x 或更高版本、Windows NT 等。

3. B 类安全等级

B 类安全等级称为强制保护级，要求 TCB 维护完整的安全标记，并在此基础上执行一系列强制访问控制规则。B 类系统中的主要数据结构必须携带敏感标记，可信计算机利用它去实施强制访问控制。B 类安全等级可分为 B1、B2 和 B3 三类。

(1) B1 级。B1 级称为标记安全保护级。B1 级除了具有 C1 系统中所有的安全性特征之外，还要对网络控制下的每个对象都进行灵敏度标记，系统使用灵敏度标记来决定强制访问控制的结果，并且不允许文件的拥有者改变其对象的许可权限。

(2) B2 级。B2 系统称为结构化保护级，它必须满足 B1 系统的所有要求。同时，要求自主和强制访问控制扩展到所有的主体与客体，只有用户能够在可信任通信路径中进行初始化通信，并且可信任运算基础体制能够支持独立的操作者和管理员。

(3) B3 级。B3 级称为安全区域保护级，系统必须符合 B2 系统的所有安全需求。B3 系统具有很强的监视委托管理访问能力和抗干扰能力。B3 系统专设有安全管理员，将系统操作员和安全管理员的职能分离，将人为因素对计算机安全的威胁减少到最小。B3 系统除了控制对个别对象的访问外，还提供对对象没有访问权的用户列表，并且扩充了审计机制，能够验证每个用户，为每一个被命名的对象建立安全审计跟踪。当发生与安全相关的事件时，系统能够发出信号并提供系统恢复机制。

4. A 类安全等级

A 类安全等级称为验证保护级，它的安全级别最高。A 类的特点是使用形式化的安全验证方法，保证系统的自主和强制安全控制措施能够有效地保护系统中存储和处理的秘密信息或其他敏感信息。为证明可信计算基(Trusted Computing Base，TCB)满足设计、开发及实现等各个方面的安全要求，系统应提供丰富的文档信息。目前，A 类安全等级包含 A1 级和超 A1 级两类。

(1) A1 级。A1 级与 B3 级相似，对系统的结构和策略没有增加特别要求。A1 系统的显著特征是，系统的设计者必须按照一个正式的设计规范来分析系统。对系统分析后，设计者必须运用核对技术来确保系统符合设计规范。

(2) 超 A1 级。超 A1 级在 A1 级基础上增加的许多安全措施超出了目前的技术发展，目前没有明确的要求，今后，形式化的验证方法将应用到源码一级，并且时间隐蔽信道将得到全面的分析。

3.1.2　安全操作系统特征

安全操作系统的含义是在操作系统的工作范围内，对整个软件信息系统的最底层进行保护，提供尽可能强的访问控制和审计机制，在用户和应用程序之间、系统硬件和资源之间进行符合安全政策的调度，限制非法的访问。按照有关信息系统安全标准的定义，安全的操作系统至少要有如下的特征：

1. 最小特权原则

所谓最小特权(Least Privilege)，指的是在完成某种操作时所赋予网络中每个主体(用户或进程)必不可少的特权。最小特权原则，则是指应限定网络中每个主体所必需的最小特权，确保可能的事故、错误、网络部件的篡改等原因造成的损失最小，是系统安全中最基本的原则之一。最小特权原则要求每个用户和程序在操作时应当使用尽可能少的特权，不要动辄就运用其所有的特权，以此减少错误的发生率，也减少入侵者的侵入机会，降低事故、错误或攻击带来的危害。同时，最小特权原则还减少了特权程序之间潜在的相互作用，降低了对系统内部的影响。

2. 自主访问控制

自主访问控制(Discretionary Access Control, DAC)就是用户可以根据文件系统访问控制列表(Access Control List，ACL)决定属于自己的文件和目录对于系统中其他用户的访问权限。比如，用户可以把一个属于自己的文件，设置为对用户 A 只读，对用户 B 可写，对其他用户不可访问。这样，基于 ACL 的自主访问控制细化了系统的权限管理，有利于多用户系统的安全设置。

3. 强制访问控制

强制访问控制(Mandatory Access Control, MAC)是系统强制主体服从访问控制政策，其主要特征是对所有主体及其所控制的客体(如进程、文件、段、设备)实施强制访问控制。系统为这些主体及客体指定敏感标记，通过比较主体和客体的敏感标记来决定一个主体是否能够访问某个客体。用户的程序不能改变他自己及任何其他客体的敏感标记，从而系统可以防止木马的攻击。

4. 安全审计和审计管理

安全审计记录了所有用户关心的安全事件，包括敏感资源的访问记录和所有未授权的非法访问企图，是作为信息犯罪取证和系统安全监督的不可或缺的安全机制。系统安全审计功能应该不会被人恶意中断，审计记录也应该是无法随意删除的并且应该可以被导入到数据库，以方便管理、访问和查询。

5. 安全域隔离

安全域隔离是基于业界领先的角色访问控制技术，是由操作系统核心强制执行的一种安全机制。它实现了对应用实行安全策略保护，这种策略规定，只有在同一安全域中的程序才可以访问域中的那些敏感或重要的资源，比如 DNS 的记录，或者是 Web 服务器的页面。安全域隔离对于防止一些缓冲区溢出攻击、系统重要资源完整性保护有显而易见的作用。

6. 可信通路

可信通路(Trusted Path)是终端人员能借以直接同 TCB 通信的一种机制。该机制只能由有关终端人员或可信计算基启动，并且不能被不可信软件所模仿。

有了这些最底层的操作系统安全功能，各种作为"应用软件"的病毒、木马程序、网络入侵和人为非法操作才能被真正抵制。例如，对于普通的操作系统而言，某个蠕虫病毒可以利用操作系统上某个服务的漏洞，入侵系统，修改系统命令，在某个目录留下运行代码，篡改网页，再入侵别的服务器。而在安全操作系统之下，通过限制一切未经授权的"陌生"代码写系统命令或配置文件，让任何人对该目录不可写，利用安全域隔离，限制每个服务进程的"权限范围"。这样层层保护，使病毒没有了生存的基础，自然不能对系统进行破坏和传播。

安全操作系统不但要强调安全，也要强调应用，对硬件有良好的兼容性。一个完全封闭的系统，也许在安全性上很优秀，但它只能运行在特定的硬件上，也只能运行为数不多的应用程序，更只有少数专家才能控制它。除了为特定需求定制的特定系统之外，这样的操作系统恐怕也没有它的实际价值。所以，作为一个安全操作系统还应该支持广泛的硬件和软件平台，易操作，并且和其他安全产品能良好兼容配合。

3.2　操作系统帐户安全

对任何操作系统来说，系统帐户是系统分配给用户进入系统的一把钥匙，是用户进入系统的第一关，它的安全对于系统安全有着关键的意义。

系统帐户一般由用户名和密码组成，系统通过对用户名和密码的验证来确定是否许可用户访问系统。下面以 Windows Server 2003 系统和 Linux 系统为例，从密码的安全选择及保护和帐号的管理方面讲述如何加强对系统帐户的保护。

3.2.1　密码安全

1. 安全密码的选择

用户帐户的保护一般主要围绕着密码的保护来进行。因为在登录系统时，用户需要输入帐号和密码，只有通过系统验证之后，用户才能进入系统。因此密码可以说是系统的第一道防线，目前网络上对系统大部分的攻击都是从截获密码或者猜测密码开始的，所以设置安全的密码是非常重要的。

安全密码的原则之一是提高它的破解难度，也就是不能被密码破解程序所破解。密码破解程序将常用的密码或者是英文字典中所有可能组合为密码的单词都用程序加密成密码字，然后利用穷举法将其与系统的密码文件相比较，如果发现有吻合的，密码即被破译。

提高密码的破解难度主要是通过提高密码复杂性、增加密码长度、提高更换频率等措施来实现。如果用户密码设定不当或过于简单，则极易受到密码破解程序的威胁。一个好的密码应遵循以下原则：

➢ 密码长度越长越好，密码越长，黑客猜中的概率就越小，建议采用 8 位以上的密码长度。

➢ 使用英文大小写字母和数字的组合，添加特殊字符。

➢ 不要使用英文中现成的或有意义的词汇或组合，避免被密码破解程序使用词典进行破解。

➢ 不要使用个人信息，如自己或家人的名字作为密码，避免熟悉用户身份的攻击者推导出密码。

➢ 不要在所有机器上或一台机器的所有系统中都使用同样的密码，避免一台机器密码泄漏而引起所有机器或系统都处于不安全的状态。

➢ 选择一个能够记住的密码，避免太复杂的密码使得记忆困难。

再安全的密码，都经不起时间的考验。因此，用户在使用了一个安全的密码之后，不能从此就高枕无忧了，还需要定期修改密码，如每个月更改一次。只有这样，才可以更好地保护自己的登录密码。

2. Windows Server 2003 系统和 Linux 系统密码管理

在 Windows Server 2003 系统中，对密码的管理可以通过在安全策略中设定"密码策略"来进行。它可以针对不同的场合和范围进行设定。例如可以针对本地计算机、域及相应的组织单元来进行设定，这将取决于该策略要影响的范围。以域安全策略为例，其作用范围是网络中所指定域的所有成员。在域管理工具中运行"域安全策略"工具，然后就可以针对密码策略进行相应的设定。密码策略也可以在指定的计算机上用"本地安全设置"来设定，同时也可在网络中特定的组织单元通过组策略进行设定。Windows Server 2003 系统密码策略配置功能如图 3.1 所示。

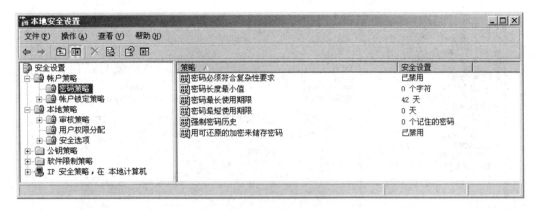

图 3.1　密码策略配置

Linux 系统一般将密码加密之后，存放在/etc/passwd 文件中。Linux 系统上的所有用户都可以读到/etc/passwd 文件，因此不太安全，所以 Linux 设定了影子文件/etc/shadow，只允许有特殊权限的用户阅读该文件。

虽然文件中保存的密码经过加密，但设定登录密码仍是一项非常重要的安全措施，如果用户的密码设定不合适，就很容易被破解，尤其是拥有超级用户使用权限的用户，如果没有有效的密码，将给系统造成很大的安全漏洞。

3.2.2　帐号管理

除密码安全之外，对用户帐号的安全管理也是非常重要的。一般来说，系统中的每个帐号在建立后，应该有专人负责，根据需要赋予其不同的权限，并且归并到不同的用户组中。如果某个帐号不再使用，管理员应立即从系统中删除该帐号，以防黑客借用那些长久不用的帐号入侵系统。

1. Windows Server 2003 系统的帐号管理策略

1) 帐户锁定

为了防止非法用户企图猜测用户密码进入系统，管理员可以设置最多的登录次数，如果超过该登录次数仍未进入系统，则系统将对此帐户进行锁定，使其在一定的时间内不能再次使用。在 Windows Server 2003 管理工具中的帐户锁定策略中可以设定用户由于操作失误造成登录失败，例如设为三次，如果三次登录全部失败，就锁定该帐户。设定登录次数的时候还可以设定锁定时间，例如设定锁定时间为 30 分钟，一旦该帐户被锁定，即使是合法用户也无法使用了，只有管理员才可以重新启用该帐户。帐户锁定如图 3.2 所示。

2) 用户登录属性的限制

运行 Windows Server 2003 "Active Directory 用户和计算机"管理工具，然后选择相应的用户，可以设置其帐户属性。在帐户属性对话框中，管理员可以通过帐户登录时间设置允许该用户登录的时间，从而防止非该时间的登录行为；还可以通过用户登录地点的设置指定该帐户从哪些计算机登录。通过对用户登录属性进行限制，即使是密码泄露，系统也可以在一定程度上将黑客阻挡在外，保障其用户帐户的安全。用户登录属性限制如图 3.3 所示。

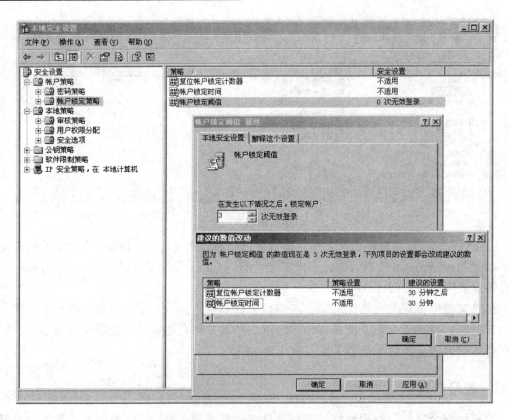

图 3.2　帐户锁定配置

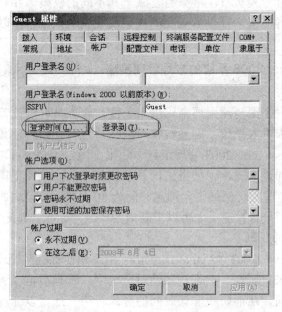

图 3.3　用户登录限制

2. Linux 系统的帐号管理策略

在 Linux 系统用户帐号之中，拥有 root 权限的用户可以在系统中畅行无阻，有权修改或删除各种系统设置，这是黑客最喜欢拥有的帐号，因此不能轻易授予帐号 root 权限。但是，有些程序的安装和维护工作必须要求有 root 权限，在这种情况下，可以利用其他工具，如 sudo 程序，让这类用户有部分 root 权限。

sudo 程序经过设定后，允许普通用户以自己的密码再登录一次，取得 root 权限，但只能执行有限的几个指令，sudo 会将每次执行的指令记录下来，不管该指令的执行是成功还是失败。从 sudo 的日志中，可以追踪到哪些帐号对系统做了什么，这在系统的管理中是非常重用的。但是 sudo 并不能限制用户的所有行为，尤其是当某些简单的指令没有设置限定时，就有可能被黑客滥用。

3.3　操作系统资源访问安全

用户对系统资源访问是通过用户权限来限制的，即用户是否拥有对资源的访问权限。系统资源访问安全的最终目的就是使拥有访问权限的合法用户能够正确地访问系统资源，而将非法访问阻止在系统之外。

3.3.1　Windows 系统资源访问控制

Windows 系统中的各种资源都包含有控制用户访问的信息，当用户登录到系统，试图访问系统中的资源时，系统将用户信息与资源的控制信息进行比对，以确定用户是否有权限访问该资源。

1. 安全标识符(Security Identifiers，SID)

当每次创建一个用户或一个组的时候，系统会分配给该用户或组一个 SID。SID 可以用来实现对帐号的安全管理，安全标识在帐号创建时就同时创建，一旦帐号被删除，SID 也同时被删除。而且 SID 是唯一的，即使在同一台计算机上多次创建相同帐号的用户，在每次创建时获得的 SID 都是完全不同的，也不会保留原来的权限。

2. 访问令牌(Access Tokens)

用户通过验证后，登录进程会给用户一个包括用户 SID 和用户所属组 SID 信息的访问令牌作为用户进程访问系统资源的证件。当用户试图访问系统资源时，Windows 系统会检查要访问对象上的访问控制列表(Access Control Lists，ACL)并与用户的访问令牌相比较，如果用户被允许访问该对象，系统将会分配给用户适当的访问权限。

3. 安全描述符(Security Descriptors)

Windows 系统中的任何对象、进程、线程的属性中都有安全描述符部分，它保存对象的安全配置。一般包括对象所有者 SID、组 SID、任意访问控制列表、系统访问控制列表、访问令牌等信息。

4. 许可检查(Permission Check)

安全系统根据访问控制列表进行许可检查，逐一检查每个访问控制项，查看对用户或组是否有明确的拒绝或授予的权限，如果有，则拒绝的权限要高于授予的权限。如果对 ACL 检查后，没有明确的拒绝或授予，则该许可请求被拒绝。

例如，mary 是一个用户，属于 users 组，某文件的 ACL 中明确说明允许 users 组的写操作，但同时也明确说明拒绝用户 mary 的写操作，那么用户 mary 虽然是 users 组的成员，但也被拒绝对该文件进行写操作。

3.3.2　Linux 文件系统安全

Linux 系统的资源访问是基于文件的，因为在 Linux 系统中，除了普通文件之外，各种硬件设备、端口甚至内存也都是以文件形式存在的，对文件如何管理关系到如何对系统资源进行访问控制，所以文件系统在 Linux 系统中显得尤为重要。

为了维护系统的安全性，在 Linux 中的每一个文件或目录都具有一定的访问权限，当对文件进行访问时，内核就检查该访问操作与文件所在的目录及文件的权限位是否一致，以此来决定是否允许访问，从而确保具有访问权限的用户才能访问该文件或目录，否则系统会给出 permission denied(权限拒绝)的错误提示。例如，当要读取路径/usr/bin 中的 test.c 文件时，就需要对/usr/bin 目录有执行权限，对 test.c 文件有读取权限。

文件的属性信息主要包括文件类型和文件权限两个方面。文件类型可以分为：普通文件、目录文件、链接文件、设备文件和管道文件五种。文件权限是指对文件的访问权限，包括对文件的读、写、执行。用"ls-l"命令查询文件属性得到文件清单，其中包含有文件类型、文件权限、文件属主、文件大小、创建日期和时间等信息，如下所示：

```
drwxr-xr-x2 root root 20   May 3 22:51 aa
rw-r-r-    1 root root 1002 May 3 23:18 note.txt
rwxr-xr-x  2 root root 106 May 3 01:25 b.c
```

前面一列字母说明了文件的类型和权限，其中第一个字符表示文件类型，其解释如表 3.1 所示。

表 3.1　文 件 类 型

文件类型	解　释
d	表示一个目录
-	表示一个普通的文件
l	表示一个符号链接文件，实际上它指向另一个文件
b、c	分别表示区块设备和其他的外围设备，是特殊类型的文件
s、p	这些文件关系到系统的数据结构和管道，通常很少见到

后面的九个字符分为三组(每组三个)，第一组描述了文件所有者的访问权限；第二组描述了文件所有者所在组用户的访问权限；第三组描述了其他用户的访问权限。在每一组中，三个字符分别可以为 r、w、x 或-，代表的意义如表 3.2 所示。

表 3.2　文件访问权限

访问权限	文件权限	目录权限
r(Read，读取)	读取文件内容	浏览目录
w(Write，写入)	新增、修改文件内容	删除、移动目录内文件
x(eXecute，执行)	执行文件	进入目录
-	不具有该项权限	不具有该项权限

每个用户都拥有与自己用户名同名的专属目录，通常放置在/home 目录下，这些专属目录的默认权限为 rwx------，表示该用户对该目录具有所有权限，其他用户无法进入该目录，以保证该目录的安全性。而执行 mkdir 命令所创建的目录，其默认权限为 rwxr-xr-x，表示其他用户可以进入并读取该目录，但不能修改其中的内容，用户可以根据需要修改目录的权限。

Linux 提供了修改文件权限命令 chmod，供文件所有者和超级用户使用。文件所有者可以通过设定权限来任意控制一个给定的文件或目录的访问程度，如只允许用户自己访问，或允许一个预先指定的用户组中的用户访问，或允许系统中的其他用户访问。超级用户在系统中具有最高权力，可以对任何文件或目录和用户访问权限进行任何操作，在方便了系统的管理的同时又是一个潜在的隐患，因此一方面要保护超级用户的密码，另一方面要限制超级特权被滥用，不要轻易赋予其他用户这个权力。

3.4 操作系统安全策略

操作系统经过不断的发展，逐步探索并制定出新的管理策略来降低系统风险，其安全机制也在不断地完善。

1. 系统安全审核

操作系统的安全审核机制可以对系统中的各类事件进行跟踪记录并写入日志文件，管理员通过分析日志内容可以查找系统和应用程序故障以及各类安全事件，从而发现黑客的入侵和入侵后的行为。以 Windows Server 2003 为例，在系统中启用安全审核策略如图 3.4 所示。

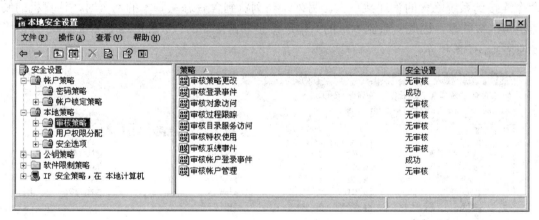

图 3.4 审核策略配置

对系统安全策略进行审核策略安全设置后，符合审核条件的信息都会记录到相关日志中，系统管理人员要经常检查各种系统日志文件，要注意是否有不合常理的时间记载。如，是否有正常用户在夜深人静时登录；是否有用户从陌生的网址进入系统；是否有不正常的日志记录；是否有连续密码尝试但进入失败记录；是否有重新开机或重新启动各项服务的记录等。Windows 2003 计算机系统安全审核记录的日志如图 3.5 所示。

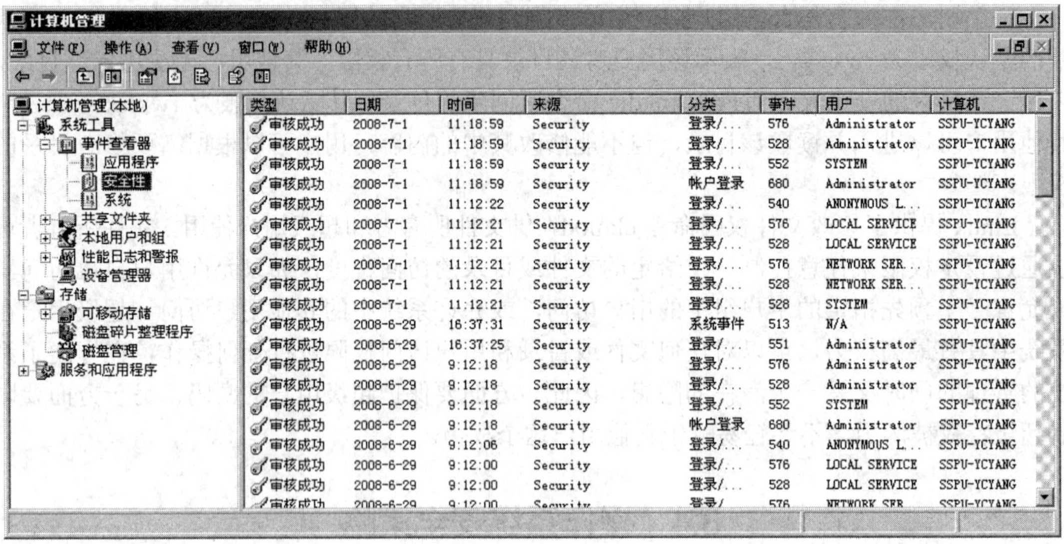

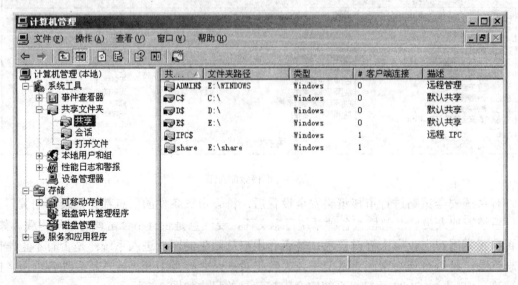

图 3.5   审核日志

2. 系统监视

除了通过对日志的审核来发现已经发生的入侵行为外,管理员还应该掌握一些基本的实时监视技术,以便对系统情况有一个更好的掌控。

1) 监视共享

为了资源访问和系统管理的便利,操作系统中提供了资源共享和管理共享功能,但这也成为黑客常用的攻击方法之一,只要黑客能够扫描到 IP 和用户密码,就可以使用 netuse 命令连接到系统隐含的管理共享上。另外,当浏览到含有恶意脚本的网页时,计算机的硬盘也可能被共享,因此,监测本机的共享连接是非常重要的。Windows Server 2003 共享资源查看如图 3.6 所示。

图 3.6   共享资源管理

如果有可疑共享，应该立即删除，同时也应该删除或禁止不必要的共享，如 IPC$共享。IPC$共享漏洞是目前危害最广的漏洞之一。黑客即使没有马上破解密码，也仍然可以通过"空连接"连接到系统上，再进行其他的尝试。关于共享资源的删除详见 3.6.1 节。

2) 监视开放的端口和连接

黑客或病毒入侵系统后，会跟外界建立一个 Socket 会话连接，管理员应定期对系统开放的端口及连接进行检查，使用 netstat 命令或专用的检测软件对端口和连接进行检测，查看已经打开的端口和已经建立的连接，检查会话状态，关闭或过滤不需要的端口以控制系统和外部的连接通信。Windows Server 2003 会话查看如图 3.7 所示。

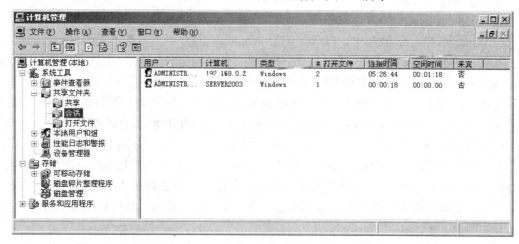

图 3.7　会话管理

3) 监视进程和系统信息

对于木马和远程监控程序，除了监视开放的端口外，还应通过任务管理器的查看功能，进行进程的查找，对可疑的进程进行删除，如图 3.8 所示。

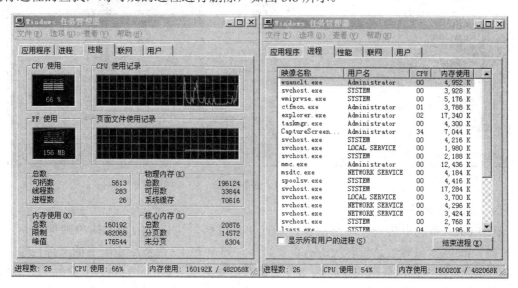

图 3.8　任务管理器

在 Windows Server 2003 的支持工具中有一个进程查看工具 Process Viewer,可以帮助查看隐藏的进程。由于现在的木马常常会把自己注册成一个服务以避免在进程列表中现形,因此,还应结合对系统中的其他信息的监视才能够全面地查杀木马程序。

3. 控制系统服务

Windows 中的服务是一种在系统后台运行的应用程序类型。操作系统默认了一些服务的启动并运行,但并不是所有默认服务都是用户需要的,而且服务越多,漏洞越多,所以需要控制运行在服务器上的服务,这样既能减少安全隐患,又减少了系统资源的使用,并且增强了服务器的性能。

1) Windows Server 2003 系统服务

在 Windows Server 2003 中,微软关闭了 Windows 2000 中大多数不是绝对必要的服务,但还是有一些有争议的服务默认运行。如分布式文件系统服务(DFS)、文件复制服务(FRS)、Print Spooler 服务(PSS)等。其中 DFS 允许用户将分布式的资源存于一个单一的文件夹中,可以简化用户的工作但不是必需功能。FRS 能够在服务器之间复制数据时保持 SYSVOL 文件夹的同步,但会增加黑客在多个服务器间复制恶意文件的可能性。PSS 服务管理所有的本地和网络打印请求,并在这些请求下控制所有的打印工作,但一方面由于通常没有人会在服务器控制台工作,因此没有必要使用此服务;另一方面由于 PSS 是系统级的服务,拥有很高的特权,所以容易被木马攻击更换其可执行文件,从而获得这些高级别的特权。所以管理员应该根据系统服务的实际需求尽可能关闭掉不需要的服务。Windows Server 2003 服务配置如图 3.9 所示。

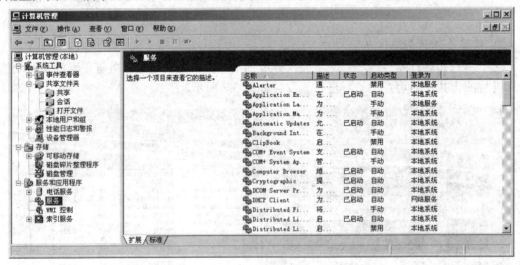

图 3.9　服务管理

2) Linux 系统服务

在 Linux 系统中的一些网络服务,如简单文件传输协议(TFTP)、简单邮件传输协议(SMTP)、Inetd 服务等也是黑客攻击的重要目标。其中 TFTP 服务用于匿名的文件传输,用户不需要登录就可以从任何系统接收文件并拥有读写的权限,由此会带来安全风险;SMTP 服务运行后,启动系统中以超级用户身份运行的 sendmail 守护进程读取用户邮件,使黑客能够通过该进程获得超级用户的访问权限;Inetd 叫做因特网驻留程序,是一种控制因特网服务的应用程序，通过/etc/inetd.conf 文件来管理网络访问服务，而这个文件一旦被黑客得到，其内容可能会被恶意取代或安装后门程序。

综上所述，无论用户选用哪一种操作系统都应该根据实际需求来选择系统服务，尽可能关闭掉不需要的服务，以此来最大程度地确保系统安全。

4. 防范网络嗅探

网络嗅探(Network Sniffing)又称为网络监听，是通过对流经嗅探主机的所有数据进行分析从而得到有用信息的技术。操作系统对于网络嗅探的防御最好的办法是使通信双方之间采用加密传输手段进行会话连接，这样即使黑客成功地进行了网络嗅探，也不能从截获的密文中分析出有效信息，因此是防范网络嗅探非常有效的方法。网络中进行会话加密的手段有很多，不同的操作系统采取的手段不同。

Windows 系统采用基于 IP 的网络层加密传输技术——IPSec 来对通信数据进行加密传输。Windows Server 2003 的服务器产品和客户端产品都提供了对 IPSec 的支持，部署和管理较为方便，从而增强了系统的安全性、可伸缩性以及可用性。另外，Windows 系统也可以在应用层采用安全套接字层(Secure Sockets Layer, SSL)技术对数据进行加密传输。

Linux 系统主机多采用安全壳(Secure SHell，SSH)方式及公开密钥技术对网络上两台主机之间的通信信息进行加密，并且用其密钥充当身份验证的工具，因此可以安全地被用来取代 rlogin、rsh 和 rcp 等公用程序中的一套程序组。由于 SSH 将网络上的信息进行加密，因此它可以安全地登录到远程主机上，并且在两台主机之间安全地传送信息。SSH 不仅可以保障 Linux 主机之间的安全通信，也允许 Windows 用户通过 SSH 安全地连接到 Linux 服务器上。

除上述加密传输手段以外，Windows 系统和 Linux 系统也可以采用虚拟专用网络(Virtual Private Network, VPN)技术在公用网络上建立专用网络，并结合加密及身份验证等安全技术保证连接用户的可靠性及传输数据的安全和保密性，是目前实现端对端安全通信的最佳解决方案。IPSec、SSL 和 SSH 都是 VPN 技术中的典型应用。

关于 IPSec 和 SSL、VPN 技术的原理及设置将分别在第 9 章、第 10 章中叙述。

5. 主机入侵检测系统

主机入侵检测系统(HIDS)是通过对计算机系统中的若干关键点收集信息并对其进行分析，从而发现系统中是否有违反安全策略的行为和被攻击的迹象，其输入的数据主要来源于系统的审计日志。目前比较流行的软件入侵检测系统有 Snort、Portsentry、Lids 等。标准的 Linux 发布版本最近配备了这种工具。利用 Linux 配备的工具和从因特网上下载的工具，就可以使 Linux 具备高级的入侵检测能力，包括记录入侵企图，当攻击发生时及时通知管理员；在规定情况的攻击发生时，采取事先规定的措施以及发送一些错误信息使攻击者采取无效的入侵，如伪装成其他操作系统来误导攻击者。一般将 IDS 技术与防火墙结合起来就做到互补，并且发挥各自的优势。关于入侵检测系统的详细原理和配置请见第 7 章的相关章节。

6. 系统的及时更新

许多操作系统和系统软件都存在一定的安全漏洞，操作系统的生产厂商定期地为产品发布这些漏洞的补丁来进行修复，这些补丁可以解决系统中的某些特定的问题，因此要及时下载并安装这些补丁，对系统进行更新。

Windows 系统发展到现在一直存在着各种各样的漏洞，微软以更新程序或服务包的形式发布针对这些漏洞的补丁程序，来对系统进行升级，用户只需要使用系统自动更新功能或者从微软的网站上直接下载更新程序或者安装最新版本的服务包即可。目前 Windows Server 2003 服务包的最新版本是 SP2。

Linux 操作系统的核心称作内核，它常驻内存，用于控制计算机和网络的各种功能，因此，它的安全性对整个系统安全至关重要。在 Internet 上常常有最新的安全修补程序，Linux 系统管理员还应该经常保持对 Red Hat、Debian Linux、Slackware、SuSE、Fedora 等优秀 Linux 发行套件门户网站的关注，及时更新系统的最新核心以及打上安全补丁，这样能较好地保证 Linux 系统的安全。

从计算机安全的角度看，任何系统都存在漏洞，没有百分之百安全的计算机系统。要想在技术日益发展、纷繁复杂的网络环境中，保证操作系统的安全性，需要切实做好事前预防以及事后恢复的工作，这在很大程度上取决于人的因素。人是决定系统安全的第一要素。系统防护人员为了在系统攻防的战争中处于有利地位，必须保持高度的警惕性和对新技术的高度关注。通过网站和论坛尽快地获取有关该系统的一些新技术以及一些新的系统漏洞的信息，做到防患于未然，在漏洞出现后的最短时间内对其进行封堵，这样才能比较好地解决问题，单纯地依靠一些现有的工具是不够的。

3.5 我国安全操作系统现状与发展

2007 年，我国的信息安全遭受了严峻的考验，"熊猫烧香"、"灰鸽子"等疯狂肆虐，造成了数以百万计的经济损失，而境外网络间谍对政府等关键信息系统的侵入、破坏、窃密行为，则直接危及国家安全。据国家计算机网络应急技术处理协调中心的报告显示，仅 2007 年上半年，就发现数万个大陆地区以外的木马控制端 IP，所控制的主机遍及北京、上海等大城市，其造成的危害波及政府、金融和科研院所等关键领域。

在黑客、病毒所发动的网络攻击中，绝大多数是针对操作系统进行攻击，而只有一小部分针对应用程序进行攻击。因此，在抵御此起彼伏的攻击时，操作系统就成为关键部分。我国操作系统在使用及发展上面临很多问题。首先，由于我国广泛应用的主流操作系统长期以来都是从国外引进直接使用的产品，其安全性难以令人放心。其次，虽然我国在操作系统研发方面已经做了一些工作，但安全操作系统方案缺乏整体性。此外，目前我国市场上有很多根据市场需要自己组合成的操作系统，基本上是利用了国外的技术甚至部分源代码，因此不具有我们的自主版权。

我国于 1999 年 9 月发布由公安部制定的中国国家标准《计算机信息安全保护等级划分准则》，并从 2001 年 1 月 1 日起强制实施。该准则将计算机信息系统安全保护等级划分为五个级别，从低到高依次是：

第一级 用户自主保护级——对应 TCSEC 中的 C1 级；

第二级 系统审计保护级——对应 TCSEC 中的 C2 级；

第三级 安全标记保护级——对应 TCSEC 中的 B1 级；

第四级 结构化保护级——对应 TCSEC 中的 B2 级；

第五级　安全域级保护级——对应 TCSEC 中的 B3 级。

虽然我国在操作系统设计方面起步较晚,但目前以 Linux 为代表的国际自由软件的发展为我国发展具有自主版权的系统软件提供了良好的机遇。我们应该加强安全模型与评估方法研究,从系统核心的安全结构体系着手,进行全局的设计,避免之前的操作系统在解决安全问题的方法和策略中采用"打补丁"的做法,从根本上解决系统安全问题,从而真正获得具有较高安全可信度的系统。另外,我们也应该从系统内核做起,针对安全性要求高的应用环境配置特定的安全策略,提供灵活、有效的安全机制,并尽可能少地影响系统性能,提高系统效率,设计实现基于安全国际标准、符合相应安全目标的具有中国自主版权的专用安全核心系统。对于当前已有的并且无法从内核进行改造的系统,我们可以考虑采用设计安全隔离层——中间件的方式,增加安全模块,对系统进行安全加固。

安全是一个系统工程,操作系统安全只是其中的一个层次,并不是只要有了安全操作系统就能解决所有的安全问题,应该与各种安全软硬件解决方案,例如防火墙、杀毒软件、加密产品等配合使用,才能达到信息系统安全的最佳状态。更重要的是,在操作者的头脑中,要"预装"好安全概念,只有这样,才能让各种安全产品得到有效的应用。

3.6　操作系统安全实例

3.6.1　Windows Server 2003 安全设置

【实验背景】

Windows Server 2003 作为 Microsoft 最新推出的服务器操作系统,不仅继承了 Windows 2000/XP 的易用性和稳定性,而且还提供了更高的硬件支持和更加强大的安全功能,无疑是中小型网络应用服务器的首选。虽然缺省的 Windows 2003 安装比缺省的 Windows NT 或 Windows 2000 安装安全许多,但是它还是存在着一些不足,许多安全机制依然需要用户来实现它们。

【实验目的】

掌握 Windows Server 2003 常用的安全设置。

【实验条件】

安装了 Windows Server 2003 的计算机。

【实验任务】

就 Windows Server 2003 在网络应用中帐户、共享、远程访问、服务等方面的安全性作相关设置。

【实验内容】

1. 修改管理员帐号和创建陷阱帐号

Windows 操作系统默认安装用 Administrator 作为管理员帐号,黑客也往往会先试图破译 Administrator 帐号密码,从而开始进攻系统,所以系统安装成功后,应重命名 Administrator

帐号。方法如下：

(1) 打开【本地安全设置】对话框，选择"本地策略"→"安全选项"，如图 3.10 所示。

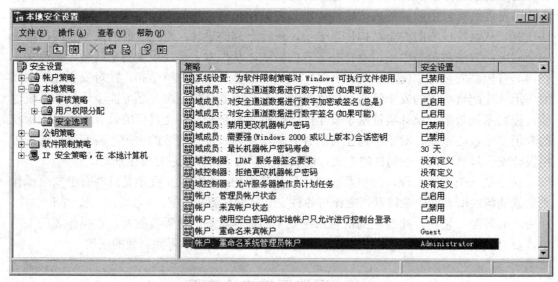

图 3.10　重命名系统帐户

(2) 双击"帐户：重命名系统管理员帐户"策略，给 Administrator 重新设置一个平常的用户名，如 user1，然后新建一个权限最低的、密码极复杂的 Administrator 的陷阱帐号来迷惑黑客，并且可以借此发现它们的入侵企图。

2. 清除默认共享隐患

Windows Server 2003 系统在默认安装时，都会产生默认的共享文件夹，如图 3.6 所示。如果攻击者破译了系统的管理员密码，就有可能通过"\\工作站名\共享名称"的方法，打开系统的指定文件夹，因此应从系统中清除默认的共享隐患。

1) 删除默认共享

以删除图 3.6 中的默认磁盘及系统共享资源为例，首先打开"记事本"，根据需要编写如下内容的批处理文件：

```
@echo off
net share C$ /del
net share D$ /del
net share E$ /del
net share admin$ /del
```

将文件保存为 delshare.bat，存放到系统所在文件夹下的 system32\GroupPolicy\User\Scripts\Logon 目录下。选择"开始"菜单→"运行"，输入 gpedit.msc，回车即可打开组策略编辑器。点击"用户配置"→"Windows 设置"→"脚本(登录/注销)"→"登录"，如图 3.11 所示。

在【登录属性】窗口中单击"添加"，会出现【添加脚本】对话框，在该窗口的"脚本名"栏中输入 delshare.bat，然后单击"确定"按钮即可，如图 3.12 所示。

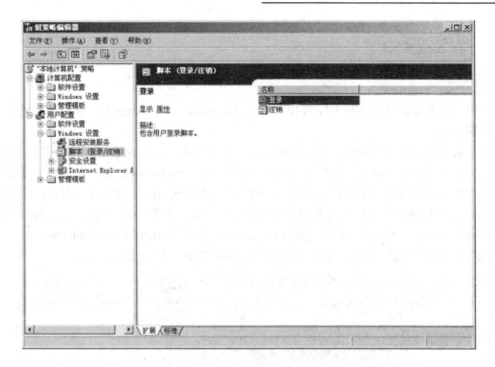

图 3.11　组策略编辑器

图 3.12　登录属性

重新启动计算机系统，就可以自动将系统所有的隐藏共享文件夹全部取消了。

2) 禁用 IPC 连接

IPC 是 Internet Process Connection 的缩写，也就是远程网络连接，是共享"命名管道"的资源，它是为了进程间通信而开放的命名管道，通过提供可信任的用户名和口令，连接双方计算机即可以建立安全的通道，并以此通道进行加密数据的交换，从而实现对远程计算机的访问，是 Windows NT/2000/XP/2003 特有的功能。打开 CMD 后输入如下命令即可进行连接：

  net use\\ip\ipc$

  "password"

  /user:"username"

  其中：ip 为要连接的远程主机的 IP 地址，"username"和"password"分别是登录该主机的用户名和密码。

  默认情况下，为了方便管理员的管理，IPC 是共享的，但也为 IPC 入侵者提供了方便，导致了系统安全性能的降低，这种基于 IPC 的入侵也常常被简称为 IPC 入侵。如果黑客获得了远程主机的用户名和密码就可以利用 IPC 共享传送木马程序到远程主机上，从而控制远程主机。防止 IPC 共享安全漏洞可以通过修改注册表来禁用 IPC 连接。方法为：打开注册表编辑器，找到 HKEY_LOCAL_MACHINE\SYSTEM\CurrentControlSet\Control\Lsa 中的 restrictanonymous 子键，将其值改为 1 即可禁用 IPC 连接，如图 3.13 所示。

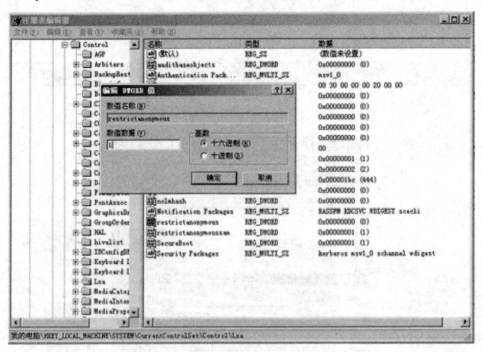

图 3.13　注册表编辑器

3. 清空远程可访问的注册表路径

  Windows Server 2003 提供了注册表的远程访问功能，黑客利用扫描器可通过远程注册表读取计算机的系统信息及其他信息，因此只有将远程可访问的注册表路径设置为空，这样才能有效地防止此类攻击。

  点击"开始"菜单→"运行"，输入 gpedit.msc，回车打开组策略编辑器，选择"计算机配置"→"Windows 设置"→"安全设置"→"本地策略"→"安全选项"，在右侧窗口中找到"网络访问：可远程访问的注册表路径"，然后在打开的窗口中，将可远程访问的注册表路径和子路径内容全部设置为空即可，如图 3.14 所示。

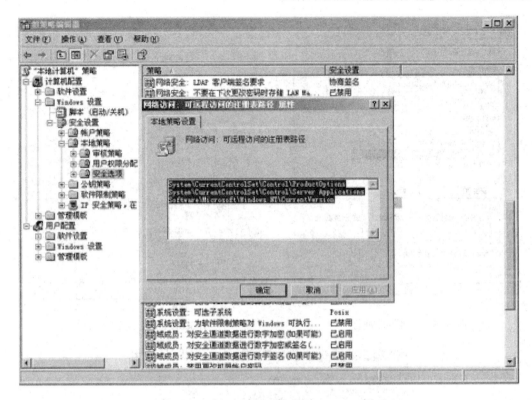

图 3.14　组策略编辑器

4. 关闭不必要的端口和服务

Windows Server 2003 安装好后会默认安装一些服务，从而打开端口，黑客利用开放的端口可以对系统进行攻击，因此应关闭掉无用的服务及端口。

关闭无用的服务可以在如图 3.9 所示【计算机管理】界面的"服务"窗口中双击某项服务，将其"启动类型"设置为"禁止"。对于服务列表中没有列出的服务端口，则需要通过其他的设置来关闭，如关闭 139 端口。

139 端口是 NetBIOS协议所使用的端口，它的开放意味着硬盘可能会在网络中共享，而黑客也可通过 NetBIOS 窥视到用户电脑中的内容。在 Windows Server 2003 中彻底关闭 139 端口的具体步骤如下：

(1) 打开【本地连接属性】界面，取消"Microsoft 网络的文件和打印共享"前面的"√"，如图 3.15 所示。

(2) 选中"Internet协议(TCP/IP)"，单击"属性"→"高级"→"WINS"，选中"禁用 TCP/IP 上的 NetBIOS"选项，从而彻底关闭 139 端口，如图 3.16 所示。

Windows 系统中还可以设置端口过滤功能来限定只有指定的端口才能对外通信。在如图所示【高级 TCP/IP 设置】界面中单击"选项"→"TCP/IP 筛选"→"属性"，选中"启用 TCP/IP 筛选(所有适配器)"，然后根据需要配置就可以了。如只打算浏览网页，则只需开放 TCP 端口 80。方法为，可以在"TCP 端口"上方选择"只允许"，然后单击"添加"按钮，输入 80 再单击"确定"按钮即可，如图 3.17 所示。

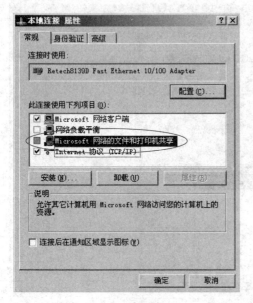 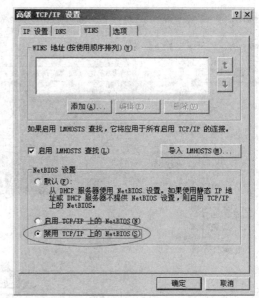

图 3.15　本地连接属性　　　　　　　　　图 3.16　高级 TCP/IP 设置

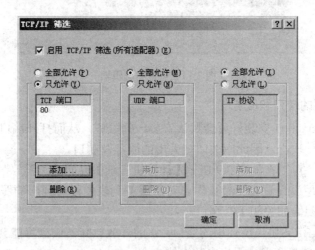

图 3.17　TCP/IP 筛选

5. 杜绝非法访问应用程序

根据不同用户的访问权限来限制他们调用应用程序，可以防止由于登录的用户随意启动服务器中的应用程序，给服务器的正常运行带来的麻烦，因此应对访问应用程序进行设置。方法如下：

在"运行"中输入"gpedit.msc"，打开【组策略编辑器】界面，选择"用户配置"→"管理模板"→"系统"→双击"只运行许可的 Windows 应用程序"，选中"已启用"→单击"允许的应用程序列表"边的"显示"按钮，弹出一个【显示内容】对话框，单击"添加"按钮，添加允许运行的应用程序，使一般用户只能运行"允许的应用程序列表"中的程序，如图 3.18 所示。

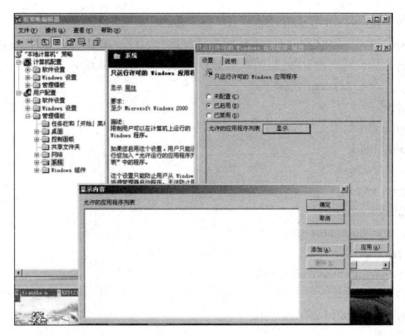

图 3.18　添加允许的应用程序

3.6.2　Linux 安全设置

【实验背景】

Linux 操作系统是一个开放源代码的免费操作系统,不论在功能、价格或性能上都有很多优点,所以受到越来越多用户的欢迎,然而针对它的攻击也越来越多。因此要仔细地设定 Linux 的各种系统功能,尽可能让黑客们无机可乘。

【实验目的】

掌握 Linux 常用的安全设置。

【实验条件】

安装了 Linux 的计算机。

【实验任务】

从系统启动、帐户安全、限制远程访问等方面给 Linux 加上必要的安全措施。

【实验内容】

1. LILO 启动安全

1) Linux 启动模块配置

LILO 是 LInux LOader 的缩写,它是 Linux 的启动模块。可以通过修改/etc/LILO.conf 文件中的内容来进行配置。在该文件中加上下面两行语句,使系统在启动 LILO 时就要求密码验证:

```
restricted
password=设置的口令
```

另外还需要在/etc/ LILO.conf 文件中加上 prompt。

通过上面的设置，LILO 将一直等待用户选择操作系统，但是，如果有 timeout 这个选项，则时间到达后，用户没有做出选择，LILO 就会自行引导默认的系统。

这里列举一个 LILO.conf 的例子：

```
prompt
timeout=50
default=linux
boot=/dev/hda1
map=/boot/map
install=/boot/boot.b
message=/boot/message
linear
image=/boot/vmlinuz-2.4.20-8
label=linux
initrd=/boot/initrd-2.4.20-8.img
read-only
append = "hdc=ide-scsi root=LABEL=/"
restricted      #加入这行
password=        #加入这行并设置口令
```

LILO.conf 中参数的意义为：以/boot/ vmlinuz-2.4.20-8 内核来启动系统，如果用参数"linux single"来启动 Linux，timeout 选项将给出 5 秒钟的时间用于接受口令。其中，message=/boot/message 让 LILO 以图形模式显示，如果取消这一行，那么 LILO 将以传统的文本模式显示。

2) 设定 LILO.conf 权限

因为 LILO 的口令是以明文形式存在的，所以一定要确保 LILO.conf 变成仅 root 可以读写，其设置方法是执行：

```
chmod 600 /etc/LILO.conf
```

然后必须执行下面的操作才能使 LILO 生效：

```
/sbin/LILO
```

将会显示"Added linux"，表示 LILO 已经生效。

用户最好重新启动一次计算机来检查对 LILO 所做的修改是否真的已经生效。

3) 修改 LILO.conf 属性

为了防止 LILO.conf 无意或由于其他原因被修改，应该将/etc/LILO.conf 设置为不可更改，其设置方法是执行：

```
chattr +i /etc/LILO.conf
```

以后若要修改 LILO.conf 文件，必须首先删去该文件的不可更改的属性：

```
chattr –i /etc/LILO.conf
```

提示：只有 root 用户可以对文件设置不可更改的属性。

4) 进入单用户模式

现在版本的 Linux 的 LILO 是图形界面的, 要进入单用户模式, 只需在 LILO 界面出现之后, 按快捷键 Ctrl + X 就会进入文本模式, 然后输入 "linux single" 就可以了。

2. 修改登录时缺省的最短密码的长度

在安装 Linux 时, 默认的最小密码长度是五个字节, 但这并不安全, 可以修改最短密码长度。通过编辑 "/etc/login.defs" 文件, 把 PASS_MIN_LEN 5 一行改为 PASS_MIN_LEN 8, 即可增加破译的难度。

3. 设定帐号的安全等级

1) 禁止终端登录

Linux 系统中的/etc/securetty 文件包含了一组能够以 root 帐号登录的终端名称, 该文件的初始值允许本地虚拟控制台(ttys)以 root 权限登录。可以编辑/etc/securetty 文件, 在不需要登录的 tty 设备前添加 "#" 标志, 来禁止从该 tty 设备进行 root 登录。例如, 在 tty3 和 tty4 前面加上#, 可禁止从这两个终端登录。

```
console
vc/1
vc/2
…
tty1
tty2
#tty3
#tty4
…
```

远程用户最好不要以 root 权限登录, 如果一定要从远程登录, 最好是先以普通帐号登录, 然后利用 su 命令升级为超级用户。

2) 限制虚拟终端使用

在/etc/inittab 文件中有如下语句:

```
# Run gettys in standard runlevels
1:2345:respawn:/sbin/mingetty tty1
2:2345:respawn:/sbin/mingetty tty2
#3:2345:respawn:/sbin/mingetty tty3
#4:2345:respawn:/sbin/mingetty tty4
#5:2345:respawn:/sbin/mingetty tty5
#6:2345:respawn:/sbin/mingetty tty6
```

系统默认可以使用六个控制台, 即 Alt+F1, Alt + F2, ..., 这里在 3, 4, 5, 6 前面加上 "#", 注释掉这几行, 这样现在只有两个控制台可供使用, 最好再保留两个。为了使这项改动起作用, 输入以下命令, 重启 init 服务即可:

```
/sbin/init q
```

3) 限制使用 su 命令

su 命令允许进行当前用户与系统中其他已存在的用户间的切换。如果不希望任何人通过 su 命令改变为 root 用户或对某些用户限制使用 su 命令，可以在/etc/pam.d/su 配置文件的开头添加下面两行语句：

> auth sufficient /lib/security/$ISA/pam_rootok.so
> auth required /lib/security/$ISA/Pam_wheel.so group=wheel

这表明只有 wheel 组的成员可以使用 su 命令成为 root 用户。

4. 自动注销帐号的登录

在 Linux 系统中，root 帐户是具有最高特权的。如果系统管理员在离开系统之前忘记注销 root 帐户，那将会带来很大的安全隐患，应该进行设置，使系统会自动注销。通过修改帐户中的"TMOUT"参数可以实现此功能。TMOUT 按秒计算。编辑/etc/profile/profile 文件，在"HISTSIZE="后面加入：TMOUT = 300 一行，300 表示 300 秒，也就是 5 分钟。这样，如果系统中登录的用户在 5 分钟内都没有动作，那么系统会自动注销这个帐户。改变这项设置后，必须先注销用户，再用该用户登录才能激活这个功能。

5. 限制远程主机对本地服务的访问

在 Linux 中，可通过/etc/hosts.allow 和/etc/hosts.deny 两个文件，允许或禁止远程主机对本地服务的访问，安全面对外部入侵。

可以先在/etc/hosts.deny 中阻止所有的主机，加入下面这行语句：

> ALL: ALL@ALL, PARANOID

这表明除非该地址包含在允许访问的主机列表中，否则阻塞所有的服务和地址。

然后再在/etc/hosts.allow 文件中加入所有允许访问的主机列表，比如：

> ftp: 219.220.224.125 sspu.com
> 219.220.234.125 和 sspu.com 分别是允许访问 ftp 服务的 IP 地址和主机名称。

此外，Linux 将自动把允许进入或不允许进入的结果记录到/var/log/secure 文件中，系统管理员可以据此查出可疑的进入记录。

习　题

1. 安全操作系统的特征是什么？
2. 可信计算机安全评估准则是如何将计算机系统进行安全等级划分的？
3. Windows Server 2003 和 Linux 系统是如何对密码和帐号进行管理的？
4. 简述 Windows 系统是如何对资源访问进行控制的？
5. 简述 Linux 系统是如何对文件权限进行控制的？
6. 操作系统面临哪些安全风险？
7. 操作系统常用的安全防范策略有哪些？Windows Server 2003 和 Linux 系统分别是如何实施的？

第 4 章 数据库安全

4.1 数据库安全概述

数据库是长期存储在计算机存储设备上的、可供计算机快速检索的、有组织的、可共享的数据集合。它可以供各种用户共享，具有最小冗余度和较高的数据独立性。随着社会的不断信息化，以数据库为基础的信息管理系统正在成为政府机关、军事部门和企业单位的信息基础设施。它的应用涉及了几乎所有的领域，人类社会将越来越依赖数据库技术，同时，数据库中存储的信息的价值将越来越高，因而如何保证和加强其安全性和保密性，已成为目前迫切需要解决的热门课题。

4.1.1 数据库系统面临的安全威胁

数据库系统由计算机硬件、数据库、数据库管理系统、应用程序、数据库管理员和用户等部分组成，因此它所面临的安全威胁可以归纳为以下几点。

1. 计算机硬件故障

数据的存储离不开存储介质，因而也就离不开硬件。当支持数据库系统的硬件环境发生故障，如地震、水灾和火灾等自然或意外的事故会导致硬件损坏，进而导致数据的损坏和丢失；硬盘损坏导致数据库中数据读不出来；无断电保护措施而发生断电时，也将会造成信息的丢失。

2. 软件故障及漏洞

软件方面的威胁主要体现在：

1) 数据库管理系统

数据库管理系统是位于用户与操作系统之间的一个数据管理软件。它担负着防止不合法使用数据等数据安全性保护功能；保证数据的正确性、有效性和相容性的数据完整性控制功能；计算机系统的硬件、软件故障、操作员的失误以及人为攻击和破坏时的数据库恢复功能；让多个用户共享数据时的并发控制功能等。因此当数据库管理系统本身功能不够完善，存在着漏洞，或者由于无法预料的故障时，都有可能对数据库系统的安全性构成威胁。

2) 应用程序

具有数据库操作功能的应用程序提供了用户操作数据库中数据的平台，应用程序设计不合理或是在运行中发生错误，都将导致库中数据被篡改、窃取或损坏。

3. 人为破坏

在整个数据库系统中，始终离不开人为的干预，人的因素对数据库系统的安全构成了最主要的威胁。

1) 数据库管理员

数据库管理员对数据库系统的操作权限最大，专业知识不够，不能很好地利用数据库的保护机制和安全策略，不能合理地分配用户的权限，都可能会产生超过用户应有级别权限的情况发生。数据库管理员的责任心不强、未能按时维护数据库(备份、恢复、日志整理等)，就会使数据库的完整性受到威胁；未能坚持审核审计日志，就不能及时发现并阻止黑客或恶意用户对数据库的攻击。

2) 合法用户

许多成功的攻击与受信任的用户恶意或无意地访问安全系统有关。不同用户对数据库的操作权限有所不同，某些用户对数据库操作的不当，也有可能在其并未意识到的情况下入侵了数据库系统，对其作了修改。还有些用户可能是由于利益的驱使而修改数据库中的数据，从而使自己得到更多的利益。

3) 非法用户

非法用户对数据库系统的破坏往往带有明确的作案动机。他们有些是无恶意的入侵者，只是想通过攻入大家都认为难以渗入的区域来证明他们的能力，得到同行的尊敬和认可，但是所造成的后果却往往是灾难性的；有些是内部恶意用户，比如被公司停职、解雇、降职或受到不公正待遇的用户，他们出于报复，窃取公司数据库中关键的数据，这些数据往往可能会转移到竞争对手的手中；有些是工商业间谍，他们窃取公司或个人的最新研究成果，对其稍加修改后用以获取巨额利益；还有一些网络黑客，他们对网络和数据库的攻击手段不断翻新，并研究操作系统和数据库系统的漏洞，设计出千变万化的网络病毒，设法侵入系统，直接威胁网络数据库服务器的安全。

4.1.2　数据库的安全

数据库安全是指保护数据库，以防止不合法的使用造成的数据泄密、更改或破坏，主要包括身份认证、访问控制、保密性、完整性、可审计性和可用性六方面要求。

1. 用户的身份认证

用户的身份是系统管理员为用户定义的用户名(也称为用户标识、用户帐号、用户 ID)，并记录在计算机系统或数据库管理系统(DataBase Management System，DBMS)中。用户名是用户在计算机系统中或 DBMS 中的唯一标识。因此，一般不允许用户自行修改用户名。

身份认证是指系统对输入的用户名与合法用户名对照，鉴别此用户是否为合法用户。若是，则可以进入下一步的核实；否则，不能使用系统。因此，身份认证技术是对进入系统或网络的用户身份进行验证，防止非法用户进入。可以通过身份鉴别、检查口令或其他手段来检查用户的合法性。

2. 访问控制

访问控制保证系统的外部用户或内部用户对系统资源的访问以及对敏感信息的访问方式符合组织安全策略。它主要包括出入控制和存取控制。出入控制主要是阻止非授权用户进入机构或组织。一般是以电子技术、生物技术或者电子技术与生物技术结合来阻止非授权用户的进入。存取控制指主体访问客体时的存取控制，如通过对授权用户存取系统敏感信息时进行安全性检查，以实现对授权用户的存取权限的控制。

　　与操作系统相比，数据库的访问控制要复杂得多。因为数据库中的记录字段和元素是相互关联的，用户只能通过读某些文件来确定其内容，但却有可能通过读取数据库中的其他某个元素来确定另一个元素。换句话说，用户可以通过推理的方法从已知的记录或字段间接获取其他记录或字段的值。通过推理访问数据库不需要对安全目标的直接访问权，因此要限制一些推理，但是限制推理就意味着要禁止一些可能的推理路径。通过限制访问来限制推理，也可能限制了合法用户的正常访问，使他们感到数据库访问的效率不高。

3. 数据库的机密性

　　由于数据库系统在操作系统下都是以文件形式进行管理的，因此入侵者可以直接利用操作系统的漏洞窃取数据库文件，或者直接利用操作系统工具来非法伪造、篡改数据库文件内容。这种隐患一般数据库用户难以察觉，解决这一问题的有效方法之一是数据库管理系统对数据库文件进行加密处理，使得即使数据不幸泄漏或者丢失，也难以被人破译和阅读。

　　数据库中进行加密处理的时候会对数据的存取带来一定的影响，而一个良好的数据库加密系统不能因为加密使得数据库的操作复杂化和影响数据库系统的性能，所以应该满足以下四个基本要求。

　　(1) 合理处理数据。首先要恰当地处理数据类型，否则 DBMS 将会因加密后的数据不符合定义的数据类型而拒绝加载；其次，需要处理数据的存储问题，实现数据库加密后，应基本上不增加空间开销。在目前条件下，数据库关系运算中的匹配字段，如表间连接码、索引字段等数据不宜加密。文献字段虽然是检索字段，但也应该允许加密，因为文献字段的检索处理采用了有别于关系数据库索引的正文索引技术。

　　(2) 不影响合法用户的操作。加密系统影响数据操作响应的时间应尽量短，在现阶段，平均延迟时间不应超过 1/10 秒。此外，对数据库的合法用户来说，数据的录入、修改和检索操作应该是透明的，不需要考虑数据的加密/解密问题。

　　(3) 字段加密。在目前条件下，加密/解密的粒度是每个记录的字段数据。如果以文件或列为单位进行加密，必然会形成密钥的反复使用，从而降低加密系统的可靠性或者因加密/解密时间过长而无法使用。只有以记录的字段数据为单位进行加密/解密，才能适应数据库操作，同时进行有效的密钥管理并完成"一次一密"的密码操作。

　　(4) 密钥动态管理。数据库客体之间隐含着复杂的逻辑关系，一个逻辑结构可能对应着多个数据库物理客体，所以数据库加密不仅密钥量大，而且组织和存储工作比较复杂，需要对密钥实现动态管理。

4. 数据库的完整性

　　数据库管理系统除了必须确保只有合法用户才能更新数据，即必须有访问控制；还必须能防范非人为的自然灾难。数据库完整性包括物理完整性、逻辑完整性和元素完整性，这既适用于数据库的个别元素，也适用于数据库，所以在数据库管理系统的设计中完整性是主要的关心对象。

　　➢ 物理完整性：要求从硬件或环境方面保护数据库的安全，防止数据被破坏或不可读。

它与数据库驻留的计算机系统硬件的可靠性和安全性有关，也与环境的安全保障措施有关。

➤ 逻辑完整性：要求保持数据库逻辑结构的完整性，需要严格控制数据库的创建与删除，数据库表的建立、删除以及更改操作。它还包括数据库结构和数据库表结构设计的合理性，尽量减少字段之间、数据库表之间不必要的关联，减少冗余字段，尽可能减少由于修改一个字段的值而影响其他字段的情况。数据库的逻辑完整性主要是设计者的责任，由系统管理员与数据库拥有者负责保证数据库结构不被随意修改。

➤ 元素的完整性：指的是元素的正确性和准确性。由于用户在搜索数据计算结果和输入数据时有可能会出现错误，所以数据库管理系统必须帮助用户在输入时能发现错误，并在插入错误数据后能纠正它们，从而避免错误数据和虚假数据送入数据库中。

5. 可审计性

为了能够跟踪用户对数据库的访问，及时发现对数据库的非法访问和修改，可能需要对数据库的所有访问进行记录。审计功能就是把用户对数据库的所有操作自动记录下来放入审计日志(Audit Log)中，一旦发生数据被非法存取，数据库管理员可以利用审计跟踪的信息，重现导致数据库现有状况的一系列事件，找出非法存取数据的人、时间和内容等。由于任何系统的安全保护措施都不可能无懈可击，蓄意盗窃、破坏数据的人总是想方设法打破控制，因此审计功能在维护数据安全、打击犯罪方面是非常有效的。但审计通常是很费时间和空间的，因此数据库管理员(DBA)要根据应用对安全性的要求，灵活打开或关闭审计功能。

6. 可用性

可用性能够保证合法用户在需要时访问到相关的数据。数据库可被合法用户访问并按要求的特性使用，即当需要时能存取所需数据。

4.2 数据库安全技术

4.2.1 数据库安全访问控制

数据库的安全访问模型传统上有三种：自主访问控制(Discretionary Access Control，DAC)、强制访问控制(Mandatory Access Control，MAC)和基于角色访问控制(Role-Based Access Control，RBAC)。

1. 自主访问控制

DAC 是基于用户身份或所属工作组来进行访问控制的一种手段。具有某种访问特权的用户可以把该种访问许可传递给其他用户。在自主型存取控制模型中，系统用户对数据信息的存取控制主要基于对用户身份的鉴别和存取访问规则的确定。当用户申请以某种方式存取某个资源时，系统就会进行合法身份性检查，判断该用户有无此项操作权限，以决定是否许可该用户继续操作。并且，对某个信息资源拥有某种级别权限的用户可以把其所拥有的该级别权限授予其他用户。也就是说，系统授权的用户可以选择其他用户一起来共享其所拥有的客体资源。一般自主型存取控制将整个系统的用户授权状态表示为一个授权存取矩阵。当用户要执行某项操作时，系统就根据用户的请求与系统的授权存取矩阵进行匹配比较，通过则允许满足该用户的请求，提供可靠的数据存取方式，否则拒绝该用户的访问请求。

2. 强制访问控制

MAC 对于不同类型的信息采取不同层次的安全策略。MAC 基于被访问对象的信任度进行权限控制，不同的信任度对应不同的访问权限。MAC 给每个访问主体和客体分级，指定其信任度。MAC 通过比较主体和客体的信任度来决定一个主体能否访问某个客体，具体遵循以下两条规则：

(1) 仅当主体的信任度大于或等于客体的信任度时，主体才能对客体进行读操作，即所谓的"向下读取规则"。

(2) 仅当主体的信任度小于或等于客体的信任度时，主体才能对客体进行写操作，即所谓的"向上写入规则"。

在关系数据库中，运用强制访问控制策略可以实现信息的分析分类管理。这样，具有不同安全级别的用户只能存取其授权范围内的数据，同时也保证了敏感数据不泄漏给非授权用户，防止了非法用户的访问。因而，提高了数据的安全性。

3. 基于角色访问控制

在 RBAC 中，引入了角色这一重要概念。所谓"角色"，就是一个或一群用户在组织内可执行的操作的集合。角色可以根据组织中不同的工作创建，然后根据用户的职责分配角色，用户可以轻松地进行角色转换。RBAC 的思想核心是安全授权和角色相联系，用户首先要成为相应角色的成员，才能获得该角色对应的权限。这大大简化了授权管理，角色可以根据组织中不同的工作创建，然后根据用户的责任和资格分配角色。用户可以轻松地进行角色转换，而随着新应用和新系统的增加，角色可以分配更多的权限. 也可以根据需要撤销相应的权限。实际表明把管理员权限局限在改变用户角色上，比赋予管理员更改角色权限更安全。RBAC 的最大优势在于授权管理的便利性，一旦一个 RBAC 系统建立起来后，主要的管理工作即为授权或取消用户的角色。RBAC 的另一优势在于系统管理员在一种比较抽象的层次上控制访问，与企业通常的业务管理相类似。

自主型存取控制，一般比较灵活、易用，适用于许多不同的领域。目前，自主型控制存取模型已经被广泛应用到各种商业和工业环境。但是，这种控制模型的缺点也是十分明显的，它不能提供一个确实可靠的保证，来满足用户对于数据库的保护要求。在安全强度要求较高的数据库系统中必须采用强制型存取控制技术，以保证数据信息的安全性。基于RBAC 模型的数据库系统安全访问控制机制与传统的访问控制机制相比，具有明显的优势，它可以实现细粒度的访问控制，能够控制具体的资源项，并且与策略无关，可以灵活适用于不同的安全策略。

4.2.2　数据库加密

对数据库的加密可以在 OS、DBMS 内核层和 DBMS 外层三个不同层次实现。

(1) 由于在 OS 层无法辨认数据库文件的数据关系，从而无法产生合理的密钥，也无法进行合理的密钥管理和使用，所以，在 OS 层对数据库文件进行加密，对于大型数据库来说，目前还难以实现。

(2) 在 DBMS 内核层实现加密，是指数据在物理存取之前完成加密/解密工作。这种方式势必造成 DBMS 和加密器(硬件或软件)之间的接口需要 DBMS 开发商的支持。这种加密方式的优点是加密功能强，并且加密功能几乎不会影响 DBMS 的功能，其缺点是在服务器端进行加密/解密运算，加重了数据库服务器的负载。

(3) 在 DBMS 外层实现加密。这是目前比较实际的一种做法，就是把数据库加密系统做成 DBMS 的一个外层工具。采用这种加密方式时，加密/解密运算可以放在客户端进行。其优点是不会加重数据库服务器的负载并可实现网上传输加密，缺点是加密功能会受一些限制。"定义加密要求工具"模块的主要功能是定义如何对每个数据库表数据进行加密。"数据库应用系统"的功能是完成数据库定义和操作。数据库加密系统将根据加密要求自动完成对数据库数据的加密/解密。数据库加密系统对加密算法的要求是：数据库加密以后，数据量不应明显增加；某一数据加密后，其数据长度不变；加密/解密速度要足够快，数据操作响应时间应该让用户能够接受。目前，对数据库文件的加密方法和体制很多，但其中比较著名和广为使用的主要有 DES 算法和 RSA 算法。

数据库加密系统能够有效地保证数据的安全，因为所有的数据都经过了加密，所以即使黑客窃取了关键数据，仍然难以得到所需的信息。另外，数据库加密以后，可以设定不需要了解数据内容的系统管理员不能见到明文，从而大大提高关键数据的安全性。

4.2.3　事务机制

所谓事务，就是指一组逻辑操作步骤使数据从一种状态变换到另一种状态。事务是数据库应用程序的基本逻辑工作单位，在事务中集中了若干个数据库操作，它们构成了一个操作序列，要么不做，要么全做，是一个不可分割的工作单位。其具有以下四个特性：原子性(Atomicity)、一致性(Consistency)、隔离性(Isolary)以及持久性(Durability)。这些性质我们通常称为 ACID 特性。

➢ 原子性：事务中所有的数据库操作是一个不可分割的操作序列，这些操作要么不做，要么全做；

➢ 一致性：事务执行的结果将使数据库由一种一致性到达另一种新的一致性；

➢ 隔离性：在多个事务并发执行时，事务不必关心其他事务的执行，如同在单用户环境下执行一样；

➢ 持久性：一个事务一旦完成其全部操作，它对数据库的所有更改将永久性地反映在数据库中，即使以后发生故障也应保留这个事务执行的结果。

事务及其四个性质保证了故障恢复和并发控制的顺利进行。

1. 故障恢复

在数据库系统中，发生故障是不可避免的，故障的发生会影响数据库中数据的正确性，甚至破坏整个数据库，从而影响数据库系统的可靠性和可用性。因此，从保护数据安全的角度出发，我们必须了解数据库系统可能会发生的故障并且还必须使数据库具有恢复功能。恢复的基本原理是数据冗余，即利用冗余存储在别处的信息和数据，部分或全部地重建数据库。当发生事务故障时，保证事务原子性的措施称为事务故障恢复，简称为事务恢复。

2. 并发控制

数据库是一种共享的资源库，多个用户程序可以同时存储数据而互不影响。并发控制是指在多用户的情况下，对数据库的并行操作进行规范的机制，控制并发事务之间的交互操作。目的是为了避免数据的丢失和修改、无效数据的读出与不可重复读数据等，从而保证了数据的正确性和一致性，而且使得每个事务的执行看上去是隔离的，与其他事务无关。

4.3 SQL Server 数据库管理系统的安全性

Microsoft SQL Server 是一个高性能、多用户的关系型数据库管理系统。它满足大型的数据处理系统和商业网站的存储需求，并满足个人和小型企业对易用性的要求，是当前最流行的网络数据库服务器之一。它的安全机制、内置的强大管理工具和开放式的系统体系结构为基于事务的企业级管理方案提供了一个卓越的平台。SQL Server 与网络操作系统 Windows NT 构成了一个集成环境，是 Windows NT 平台上最好的数据库管理系统之一。

4.3.1 安全管理

安全管理是数据库管理系统应实现的重要功能之一。SQL Server 采用了很复杂的安全保护措施，其安全管理包含两个层次：一是对用户是否有权限登录到系统以及如何登录的管理；二是对用户操作的对象以及如何操作进行权限的控制。也就是说，如果要对某一数据库进行访问操作，必须满足以下的三个条件：

➢ 登录 SQL Server 服务器时必须通过身份认证；
➢ 必须是所访问数据库的用户；
➢ 必须有执行访问操作的权限。

具体的，SQL Server 的安全管理主要包括以下四个方面：服务器登录管理、数据库用户管理、角色管理和数据库权限管理。

1. 服务器登录管理

SQL Server 提供了两种身份认证方式对用户的登录进行验证，分别是 Windows 认证方式和 SQL Server 认证方式。SQL Server 数据库管理系统通常运行在 Windows 平台上，而 Windows 作为网络操作系统，本身就具备管理登录和验证用户合法性的权力，因此 Windows 认证方式正是利用这个特点，允许 SQL Server 可以使用 Windows 的用户名和密码，用户只需要通过 Windows 的认证，就可以连接到 SQL Server 上。而 SQL Server 认证方式是由 SQL Server 完全负责管理和维护数据库服务器上的登录。对应于这两种不同的认证方式，SQL Server 管理的登录帐号也有两种：Windows 登录帐号和 SQL Server 登录帐号。所有的登录帐号信息存储在系统数据库 master 表 syslogins 中。

对 SQL Server 数据库管理系统登录帐号的管理有两种方法：一种是通过企业管理器 (SQL Server Enterprise Manager) 来实现；一种是通过系统存储过程来实现。这两种方法也同样适用于用户、角色和权限的管理。

【例 4.1】使用系统存储过程 sp_addlogin 创建登录帐号，登录名为 Joe，密码为 123。

```
sp_addlogin 'Joe','123'
```

使用系统存储过程 sp_droplogin 删除登录帐号，登录名为 Joe。

```
sp_droplogin 'Joe'
```

2. 数据库用户管理

用户登录到 SQL Server 服务器后必须是某个数据库的用户才能够被授予一定的权限操作该数据库，因此 SQL Server 数据库用户实际上是用于管理数据库使用的对象，而用户对数据库的操作能力取决于用户的权限。用户的信息均储存在数据库的系统表 sysusers 中。下面的例子描述了如何利用系统存储过程管理数据库的用户。

【例 4.2】使用系统存储过程 sp_adduser 将登录帐户 Joe 创建为数据库 Northwind 的用户。

```
use Northwind
sp_adduser 'Joe','joe'
```

使用系统存储过程 sp_dropuser 删除数据库 Northwind 的用户 joe。

```
use Northwind
sp_dropuser 'joe'
```

3. 角色管理

在 SQL Server 中，把相同权限的一组用户(例如：公司某部门的所有人员)设置为某一角色后，对于属于同一角色的用户可以进行统一的管理，当对该角色进行权限设置时，这些用户就自动赋予该角色所有的权限，这样只要对角色进行权限管理，就可以实现对属于该角色的所有用户的权限管理，极大地减轻了管理的负担。

SQL Server 的角色分为两大类：固定服务器角色和数据库角色。

1) 固定服务器角色

固定服务器角色提供了服务器级的管理权限分组，它们独立于用户数据库之外，并且不能对其添加、修改和删除权限。SQL Server 中的固定服务器角色如表 4.1 所示。

表 4.1　固定服务器角色

角　色	权　限　描　述
Database creators	创建和更改数据库
Disk administrators	管理磁盘文件
Process administrators	管理运行在 SQL Server 中的进程
Security administrators	管理和审核服务器的登录
Server administrators	配置服务器的设置
Setup administrators	安装复制
System administrators	执行任何操作
Bulk administrators	执行 BULK INSERT 语句

2) 数据库角色

数据库角色提供了数据库级的管理权限分组。它分为固定数据库角色和用户自定义数据库角色两种。固定数据库角色是每个数据库专有的，不能对其进行添加、修改和删除权限。用户自定义数据库角色是用户根据自己的需求自定义出适合自己权限管理的角色，方便于对角色的用户进行权限控制。SQL Server 中的固定数据库角色如表 4.2 所示。

表 4.2 固定数据库角色

角　色	权 限 描 述
public	用来维护数据库中用户的所有默认权限
Db_owner	进行所有数据库角色的活动，以及数据库中的其他维护和配置活动。该角色的权限跨越所有其他固定数据库角色
Db_accessadmin	在数据库中添加或删除 Windows 组和用户以及 SQL Server 用户
Db_ddladmin	添加、修改或除去数据库中的对象(运行所有 DDL)
Db_securityadmin	管理 SQL Server 数据库角色的角色和成员，并管理数据库中的语句和对象权限
Db_backupoperator	有备份数据库的权限
Db_datareader	查看来自数据库中所有用户表的全部数据
Db_datawriter	添加、更改或删除来自数据库中所有用户表的数据
Db_denydatareader	拒绝选择数据库数据的权限
Db_denydatawriter	拒绝更改数据库数据的权限

对于角色的管理，SQL Server 提供了一些系统存储过程，如表 4.3 所示。

表 4.3 系统存储过程

系统存储过程名称	权 限 描 述
sp_addsrvrolemember	添加登录帐户到固定数据库服务器角色中
sp_dropsrvrolemember	删除固定服务器角色中的帐号
sp_addrolemember	添加帐号到固定数据库角色中
sp_droprolemember	删除固定数据库角色中的帐号
sp_addrole	创建新的数据库角色
sp_droprole	从数据库中删除角色

【例 4.3】使用系统存储过程 sp_addsrvrolemember 将登录帐户 Joe 加入服务器角色 System administrators 中，使其成为该服务器角色的成员。

```
sp_addsrvrolemember 'Joe','sysadmin'
```

使用系统存储过程 sp_dropsrvrolemember 将登录帐户 Joe 从服务器角色 System administrators 中删除，使其不再具有该服务器角色的权限。

```
sp_dropsrvrolemember 'Joe'
```

4. 数据库权限管理

当用户以某种验证方式登录到 SQL Server 服务器而且是某个数据库的用户后，还必须授予一定的权限才能够访问存取数据库的数据。设置用户对数据库的操作权限称为授权，未授权的用户将无法访问或存取数据库的数据。SQL Server 有三种类型的权限：语句权限、对象权限和预定义权限。

1) 语句权限

在数据库管理系统中创建数据库或者其他对象时所受到的权限控制称为语句权限。语句权限如表 4.4 所示。

表 4.4　语 句 权 限

权 限 名 称	权 限 描 述
CREATE DATABASE	允许创建、修改和删除数据库
CREATE TABLE	允许创建、修改和删除表
CREATE VIEW	允许创建、修改和删除视图
CREATE PROCEDURE	允许创建、修改和删除存储过程
CREATE RULE	允许创建、修改和删除规则
CREATE DEFAULT	允许创建、修改和删除默认值
CREATE FUNCTION	允许创建、修改和删除函数
BACKUP DATABASE	允许备份和恢复数据库
BACKUP LOG	允许备份和恢复事务日志

2) 对象权限

使用数据或者执行程序的活动受到的权限控制称为对象权限，包括表和视图权限、列权限和存储过程权限等。对象权限如表 4.5 所示。

表 4.5　对 象 权 限

权 限 名 称	权 限 描 述
SELECT	允许从表或者视图中查询数据
INSERT	允许向表或者视图中添加数据
UPDATE	允许修改表或视图中的数据
DELETE	允许从表或者视图中删除数据
EXECUTE	允许执行存储过程
DRI/REFERENCES	允许向表添加外关键字约束

3) 预定义权限

只有固定角色的成员或者数据库对象的所有者(DBO)才能够执行某些活动,执行这些活动的权限称为预定义权限。

对用户而言,权限管理主要针对对象权限和语句权限,通常权限有三种状态,即授予权限(GRANT)、撤销权限(RECOKE)和拒绝访问(DENY)。

【例 4.4】在数据库 Northwind 中，将创建表和视图的权限授予用户 joe。

　　GRANT CREATE TABLE, CREATE VIEW to joe

4.3.2　备份与恢复

在日常工作中，硬件故障、软件错误、计算机病毒、人为误操作、恶意破坏甚至自然灾害等诸多因素都可能发生，从而造成运行事务的异常中断，影响数据的正确性，甚至破坏数据库，使数据库中的数据部分或者全部丢失，给用户造成无法估量的损失，因此如何防止数据丢失是用户所面临的最重要的问题之一。SQL Server 的备份和恢复为保护存储在数据库中的关键数据提供了重要的工具。

1. 数据备份与恢复的概念

数据备份是指为了防止数据丢失，而将系统全部数据或者部分数据集合从应用主机的硬盘或者磁盘阵列中复制到其他存储介质上的过程。常用的存储介质有磁带、磁盘和光盘等。

数据备份实际上是一种以增加数据存储的方法保护数据安全。许多企业为了保护重要的数据，采取了系统定期检测与维护、双机热备份、磁盘镜像或容错、备份磁带异地存放、关键部件冗余等多项措施。这些措施一般能够进行数据备份，并且在系统发生故障后能够快速恢复系统。

数据恢复是指在系统数据崩溃时利用备份在存储介质上的数据将计算机系统恢复到原状态的过程。数据恢复与数据备份是一个相反的过程，数据恢复要以备份为基础，而备份的目的就是为了恢复系统的数据，使系统迅速恢复运行，避免或者减少因为系统故障而造成的损失。

2. 数据库备份的类型

数据库的备份根据备份时数据库的状态分为三种类型：冷备份、热备份和逻辑备份。

1) 冷备份

冷备份是指在数据库关闭的状态下对数据库进行备份。备份时数据库将不能被访问。这种类型的备份通常只采用完全备份，是保持数据库完整性的最好办法。

2) 热备份

热备份是指在数据库处于运行的状态下对数据库进行备份。在热备份的同时可以对数据库进行访问操作，未完成的事务操作热备份将通过日志来备份，但是应该避免进行修改数据库结构或者执行无日志记录的操作。

3) 逻辑备份

逻辑备份是利用数据库管理系统提供的工具或者编程语言对数据库中的某些表进行备份。使用这种方法时数据库必须处于运行的状态。对于只需要备份部分数据而不需要备份全部数据的情况，该方法简单方便。

3. 数据库备份与恢复的策略

数据库备份与恢复是既相反又统一的两个过程。用户在备份前要综合考虑各个方面的因素，根据数据库的不同规模和不同用途制定出合适的备份策略。影响制定策略的因素通常包括需要备份的数据量的大小、每单位时间数据量的增量大小、企业的工作时间，数据库崩溃时恢复的时间要求等。数据库备份的策略包括确定备份的方法(如采用完全数据库备份、差异数据库备份、事务日志备份还是混合的方法)、备份的周期(如以月、周还是日为周期)、备份的方式(如采用手工备份还是自动备份)、备份的介质(如以硬盘、磁带还是 U 盘作为备份介质)和介质的存放等。SQL Server 提供了不同的备份方法以满足广泛的业务环境和数据库活动的需求，下面根据备份方法来介绍如何制定数据库备份与恢复的策略。

1) 完全数据库备份

完全数据库备份是将一个数据库中的所有数据文件全部复制,包括完全数据库备份过程中数据库的所有行为,所有的用户数据以及所有的数据库对象,包括系统表、索引和用户自定义表。完全数据库备份比其他任何类型的备份都要占用更多的空间和时间。在必须进行数据恢复的情况下,完全数据库备份是数据库全面恢复的起点。一般而言,在大量装入一些新数据之后执行完全数据库备份,执行的间隔可根据数据量的多少以及修改的频率而定。考虑到完全数据库备份所需时间长、占用存储介质容量大的特点,一般规则是,一周执行一次,或者一天一次。虽然 SQL Server 备份对数据库性能影响较小,但是,将完全数据库备份安排在空闲的时间(如下班后或者晚上)则更可靠。当要进行数据库恢复时,只需要最近一次的完全数据库备份文件即可。

【例 4.5】在磁盘上创建备份文件,并执行数据库 Northwind 的完全数据库备份。

BACKUP DATABASE Northwind to DISK='D:\Temp\MyFullBackup.bak'

从备份文件 D:\Temp\ MyFullBackup.bak 恢复数据库 Northwind

RESTORE DATABASE Northwind from DISK='D:\Temp\MyFullBackup.bak'

2) 差异数据库备份

差异数据库备份复制最后一次完全数据库备份以来所有数据文件中修改过的数据,包括差异数据库备份过程中发生的所有数据库行为。例如,系统在周日进行完全数据库备份后,在接下来的六天中每天做的差异数据库备份都将当天所有与周日完全数据库备份时不同的数据进行备份。如果自完全数据库备份以来某条数据记录经过多次修改,那么差异数据库备份仅仅记录最后一次修改过的记录。当数据库需要恢复时,只需要两个备份文件就可以恢复数据库,即最后一次的完全数据库备份文件和最后一次的差异数据库备份文件。

完全数据库备份所需时间长、占用存储介质容量大,但数据恢复时间短,操作最方便,当系统数据量不大时该备份方式最可靠。与之相比,差异数据库备份可节省备份时间和存储介质空间,当数据量增大时,很难每天都做完全数据库备份,可选择周末做完全数据库备份,每个工作日做差异数据库备份。

【例 4.6】在磁盘上创建备份文件,并执行数据库 Northwind 的差异数据库备份。

BACKUP DATABASE Northwind to DISK='D:\Temp\MyDiffBackup.bak' WITH DIFFERENTIAL

当数据库崩溃或者数据丢失时,可以通过完全数据库备份和差异数据库备份两个文件恢复数据库:

RESTORE DATABASE Northwind from DISK='D:\Temp\MyFullBackup.bak' WITH NORECOVERY

RESTORE DATABASE Northwind from DISK='D:\Temp\MyDiffBackup.bak'

"WITH NORECOVERY"选项表示本次文件还原之后数据库还未完全恢复。

3) 事务日志备份

事务日志备份是对最后一次事务日志备份以来事务日志记录的所有事务处理的一种顺序记录。由于事务日志备份记录的是所有的事务处理,因此事务日志备份可以将数据库恢复到某个特定的时间点，如输入错误数据之前，而差异数据库备份记录的是最后的修改结果，因而无法做到这点。事务日志备份实际上是增量备份，与完全数据库备份和差异数据库备份相比，减少了重复数据的备份，既节省了存储介质的空间，又缩短了备份的时间，可以根据业务的数据量几分钟进行一次。事务日志备份的缺点是恢复数据的过程比较麻烦，要把所有的事务日志备份文件按备份的先后顺序依次恢复，因此事务日志备份、完全数据库备份、差异数据库备份往往结合起来一起使用。例如每周末做一次完全数据库备份，每个工作日做一次差异数据库备份，而每 30 分钟做一次事务日志备份。当数据库需要恢复时，先恢复最后一次的完全数据库备份和最后一次的差异数据库备份，再恢复最后一次差异数据库备份后的所有事务日志备份。

【例 4.7】 在磁盘上创建备份文件，并执行数据库 Northwind 的事务日志备份。

BACKUP LOG Northwind to DISK='D:\Temp\MyLogBackup1.bak'

假设在最后一次差异数据库备份后又进行了三次事务日志备份，则当数据库崩溃或者数据丢失时，可按照下面的顺序恢复数据库。

RESTORE DATABASE Northwind from DISK='D:\Temp\MyFullBackup.bak' WITH NORECOVERY

RESTORE DATABASE Northwind from DISK='D:\Temp\MyDiffBackup.bak' WITH NORECOVERY

RESTORE LOG Northwind from DISK='D:\Temp\MyLogBackup1.bak' WITH NORECOVERY

RESTORE LOG Northwind from DISK='D:\Temp\MyLogBackup2.bak' WITH NORECOVERY

RESTORE LOG Northwind from DISK='D:\Temp\MyLogBackup3.bak'

4.3.3 使用视图增强安全性

SQL Server 除了可以通过登录帐户的身份验证和权限机制来保证对数据库访问的安全性，也可以在应用程序层(例如视图、存储过程和应用程序角色等)中采用一些方法来保证安全性，这里介绍如何使用视图来增强安全性。

视图与表(有时为了与视图区别，也称基本表)不同，它是一个虚表，数据库中只存放视图的定义(实际上是一条查询语句)，而不存放视图对应的数据，这些数据仍存放在与视图关联的基本表中。对视图的数据进行操作，其实是系统根据视图的定义去操作与视图关联的基本表，因此视图为用户提供了另外一种在数据库中访问数据和执行操作的方法。在这个方法中，权限的管理是在视图中实现，而不是它们关联的基本表，这样可以防止用户更改基本表。例如表 score 包含全班的成绩信息，为了使得 Joe 只能查看到自己的成绩信息，可以定义一个视图只包含 Joe 的成绩信息，再将视图的 SELECT 权限授予 Joe，这样 Joe 就只能看到自己的成绩信息。

4.3.4 其他安全策略

在使用 SQL Server 时，必须考虑一些额外的安全性问题，比如可以使用组策略为多用户或计算机提供安全性配置；代理服务器、防火墙和路由器能够防止未经验证的外部用户的访问，以保证内部网络的安全。此外，还可使用 Windows 的在线加密功能来保证即使数据被截获，也无法读取。

1. 使用组策略保证 SQL Server 安全性

由于 SQL Server 和 Windows 紧密集成在一起，因此在 Windows 验证方式下，SQL Server 的登录帐户的安全性是由 Windows 来保证的。在 Windows 中，可以使用组策略为用户组和计算机组定义配置。组策略可以配置注册表策略、安全选项和软件安装等。为计算机配置的安全性包括：帐户策略和受限制的组。帐户策略是指在 Windows 域中的密码策略、锁定策略和 Kerberos 策略等安全性设置。受限制的组是指允许对属于某特定组的用户加以控制，可以控制这个组包括哪些用户，管理员还可以对一些较为敏感的组实施相关的安全性策略。

2. 使用代理服务器、防火墙和路由器

将 SQL Server 连接到 Internet 上需要考虑更多的安全问题，需要保证只有经过身份验证的用户才可以访问数据库服务器，并且只能够访问他们业务流程所需的资源。

1) 通过代理服务器连到 SQL Server

可以允许通过代理服务器连接到 SQL Server 上。代理服务器是一个提供对 Internet 进行安全访问的独立应用程序，它可以防止未经身份验证的用户连接到专用网，并通过控制侦听端口的权限和访问来确保敏感数据的安全。

2) 防火墙安全性

防火墙的安全性在本书第 6 章将有详细介绍。当通过 Web 应用程序来访问 SQL Server 时，很多 Web 应用程序使用两道防火墙。第一道防火墙将 Web 服务器与 Internet 隔离开，只允许通过 80 端口访问。Web 服务器位于称为边界网的停火区，并通过边界网和企业网之间的第二道防火墙访问 SQL Server 数据库。SQL Server 的官方 Internet 号码分配机构的套接字序号是 1433，在通过 TCP/IP 连接 SQL Server 时，需要让数据通过此端口，为了增强 SQL Server 的安全性，可以改变该端口号。

3) 路由器

SQL Server 企业版安装了 Windows Server 时，操作系统提供的路由器特性使得服务器能够像路由器一样工作。路由器能够将网际协议(IP)数据包从一个网络转发到另一个网络的设备上。可以将路由器和防火墙一起使用，以配置数据在网络中的传输方式。

3. 使用在线加密确保数据的安全性

在网络或者因特网上传输数据包时，必须确保即使截获了该数据包，也无法对其进行读取。Windows 为保护网络传输数据引入了 IPSec 协议，通过定义一系列的规则和过滤器，可以在每台本地计算机上配置 IPSec 安全性策略并管理与 IPSec 客户端之间的通信。另外，SQL Server 也可以使用安全套接字层(SSL)对在服务器和客户端之间传输的所有数据进行加密。需要注意的是，在使用 SSL 加密之前，SQL Server 服务器和客户端都必须从同一个授权机构获得一个根 CA 证书，再使用 SQL Server 网络实用工具为所有有效的服务器端协议启用 SSL 加密。

习　题

1. 简述数据库安全的需求。
2. 简述对数据库的加密在 OS、DBMS 内核层和 DBMS 外层三个不同层次上的实现。
3. 在 SQL Server 中是如何实现例题中所要求的对数据库安全管理、备份与恢复功能的?
4. 怎样使用 Windows 加密功能和其他安全技术来保护数据库安全?

第 5 章　防火墙技术

防火墙(FireWall)一词源于早期欧式建筑，人们常在寓所之间砌起一道砖墙，一旦火灾发生，它能够防止火势蔓延到别的寓所。现在，为了保护内部网络安全，在该网络和外部网络之间可以竖起一道安全屏障以阻断外部网络对本网络的威胁和入侵，这道屏障就是计算机世界中的"防火墙"。利用防火墙技术可以阻止网络上大部分的攻击，保证内部网络系统的安全。

5.1　防火墙概述

防火墙是在内部网和外部网之间、专用网与公共网之间建立起的安全保护屏障，从而保护内部网免受外部网非法用户的侵入。防火墙可以是纯硬件的，也可以是纯软件的，还可以是软、硬件结合的。防火墙允许用户"同意"的人和数据进入自己的网络，同时将未经认可的访问者和数据拒之门外，最大限度地阻止网络中的黑客入侵行为，防止自己的信息被更改、拷贝和毁坏。防火墙技术在网络中的应用如图 5.1 所示。

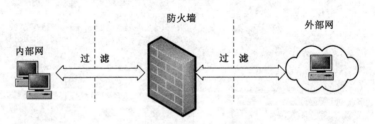

图 5.1　防火墙示意图

5.1.1　防火墙的作用与局限性

防火墙通常有两种基本的设计策略：允许任何服务除非被明确禁止；禁止任何服务除非被明确允许。第一种的特点是好用但不安全，即对用户使用服务限制少导致对某些安全服务威胁的漏报；第二种是安全但不好用，即能够最大程度地保护系统安全但限制了多数的服务使用户感觉不便。通常采用第二种类型的设计策略，而多数防火墙是在两种之间采取折衷。

1. 防火墙的作用

防火墙的作用主要包括以下几个方面。

1) 防火墙是网络安全的屏障

防火墙是信息进出网络的必经之路。它可以检测所有经过数据的细节,并根据事先定义好的策略允许或禁止这些数据通过。由于只有经过精心选择的应用协议才能通过防火墙,外部的攻击者不可能利用脆弱的协议来攻击内部网络,所以网络环境变得更加安全。

2) 防火墙可以强化网络安全策略

通过以防火墙为中心的安全方案配置,能将所有安全软件(如口令、加密、身份认证及审计等)配置在防火墙上。与将网络安全问题分散到各个主机上相比,防火墙的集中安全管理更经济。例如,在网络访问时,一次性加密口令系统和其他的身份认证系统完全可以不必分散在各个主机上,而是集中在防火墙上。

3) 对网络存取和访问进行监控审计

防火墙能够记录所有经过它的访问,并将这些访问添加到日志记录中,同时也能提供网络使用情况的统计数据。防火墙还能对可疑动作进行适当的报警,并提供网络是否受到监测和攻击的详细信息。另外,防火墙还能收集网络使用和误用情况,为网络安全管理提供依据。

4) 防止内部信息外泄

利用防火墙对内部网络的划分,可实现内部网络重点网段的隔离,从而限制局部重点或敏感网络安全问题对全局网络造成的影响。防火墙可以隐蔽那些透露内部细节服务,如Finger、DNS 等,使攻击者不能得到内部网络的有关信息。

2. 防火墙的局限性

防火墙技术虽然是内部网络最重要的安全技术之一,可使内部网在很大程度上免受攻击,但不能认为配置了防火墙之后所有的网络安全问题都迎刃而解了。防火墙也有其明显的局限性,许多危险是防火墙无能为力的。

1) 防火墙不能防范内部人员的攻击

防火墙只能提供周边防护,并不能控制内部用户对内部网络滥用授权的访问。内部用户可窃取数据、破坏硬件和软件,并可巧妙地修改程序而不接近防火墙。内部用户攻击网络正是网络安全最大的威胁。

2) 防火墙不能防范绕过它的连接

防火墙可有效地检查经由它进行传输的信息,但不能防止绕过它传输的信息。比如,如果站点允许对防火墙后面的内部系统进行拨号访问,那么防火墙就没有办法阻止攻击者进行的拨号入侵。

3) 防火墙不能防御全部威胁

防火墙能够防御已知的威胁。如果是一个很好的防火墙设计方案,可以防御新的威胁,但没有一个防火墙能够防御所有的威胁。

4) 防火墙难于管理和配置,容易造成安全漏洞

防火墙的管理及配置相当复杂,要想成功维护防火墙,就要求防火墙管理员对网络安全攻击的手段及其与系统配置的关系有相当深入的了解。防火墙的安全策略无法进行集中管理,一般来说,由多个系统(路由器、过滤器、代理服务器、网关、堡垒主机)组成的防火墙,是难于管理的。

5) 防火墙不能防御恶意程序和病毒

虽然许多防火墙能扫描所有通过的信息，以决定是否允许它们通过防火墙进入内部网络，但扫描是针对源、目标地址和端口号的，而不扫描数据的确切内容。因为在网络上传输二进制文件的编码方式很多，并且有太多的不同结构的病毒，因此防火墙不可能查找出所有的病毒，也就不能有效地防范病毒类程序的入侵。目前已经有一些防火墙厂商将病毒检测模块集成到防火墙系统中，并通过一些技术手段解决由此而产生的效率和性能问题。

5.1.2 防火墙的类型

目前市场上的防火墙产品非常多，形式多样。有以软件形式运行在普通计算机之上的，也有以固件形式设计在路由器之中的。防火墙主要分类如下：

1．从软、硬件形式上分类

以防火墙的软、硬件形式来分，防火墙可以分为软件防火墙和硬件防火墙两类。

(1) 软件防火墙运行于特定的计算机上，它需要客户预先安装的计算机操作系统的支持，一般来说这台计算机就是整个网络的网关，俗称"个人防火墙"。软件防火墙就像其他的软件产品一样需要在计算机上进行安装和设置才可以使用。网络版软件防火墙最出名的莫过于 Check-point。使用这类防火墙，需要网管对相应的操作系统平台比较熟悉。

(2) 硬件防火墙一般分传统硬件防火墙和芯片级防火墙两类，它们最大的差别在于是否基于专用的硬件平台。传统硬件防火墙是在 PC 架构计算机上运行一些经过裁剪和简化的操作系统构成的，最常用的有老版本的 Unix、Linux 和 FreeBSD 系统。由于此类防火墙依然采用非自己的内核，因此会受到操作系统本身的安全性影响。芯片级防火墙基于专门的硬件平台，没有操作系统。专有的 ASIC 芯片使它们比其他种类的防火墙速度更快，处理能力更强，性能更高，如 NetScreen、Cisco 的硬件防火墙产品基于专用操作系统，因此防火墙本身的漏洞比较少，不过价格相对比较高。

2．按防火墙的部署位置分类

按照防火墙在网络中部署的位置可以分为边界防火墙、个人防火墙和混合防火墙三类。

(1) 边界防火墙是最传统的一种，它们部署在内、外部网络的边界，所起的作用是对内、外部网络实施隔离，保护内部网络。这类防火墙一般都是硬件类型的，价格较贵，性能较好。

(2) 个人防火墙安装于单台主机中，防护的也只是单台主机。这类防火墙应用于广大的个人用户，通常为软件防火墙，价格最便宜，性能也最差。

(3) 混合式防火墙即"分布式防火墙"或者"嵌入式防火墙"，它是一整套防火墙系统，由若干个软、硬件组成，分布在内、外部网络边界和内部各主机之间，既对内、外部网络之间的通信进行过滤，又对网络内部各主机间的通信进行过滤。它属于最新的防火墙技术之一，性能最好，价格也最贵。

3．按技术分类

防火墙按技术可分为包过滤技术、代理技术和状态检测技术三类。

(1) 包过滤技术对通过防火墙的数据包进行检测，只有符合过滤规则的数据包才允许穿过防火墙。

(2) 代理技术是通过在一台特殊的主机上安装代理软件，使只有合法的用户和数据才能通过防火墙对网络进行访问。

(3) 状态检测技术是在包过滤的基础上对进出的数据包的状态进行检测，使只有合法的数据才能通过防火墙。

5.1.3　防火墙技术的发展趋势

从目前的防火墙市场来看，国内外防火墙厂商基本上都可以很好地支持防火墙的基本功能，包括访问控制、网络地址转换、代理认证、日志审计等。但是随着网络攻击的增加，以及用户对网络安全要求的日益提高，防火墙必须有进一步的发展。

从应用和技术发展趋势来看，如何增强防火墙的安全性，提高防火墙的性能，丰富防火墙的功能，将成为防火墙厂商下一步所必须面对和解决的问题。

防火墙将从目前的静态防御策略向智能化方向发展。未来智能化的防火墙应能实现自动识别并防御各种黑客攻击手法及其相应变种攻击手法；在网络出口发生异常时能自动调整与外网的连接端口；能够根据信息流量自动分配、调整网络信息流量及协同多台物理设备工作；自动检测防火墙本身的故障并能自动修复，具备自主学习并制定识别与防御方法。

多功能也是防火墙的发展方向之一。鉴于目前路由器和防火墙价格都比较高，组网环境也越来越复杂，一般用户总希望防火墙可以支持更多的功能，满足组网和节省投资的需要。未来网络防火墙将在现有的基础上继续完善其功能并不断增加新的功能。如保证传输数据安全的 VPN、隐藏内部网络地址的网络地址转换功能(NAT)、双重 DNS 功能、防病毒功能、内容扫描功能等。

综上所述，未来的防火墙会全面考虑网络安全、操作系统安全、应用程序安全、用户安全和数据安全的综合应用，将是智能化、高速度、低成本和功能更加完善、管理更加人性化的网络安全产品。

5.2　防火墙体系结构

通常，防火墙是路由器、计算机和配有适当软件的网络设备的多种组合。由于网络结构多种多样，各站点的安全要求不尽相同，故目前还没有一种统一的防火墙设计标准。防火墙的体系结构也有很多种，防火墙具体采用何种结构取决于防火墙设计的思想和网络的实际情况，不同结构的防火墙带给网络的安全保障和影响是不同的。根据结构的不同，防火墙系统可分为传统防火墙系统、分布式防火墙系统和混合式防火墙系统三种。

5.2.1　传统防火墙系统

传统的防火墙设置在网络边界，在内部企业网和外部互联网之间构成一个屏障，进行网络存取控制，我们可称之为边界防火墙(Perimeter Firewall)。边界防火墙基本体系结构有四种类型：包过滤防火墙、双宿主主机体系结构防火墙、屏蔽主机体系结构防火墙和屏蔽子网体系结构防火墙。

1. 包过滤防火墙

包过滤防火墙是通过在路由器上根据某些规则对数据包进行过滤来实现对网络的安全保护，其体系结构如图 5.2 所示。

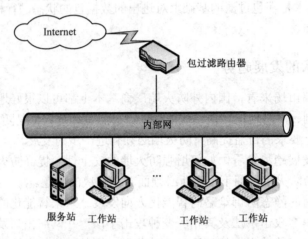

图 5.2　包过滤防火墙体系结构

包过滤路由器首先以其收到的数据包头信息为基础建立一定数量的信息过滤表。数据包头信息含有数据包源 IP 地址、目的 IP 地址、传输协议类型(TCP，UDP，ICMP 等)、协议源端口号、协议目的端口号、连接请求方向、ICMP 报文类型等。当一个数据包满足过滤表中的规则时允许数据包通过，否则禁止通过。包过滤防火墙可以用于禁止外部不合法用户对内部的访问，也可以用来禁止访问某些服务类型，且对用户透明。但包过滤技术不能识别危险的信息包，无法实施对应用级协议的处理，如无法区分同一个 IP 的不同用户，也无法处理 UDP、RPC 或动态的协议。

2. 双宿主主机体系结构

双宿主主机(Dual-Homed Host)位于内部网和因特网之间，实际上是一台拥有两个 IP 地址的 PC 机或服务器，它同时属于内、外两个网段所共有，起到了隔离内、外网段的作用。一般来说，这台机器上需要安装两块网卡，分别对应属于内外不同网段的两个 IP 地址。双宿主主机体系结构如图 5.3 所示。

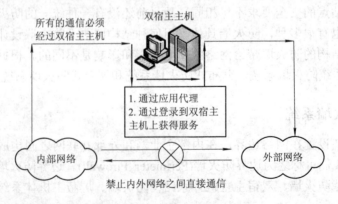

图 5.3　双宿主主机体系结构

防火墙内部的系统能与双宿主主机通信，防火墙外部的系统也能与双宿主主机通信，但是内部与外部系统之间不能直接相互通信。这种体系结构非常简单，一般通过安装能够转发服务请求的代理程序来实现，或者通过用户直接登录到该主机来提供服务，能提供级别很高的控制。安装了代理程序的主机又被称为堡垒主机(Bastion Host)。双宿主主机体系结构也存在一些缺点，即用户帐号本身会带来很多的安全问题，而登录过程也会让用户感到麻烦。

3. 屏蔽主机体系结构

屏蔽主机体系结构由一台包过滤路由器和一台堡垒主机组成，其中堡垒主机被安排在内部局域网中，同时在内部网和外部网之间配备了屏蔽路由器。在这种体系结构中，外部网络必须通过堡垒主机才能访问内部网络中的资源，而内部网络中的计算机则可以通过屏蔽路由器访问外部网络中的资源。屏蔽主机体系结构如图 5.4 所示。

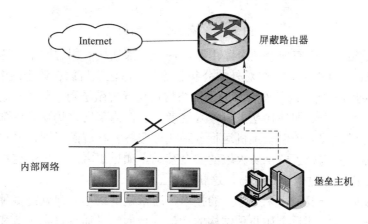

图 5.4　屏蔽主机体系结构

在这种方式的防火墙中，堡垒主机安装在内部网络上，通常在路由器上设立过滤规则，并使这个堡垒主机成为从外部网络唯一可直接到达的主机，这确保了内部网络不受未被授权的外部用户的攻击。堡垒主机与其他主机在同一个子网中，一旦堡垒主机被攻破或被越过，整个内部网络和堡垒主机之间就再也没有任何阻挡了，它完全暴露在 Internet 之上。因此堡垒主机必须是高度安全的计算机系统。

屏蔽主机防火墙实现了网络层和应用层的安全，因而比单纯的包过滤或应用网关代理更安全。在这一方式下，过滤路由器是否配置正确是这种防火墙安全与否的关键，如果路由器遭到破坏，堡垒主机就可能被越过，使内部网完全暴露。

在屏蔽路由器和防火墙上应设置数据包过滤功能，过滤原则可为下列之一：

➢ 允许除堡垒主机外的其他主机与外部网络连接，这些连接只是相对于某些服务的，并在路由器中设置了过滤。

➢ 不允许来自内部主机的所有连接，即其他主机只能通过堡垒主机使用代理服务。

4. 屏蔽子网体系结构

与屏蔽主机体系结构相比，屏蔽子网体系结构添加了周边网络，在外部网络与内部网络之间加上了额外的安全层。屏蔽子网体系结构如图 5.5 所示。

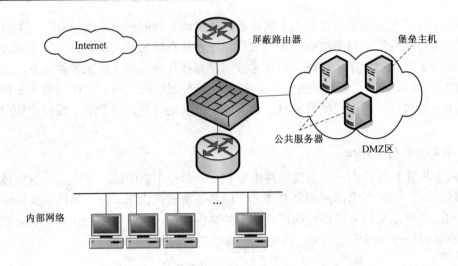

图 5.5　屏蔽子网体系结构

在这种体系结构中，有内外两个路由器，每一个都连接着周边网络，称为非军事化区
(DeMilitarized Zone，DMZ)，一般对外的公共服务器、堡垒主机放在该子网中，并使子网与
Internet 及内部网络分离。内部网络和外部网络均可访问屏蔽子网，但禁止它们穿过屏蔽子
网通信。在这一配置中，即使堡垒主机被入侵者控制，内部网络仍受到内部包过滤路由器
的保护，而且可以设置多个堡垒主机运行各种代理服务。在屏蔽子网体系结构中，堡垒主
机和屏蔽路由器共同构成了整个防火墙的安全基础。如果黑客想入侵由这种体系结构构筑
的内部网络，则必须通过两个路由器，这就增加了难度。

建造防火墙时，一般很少采用单一的技术，通常是解决不同问题的多种技术的组合。
其他结构的防火墙系统都是上述几种结构的变形，目的都是通过设定过滤和代理的层次使
得检测层次增多，从而增加安全性。这种组合主要取决于网管中心向用户提供什么样的服
务，以及网管中心能接受什么等级的风险。采用哪种技术主要取决于经费、投资的大小或
技术人员的技术、时间等因素。

5.2.2　分布式防火墙系统

边界防火墙部署在内网与外网的边界上，通过一个或一组设备即可保护网络内部安全。
但随着网络规模的不断扩大，边界防火墙已不能满足越来越复杂的网络结构的需求，出现
了不能抵御来自内部网络的攻击、在网络边界造成访问瓶颈、效率不高、故障点多等不足。

针对边界防火墙存在的缺陷，专家提出了分布式防火墙方案，其最大的特点是将内网
中的各子网看成和外网一样的不安全，从而保护各内网安全，堵住内网攻击漏洞。分布式
防火墙一般包括网络防火墙、主机防火墙和中心管理三部分。网络防火墙部署于内部网与
外部网之间以及内网的子网之间，支持内部网可能有的 IP 和非 IP 协议，不仅保护内网不受
外网的安全威胁，而且也能保护内网各子网之间的访问安全。主机防火墙对网络中的服务
器和桌面系统进行防护。中心管理是一个防火墙管理软件，能够对网络中的所有防火墙进
行统一管理，安全策略的分发及日志的汇总都是中心管理具备的功能。

分布式防火墙采用了软件形式(有的采用了软件+硬件形式)，所以功能配置更加灵活，具备充分的智能管理能力，其优点是：

➢ 增强了系统安全性：增加了针对主机的入侵的检测和防护功能，加强了对来自内部攻击的防范，可以实施全方位的安全策略。

➢ 提高了系统性能：消除了结构性瓶颈问题，提高了系统性能。

➢ 系统的扩展性：随系统扩充提供了安全防护无限扩充的能力。

➢ 实施主机策略：对网络中的各节点可以起到更安全的防护。

➢ 应用更为广泛，支持 VPN 通信。

分布式防火墙系统的不足之处在于：

➢ 分布式防火墙系统的实现还存在着较大的问题，如果采用软件防火墙则与其要保护的操作系统之间存在着"功能悖论"；而采用硬件防火墙的成本极其可观，且必将对现有的生产技术和运行标准产生极大的冲击。

➢ 安全数据的处理是一个难题。系统将安全策略的执行权交给了各个防火墙，而对各点的安全数据如何存储以及何时、以何种方式进行收集则很难进行处理，从而很难及时掌握网络整体的运行情况。

➢ 网络安全中心负责向所有的主机发送安全策略并处理它们返回的信息。这对于安全中心服务器来说是极为繁重的工作。尤其是主机很多、安全事件频发的时候，会极大地影响网络的运行效率。

依据 2001 年美国国防部国防高级研究计划局资助的网络安全研究计划报告，美国当时的分布式防火墙系统通过新的网络管理技术的应用，最多可以支持近 1500 台接入网络的主机。而时隔多年后，虽然支持的主机数目多了一些，但并没有质的飞越。而且对于以上问题的解决还处在研究阶段，没有什么重大的突破。可以说，分布式防火墙系统的思想是好的，但受制于现阶段的计算机技术，还很难承担与其过于理想化的设想相当的重任。

5.2.3　混合型防火墙系统

混合型防火墙力图结合传统防火墙和分布式防火墙的特点，利用分布式防火墙的一些技术对传统的防火墙技术加以改造，依赖于地址策略将安全策略分发给各个站点，由各个站点实施这些规则。

混合型防火墙的代表是 Check Point 公司的 firewall-1 防火墙。它通过装载到网络操作中心上的多域服务器来控制多个防火墙用户模块。多域服务器有多个用户管理加载模块，每个模块都有一个虚拟 IP 地址，对应着若干防火墙用户模块。安全策略通过多域服务器上的用户管理加载模块下发到各个防火墙用户模块。防火墙用户模块执行安全规则，并将数据存放到对应的用户管理加载模块的目录下。多域服务器可以共享这些数据，使得防火墙多点接入成为可能。

混合型防火墙系统融合了传统和分布式防火墙系统的特点，将网络流量分配给多个接入点，降低了单点工作强度，安全性、管理性更强，因此比传统和分布式防火墙系统效能都高。但其网络操作中心是一个明显的系统瓶颈，一旦它发生了故障，整个防火墙也将停止运作，因此同传统防火墙系统一样存在着单失效点的问题。

5.3 防火墙技术

防火墙最基本的技术是包过滤技术和代理技术，后来在代理技术基础上发展了自适应代理技术，而在包过滤技术基础上又发展了状态检测技术，即动态包过滤技术。

5.3.1 包过滤技术

包过滤类型防火墙是应用包过滤技术(Packet Filter)来抵御网络攻击的。包过滤又称"报文过滤"，它是防火墙最传统、最基本的过滤技术。防火墙的包过滤技术就是对通信过程中的数据进行过滤 (又称筛选)，使符合事先规定的安全规则(或称"安全策略")的数据包通过，而使那些不符合安全规则的数据包丢弃，这个安全规则就是防火墙技术的根本。它是通过对各种网络应用、通信类型和端口的使用来规定的。

数据包过滤流程如图 5.6 所示。

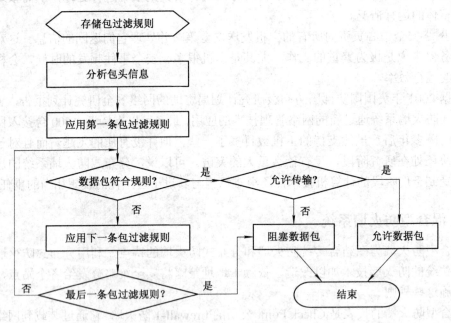

图 5.6   数据包过滤流程

包过滤防火墙首先根据安全策略设计并存储包过滤规则，然后读取每一个到达防火墙的数据包包头信息并按顺序与规则表中的每一条规则进行比较，直至发现包头中的控制信息与某条规则相符合，然后按照规则对数据包进行处理，允许或阻塞数据包通过。如果没有任何一条规则符合，防火墙则使用默认规则(一般默认规则是禁止该数据包通过)。

【例 5.1】假设网络策略安全规则确定：外部主机发来的 Web 访问在内部主机 192.168.1.3 中被接收；拒绝从 IP 地址为 219.220.224.2 的外部主机发来的数据流；允许内部主机访问外部 Web 站点。请设计一个包过滤规则表。

解：首先根据要求按次序将安全规则翻译成过滤器规则，未具体指明的主机或服务端口均用*表示。注：最后一条规则为默认规则，所有外部主机发往内部主机的数据被禁止。初始设计的包过滤规则表如表 5.1 所示。

表 5.1　初始设计的包过滤规则表

序号	方向	外部主机	外部端口	内部主机	内部端口	动作
1	往内	*	80	192.168.1.3	80	允许
2	往内	219.220.224.2	*	*	*	阻塞
3	往外	*	80	192.168.1.3	80	允许
4	往内	*	*	*	*	阻塞

接下来要验证上面的包过滤规则是否能满足题目要求。假设现在有外部主机 219.220.224.2 要访问内部主机 192.168.1.3 的 Web 站点，按照包过滤流程，防火墙提取发往内网的数据包包头信息，然后与包过滤规则表的第一条包过滤规则进行比较，发现外部主机的 IP 地址包含在规则中的所有外部主机范围中，且符合访问内部主机 Web 服务，因此符合第一条包过滤规则，根据处理结果，数据包被放行。但是题目要求从 219.220.224.2 的外部主机发来的数据应该是全部被拒绝的，因此，按照这个包过滤规则处理会有不符合要求的数据包进入，其根本原因是由包过滤规则的特性引起的。数据包过滤流程决定了只要有一条规则与数据包相符合即进行处理，允许数据包通过或阻塞数据包，对后面的包过滤规则不再进行判断，即使有更严格的规则在后面的规则表中也没有用处，所以数据包过滤规则的次序是非常重要的。一般将最严厉的规则放在规则表的最前面。

经过调整以后，真正的规则表如表 5.2 所示。

表 5.2　调整后的包过滤规则表

序号	方向	外部主机	外部端口	内部主机	内部端口	动作
1	往内	219.220.224.2	*	*	*	阻塞
2	往内	*	80	192.168.1.3	80	允许
3	往外	*	80	192.168.1.3	80	允许
4	往内	*	*	*	*	阻塞

规则表设计好以后，就可以在防火墙上进行实施了。以天网防火墙个人版 Athena 2006 为例，包过滤规则界面如图 5.7 所示。

其中：

应用程序规则：对经过防火墙的应用程序数据进行检查，根据规则决定是否允许数据通过。

IP 规则管理：通过修改、添加、删除 IP 规则，对包过滤规则表进行配置。

系统设置：包括对防火墙的基本设置、管理权限设置、日志管理设置等功能。

当前系统中所有应用程序网络使用状况：包括每个程序的协议和端口状态等信息。

日志：如果有规则设定的事件发生则在此界面显示事件发生日志。

增加 IP 规则：如果原默认规则中没有符合要求的，则可以在规则表中添加新的 IP 规则。

修改 IP 规则：对某一条已经存在的 IP 规则进行参数修改。

╳删除 IP 规则：对不需要的 IP 规则可以选中后进行删除。

▢保存 IP 规则：修改或添加 IP 规则后要保存 IP 规则，否则新的 IP 规则表不起作用。

⬆规则向上移：调整规则次序，使选中的 IP 规则次序上移。

⬇规则向下移：调整规则次序，使选中的 IP 规则次序下移。

▣导出规则：将选择的一些规则导出到一个 .dat 文件中。

▣导入规则：将一个 .dat 文件中的规则导入到防火墙规则表中。

双击其中的任一条规则都可按照安全策略对数据包方向、对方 IP 地址、数据包协议类型、数据包处理结果以及是否将此事件记录进行设定。

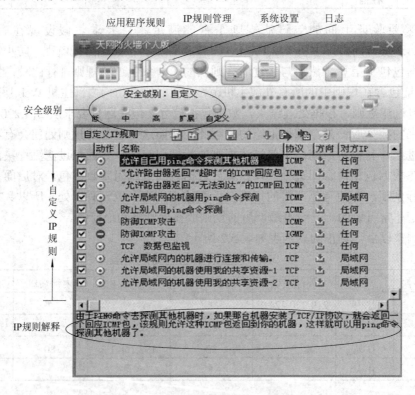

图 5.7　包过滤规则表设置界面

配置设计好的规则表中的第一条规则"拒绝从 IP 地址为 219.220.224.2 的外部主机发来的数据流"，如图 5.8 所示。

其中：

"数据包方向"：表示数据流经防火墙的方向，有"接收"、"发送"、"接收或发送"三个选项。

"对方 IP 地址"：表示通信另一方的 IP 地址，有"任何地址"、"局域网的网络地址"、"指定地址"、"指定网络地址"四个选项。

"数据包协议类型"：表示通过防火墙的数据包协议类型，有"IP"、"TCP"、"UDP"、"ICMP"、"IGMP"五种协议类型，具体每一个协议对应不同的参数设置。如 TCP 协议包除了端口设置以外，还可设置 TCP 的标记，如 SYN(同步)、ACK(应答)、FIN(结束)、RST(重设)、URG(紧急)、PSH(送入)等，从而根据不同的 TCP 标记来判定数据包的安全。

"当满足上面条件时"：表示防火墙对满足规则的数据包的处理结果，有"拦截"、"通行"、"继续下一规则"三个选项。

"同时还"：定义符合包过滤规则的数据包在处理后的结果，防火墙是记录日志还是显示警告信息或发声提示用户。

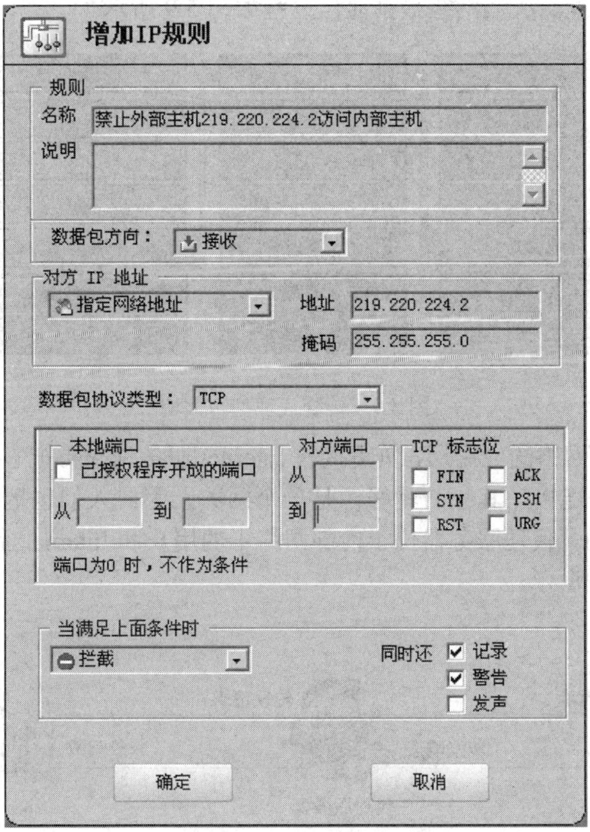

图 5.8　IP 规则设计界面

包过滤技术的优缺点如表 5.3 所示。

表 5.3　包过滤优缺点列表

优　点	缺　点
➤ 标准的路由软件中都内置了包过滤功能，因此无需额外费用 ➤ 对于用户和应用透明，也就是说不需要用户名和密码来登录，用户无须改变使用习惯 ➤ 运行速度快	➤ 配置访问控制列表比较复杂 ➤ 没有跟踪记录能力，不能从日志记录中发现黑客的攻击记录 ➤ 不能在用户级别上进行过滤 ➤ 对通过网络应用链路层协议实现的威胁无防范能力 ➤ 无法抵御数据驱动型攻击 ➤ 能够或拒绝特定的服务，但是不能理解特定服务的上下文环境和数据 ➤ 包过滤规则数目增加会消耗路由器的内存和 CPU 的资源，使路由器的吞吐量下降

5.3.2　代理技术

第 1 代：代理防火墙。

为了克服包过滤技术的缺点，防火墙需要一些服务的转发功能，这样的技术称为代理技术(Proxy)。传统代理防火墙网络数据通信过程如图 5.9 所示。

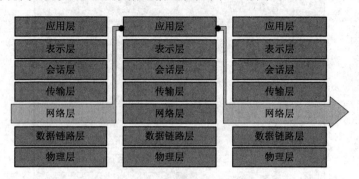

图 5.9　传统代理型防火墙

代理技术作用于网络的应用层，负责接收 Internet 服务请求再把它们转发到具体的服务器。代理提供替代性连接，其行为就好像是一个网关，因此人们也把代理称为应用级网关(Application Gateway)。代理服务器位于内部网络上的用户和 Internet 上的服务这二者之间，其技术原理如图 5.10 所示。

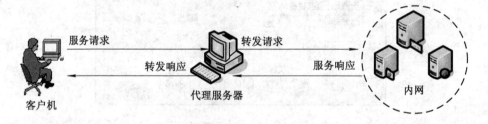

图 5.10　代理服务原理

客户机与目标网络之间没有直接相连，而是通过代理客户程序与代理防火墙相连，所有的服务请求都发给代理服务器，代理服务器对客户程序进行分析，然后做出"同意"或"拒绝"的决定。如果请求被批准，代理服务器代表客户程序与真正的目标服务器联系，以后发生的一切从代理客户程序到目标服务器的请求和从目标服务器对代理客户程序的响应，都要经过代理服务器的中转。

代理防火墙最突出的优点就是安全。由于每一个内外网络之间的连接都要通过 Proxy 的介入和转换，通过专门为特定的服务如 Http 编写的安全化的应用程序进行处理，然后由防火墙本身提交请求和应答，没有给内外网络的计算机以任何直接会话的机会，从而避免了入侵者使用数据驱动类型的攻击方式入侵内部网。另外，代理服务器由于是软件实现，因此配置容易，各种日志记录齐备且能灵活控制进出信息。

代理防火墙的最大缺点就是速度相对比较慢，当用户对内外网络网关的吞吐量要求比较高时(比如要求达到 75～100 Mb/s 时)，代理防火墙就会成为内外网络之间的瓶颈。另外，代理客户端及每项服务都需要配置，工作量较大，并且也不能改变底层协议的安全性。

第 2 代：自适应代理防火墙。

自适应代理技术(Adaptive Proxy)结合了代理防火墙的安全性和包过滤防火墙的高速度等优点，在毫不损失安全性的基础之上将代理防火墙的性能提高十倍以上。组成这种类型防火墙的基本要素有两个：自适应代理服务器(Adaptive Proxy Server)与动态包过滤器(Dynamic Packet filter)，如图 5.11 所示。

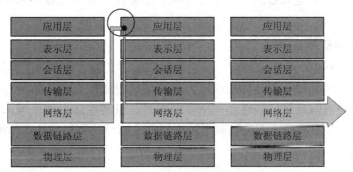

图 5.11   自适应代理防火墙

在自适应代理与动态包过滤器之间存在着一个控制通道。在对防火墙进行配置时，用户仅将所需要的服务类型、安全级别等信息通过相应 Proxy 的管理界面进行设置就可以了。然后，自适应代理就可以根据用户的配置信息，决定是使用代理服务从应用层代理请求还是从网络层转发包。如果是后者，它将动态地通知包过滤器增/减过滤规则，满足用户对速度和安全性的双重要求。

代理技术克服了包过滤技术的缺点，可以对通信过程进行深入的监控，使被保护网络的安全性大为提高。但因为每一个信息包从内网到外网的传递都要经过代理的转发，这使得防火墙的速率大大降低。为了提高防火墙的性能，又发展了防火墙状态检测技术。

5.3.3　状态检测技术

状态检测技术是最近几年发展起来的新技术，是包过滤技术的延伸，被称为动态包过滤。传统的包过滤防火墙只是通过检测 IP 包包头的相关信息来决定数据通过还是拒绝，而状态检测技术采用的是一种基于连接的状态检测机制，将属于同一连接的所有包作为一个整体的数据流看待，构成连接状态表(State Table)，通过规则表与状态表的共同配合，对表中的各个连接状态因素加以识别。具有状态检测功能的防火墙使用状态表追踪活跃的 TCP 会话和 UDP 伪会话，只有与活跃会话相关联的信息包才能穿过防火墙。例如：防火墙可能根据一个外发的 UDP 信息包创建一条临时的规则，与之相应的 UDP 应答信息包才能回到防火墙里，这样可以防止黑客将攻击数据包伪装成内部数据包的应答信息而进入网络。

状态检测防火墙克服了前两种防火墙技术的限制，在不断开客户机/服务器连接的前提下，提供了一个完全的应用层感知。与前两种防火墙技术相比，状态检测技术的优点非常多，它代表了防火墙技术发展的趋势。

1. 高安全性

状态检测工作在数据链路层和网络层之间，并从中截取信息包。由于数据链路层是网卡工作的真正位置，网络层也是协议栈的第一层，所以状态检测防火墙保证了对所有通过网络的原始信息包的截取和检查，安全范围大为提高。

2. 高效性

一方面，信息包在低层处理，并对非法包进行拦截，因而不用任何上层协议再进行处理，从而提高了执行效率；另一方面，防火墙中以连接作为基本独立单位进行设置和处理，当一个连接在防火墙中建立起来后就不用再对该连接作更多的处理，系统的执行效率进一步提高了。

3. 可伸缩性和扩展性

应用网关采用的是一个应用对应一个服务程序的方式，这种方法提供的服务是有限的。状态检测防火墙不区分每一个具体的应用，只从信息包提取安全策略所需的状态信息，并根据过滤规则来处理信息包。当增加一个新应用时，只需在防火墙里增加一条新规则，而不需要像在代理技术中那样还要编写应用转换程序，因而具有很好的可伸缩性和扩展性。

4. 应用范围广

状态检测技术不仅支持 TCP 应用，而且支持其他基于无连接协议的应用，如 RPC、NS、WAIS 以及 ARCHIE 等。包过滤技术对此类应用或者不支持，或者开放一个大范围的 UDP 端口，使得内部网络暴露在外，降低了网络的安全性。

综上所述，状态检测技术由于在速度和性能上取得了很好的平衡，因此逐渐成为计算机网络边界安全防护采用的主要技术。并且随着状态检测技术的成熟，其适用的网络类型也将越来越广泛。对于状态检测技术的研究现在已成为计算机安全领域的一个重要课题。

5.4　防火墙产品及选购

在市场上，防火墙的售价极为悬殊，从几万元到数十万元，甚至到百万元。因为各企业用户使用的安全程度不尽相同，因此厂商所推出的产品也有所区分，甚至有些公司还推出类似模块化的功能产品，以符合各种不同企业的安全要求。

当一个企业或组织决定采用防火墙来实施保卫自己内部网络的安全策略之后，下一步要做的就是选择一个安全、实惠、合适的防火墙。

5.4.1　防火墙产品介绍

防火墙是一种综合性的技术，涉及到计算机网络技术、密码技术、安全技术、软件技术、安全协议等多方面，国外主要产品有 Check Point 公司的 Firewall-1；Cisco 公司的 PIX；Microsoft 公司的 ISA；Sun Microsystems 公司的 Sunscreen；Milkway 公司的 Black Hole；IBM 公司的 Tivoli SecureWay Firewall 等。国内品牌有东方龙马、清华紫光、联想网御、华堂、华依、ADNS 恒宇视野等。下面简单介绍几种防火墙。

1. Cisco 的 PIX 防火墙

PIX 防火墙是一款基于硬件的企业级防火墙，由美国 Cisco 公司推出，其内核采用的是基于自适应安全算法(Adaptive Security Algorithm)的保护机制，把内部网络与未经认证的用户完全隔离。每当一个内部网络的用户访问 Internet 时，PIX 防火墙从用户的 IP 数据包中卸下 IP 地址，用一个存储在 PIX 防火墙内已登记的有效 IP 地址代替它，把真正的 IP 地址隐藏起来。PIX 防火墙还具有审计日志功能，并支持 SNMP 协议，用户可以利用防火墙系统包含的具有实时报警功能的网络浏览器产生报警报告。

PIX 防火墙最大的特点是速度快，它的包转换速度高达 170 Mb/s，同时可处理 6 万多个连接。如果在 Cisco 路由器的 IOS 中集成防火墙技术，用户则无须另外购置防火墙，可降低网络建设的总成本。而且它还可以通过网络远程下载，提供一种动态的网络安全保护。

2. Check Point 的 Firewall-1

Check Point 是美国的一家大型软件公司，曾经率先提出安全企业连接开放平台(OPSEC)概念，为计算机提供了第一个企业级安全结构。Check Point Firewall-1 是一个老牌的软件防火墙产品。目前的最新产品 Check Point Firewall 1v4.1，是一款优秀的企业级防火墙。

Check Point Firewall 采用集中管理下的分布式客户机/服务器结构和状态检测技术，能够为远程访问提供安全保障，为远程的使用者提供多种安全的认证机制以存取企业资源。在通信被允许进行之前，Firewall-1 认证服务可安全地确认它们身份的有效性，而不需要修改本地客户端的应用软件。认证服务是完全地被集成到企业整体的安全策略内，并能由 Firewall-1 的图形界面为使用者提供集中管理。所有的认证都能由防火墙日志浏览(Log Viewer)来监视和追踪。新版本的 Firewall-1 主要增强的功能是在安全区域支持 Entrust 技术的数字证书(Digital Certificate)解决方案，以公用密钥为基础，使用 X. 509 的认证机制 IKE。Firewall-1 支持 LDAP 目录管理，可帮助使用者定义包罗广泛的安全政策。

目前该产品支持的平台有 Windows NT、Windows 9X/2000、Sun Solaris、IBM AIX、HP-UX 等，并且能通过 HP OpenView 等大型网络管理软件集中管理。

3. Microsoft 的 ISA

Microsoft Internet Security & Acceleration Server(ISA)是微软公司推出的应用级软件防火墙，可与 Windows 系统无缝衔接，具备良好的数据识别、IP 包过滤、代理功能、NAT 功能，并且能支持 VPN、身份认证、病毒扫描功能。

4. 国产防火墙

国产防火墙品牌众多，如清华紫光、东软、东方龙马、联想网御、华堂、华依、ADNS 恒宇视野等，多数品牌具有 10 M/100 M 防火墙和千兆防火墙以适应中小企业和大型企业的网络安全需求。一般都是通过对国外防火墙产品的综合分析，针对我国的具体应用环境，结合国内外防火墙领域里的最新发展开发，并通过公安部检测和认证，具备包过滤、双向地址转换、实施入侵检测等功能，能够提供良好的网络管理界面对内网、外网和 DMS 区进行管理，并可对防火墙用户进行认证以保证防火墙本身的安全。国产防火墙的优点是本土化，服务方便，能够根据企业具体情况进行定制开发，使产品更符合企业需求，性价比高，常用在政府、教育、制造业领域。

5.4.2　防火墙选购原则

防火墙是目前使用最为广泛的网络安全产品之一，选用一个安全、稳定和可靠的防火墙产品非常重要。在选购防火墙时应该注意的事项如表 5.4 所示。

表 5.4   防火墙性能表

防火墙性能	说 明
防火墙自身的安全性	只有基于安全(甚至是专用)的操作系统并采用专用硬件平台的防火墙才可能保证防火墙自身的安全。如果是软件防火墙则必须注意其自身的安全及其安装环境的操作系统的安全
系统的稳定性	防火墙作为安全产品其自身必须具有良好的稳定性,可以通过权威的测评认证机构实际调查、自己试用、厂商实力分析等方法进行判断
系统的高效性	高性能是防火墙的一个重要指标,它直接体现了防火墙的可用性,也体现了用户使用防火墙所需付出的代价。一般来说,防火墙加载上百条规则的性能下降不应超过 5%(指包过滤防火墙)
系统的可靠性	可靠性直接影响受控网络的可用性,一般是通过提高部件本身的强健性、增大设计阈值和增加冗余部件来实现,如使用工业标准、电源热备份、系统热备份等
管理的方便性	网络技术发展很快,各种安全事件不断出现,安全管理员需要经常调整网络安全策略,这就要求防火墙的管理在充分考虑安全需要的前提下,必须提供方便灵活的管理方式和方法
是否可以抵抗拒绝服务攻击	在当前的网络攻击中,拒绝服务攻击是使用频率很高的方法。抵抗拒绝服务攻击应该是防火墙的基本功能之一。网管人员应该详细考察所采购的防火墙的这一功能的真实性和有效性
是否具有可扩展、可升级性	防火墙必须随着网络技术的发展和黑客攻击手段的变化不断地进行升级,以保护网络安全,选购的防火墙产品也应该支持软件升级,否则用户就必须进行硬件上的更换,这将导致增加了更换期间的安全隐患与成本

在具体的操作中,可以将主要的产品参数列表比较,再根据主要参数性能比较和价格分析选出最合适的防火墙产品。主要防火墙参数如表 5.5 所示。

表 5.5   防火墙参数表

参 数	说 明
产品类型	硬件/软件
LAN 接口类型	以太网/令牌环/FDDI/ATM,最大接口数
服务平台	专用平台/Windows 平台/UNIX 平台
协议支持	支持哪些 IP 协议/非 IP 协议以及是否支持 VPN 协议
加密	支持 VPN 的加密算法有哪些,是否有加密的其他用途,是否有基于硬件的加密措施
认证支持	支持的认证类型、认证标准和是否支持数字证书
访问控制	通过防火墙的包内容设置是什么,是否提供代理服务,用户操作的代理类型有哪些,是否支持网络地址转换、硬件口令和智能卡
防御功能	是否支持病毒扫描、内容过滤,是否能防御 DOS 攻击及阻止其他入侵
安全特性	是否能提供入侵实时报告及防范,是否能准确识别和记录入侵行为
管理功能	是否通过集成策略集中管理多个防火墙,是否支持 SNMP 监视和配置,是否具有容灾特性
记录和报表功能	是否具备完整的日志处理办法,是否可以根据需求提供各种分析报表,是否有各种形式的告警通知
资质	是否具备权威部门的许可

　　总之，用户在选择防火墙产品时应依据企业的业务和数据安全需求来确定所选的防火墙必备功能并根据预算选择一款适合自己的防火墙产品。防火墙选购参考如表 5.6 所示。

表 5.6　防火墙选购参考

企业特点	服务要求	防火墙选购类型建议
ISP、网站发布企业	数据流量大，对速度和稳定性要求较高，具备网站发布功能	采用高效的包过滤型，并且只允许外部 Web 服务器和内部传送 SQL 数据使用、100 M 及以上带宽的硬件防火墙
一般中小企业	内部用户能够浏览 Web，收发邮件及发布主页	采用具有 http、mail 等代理功能的代理型防火墙
大中型企业、金融、保险、政府等机构	网络流量不是很大，与外部联系较多，且内部数据比较重要	防火墙至少要能够将存放重要数据的内部网与存放外部访问数据的网络分离，应选择能够提供对于重要数据的传送加密的 VPN 的 10 M/100 M 的防火墙

5.5　防火墙技术实例

5.5.1　包过滤防火墙实例

【实验背景】

　　包过滤是防火墙最基本的功能，通过对防火墙包过滤规则的配置可以防止外网主机对内网主机进行探测和入侵。本实验以天网防火墙个人版 Athena 2006 为例，设计包过滤规则并检验。由于本实验中实验结果的出现可能是由不同的包过滤规则组合形成的，因此不做统一的配置实验指导，仅给出日志记录以供参考。指导教师需根据学生实际配置的规则组合进行分析，判断其合理性以及是否有安全隐患。天网防火墙个人版 Athena 2006 试用版可以从 http://www.sky.net.cn/ 下载。

【实验目的】

　　依据包过滤防火墙原理，学习设计包过滤规则并验证。

【实验条件】

　　(1) 天网防火墙个人版 Athena 2006 试用版。

　　(2) 基于 Windows 的 PC 机 2 台。

　　A 主机：作为防火墙主机，安装 Windows Server 2003 系统，IP 地址设为 192.168.1.1/24。配置一个共享文件夹，一个 Web 服务器，一个 FTP 服务器。

　　B 主机：作为外部访问主机，安装 Windows 2000/XP/2003 系统，IP 地址设为192.168.1.100/24。

【实验任务】

　　(1) 在未安装防火墙之前，测试防火墙主机提供的网络、共享、Web 及 FTP 各项服务是否正常。

　　(2) 安装天网防火墙，并根据安全策略设计包过滤规则。

(3) 在天网防火墙上配置包过滤规则并进行分析和验证。

【实验内容】

从网上下载天网防火墙个人版 Athena 2006 试用版并运行，安装成功后在操作系统右下角任务栏出现图标，双击打开防火墙管理界面，在系统设置界面中对主机局域网地址进行刷新，确认本主机的 IP 地址，如图 5.12 所示。

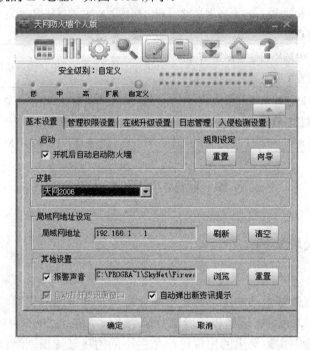

图 5.12　防火墙基本设置

在如图 5.7 和图 5.8 中设定 IP 规则各选项，完成以下功能。

1. Ping 测试

(1) 按默认安装，A 机器安装了防火墙，B 机器没有安装，这时 A Ping B 成功，但 B Ping A 显示为："Time out"，且 A 的日志中有四个数据包探测信息。(注：若规则修改后一定要保存，按"磁盘"按钮。)

(2) 修改相关 IP 规则并保存规则，使 B 机器 Ping A 机器显示允许记录。

IP 规则修改前后的参考日志如图 5.13 所示。

2. 资源共享

(1) 设置 IP 规则禁止 B 机器共享 A 资源并记录，设置后保存规则，在 B 机器上单击"开始"→"运行"，输入"\\192.168.0.1"尝试连接机器 A 上设置的共享资源夹。在防火墙日志中可以看到"139"端口操作被拒绝。

(2) 将相关 IP 规则设置的"拦截"改为"通行"，保存规则后再测试。此时日志中有"139"端口操作被允许。

IP 规则修改前后的参考日志如图 5.14 所示。

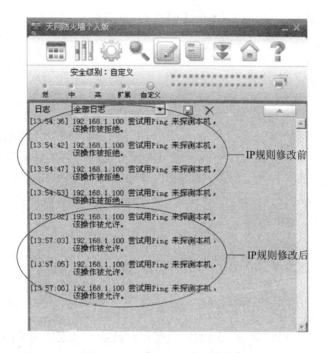

图 5.13 防火墙 Ping 测试日志

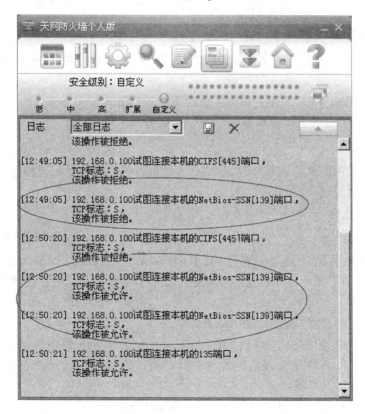

图 5.14 防火墙共享测试日志

(3) 其他 IP 规则设置。实现 5.3.1 节【例 5.1】中的表 5.2 包过滤规则配置。

(4) 系统设置。学会设置、更改。

5.5.2　代理防火墙应用实例

【实验背景】

代理技术是最常用的防火墙技术之一，通过对防火墙代理服务的配置可以使局域网内部的主机通过一台代理服务器访问外网，也可以使外网对内网的访问受到防火墙的限制。安装了代理软件的主机即为应用型防火墙主机。本实验仅以 NetProxy 4.0 为例，通过对其代理服务功能的配置实现内网访问外网服务器。NetProx 4.0 试用版由 Grok Developments 提供，可以从 http://www.grok.co.uk/ 下载。

【实验目的】

依据代理技术原理，学习配置代理服务器并验证。

【实验条件】

(1) NetProx 4.0 试用版。

(2) 基于 Windows 的 PC 机 2～3 台(如果有一台机器可以连接到外网，则只需要另一台机器做内网主机即可；如果没有连接外网的主机，则需要将一台主机配置成外网主机，一台做防火墙主机，一台做内网主机)。

【实验任务】

(1) 在未安装防火墙之前，在防火墙主机上测试外网主机提供的 Web 及 FTP 各项服务是否正常。

(2) 安装 NetProx 4.0，并根据访问需求配置代理服务。

(3) 验证内网主机通过代理服务器访问外网服务。

【实验内容】

本实验仅以内网主机访问外网 Web 站点为例进行代理服务器配置和检验，其他代理服务配置类似，不再重复。

1. 配置网络环境

1) 无 Internet 连接环境

防火墙主机 A：内网 IP 地址配置为 192.168.0.1/24；外网 IP 地址配置为 219.220.224.3/24。(可用两块网卡分别配置内、外网 IP，也可在一块网卡上配置两个分别连接内网主机和外网主机的 IP 地址。)

内网主机 B：IP 地址配置为 192.168.0.2/24。

外网主机 C：IP 地址配置为 219.220.224.3/24，并配置 Web 服务器。

测试：测试从防火墙主机 A 访问外网主机 C 提供的 Web 网站是否成功。

2) 有 Internet 连接环境

防火墙主机 A：配置并测试访问 Internet 的 Web 站点，然后在网卡上增加配置内网 IP 地址 192.168.0.1/24。

内网主机 B：IP 地址配置为 192.168.0.2/24。

2．安装程序

安装 NetProxy 4.0，全部默认选项安装即可。安装成功后单击"开始"→"所有程序"
→"NetProxy"→"NetProxy Configuration"，打开【NetProxy 4.0】窗口，如图 5.15 所示。

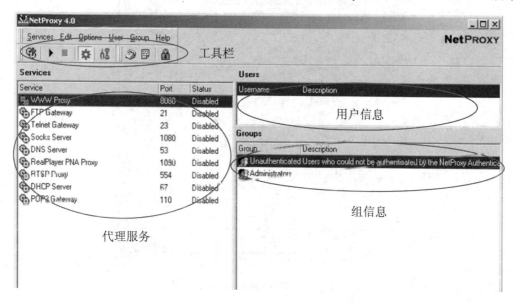

图 5.15　NetProxy 设置主窗口

工具栏中的功能说明如下：

添加新的映射端口。

开始服务：可选择某代理服务，然后单击此按钮开始。

停止服务：可选择某代理服务，然后单击此按钮停止。

启用或禁止 Proxy 机制。

NetProxy 设置：如果连接外网的 ISP 提供 Proxy 功能，则单击此按钮设置其信息。

拨号功能：如果使用 Modem 或者 ISDN，则单击此按钮进行设置。

日志功能：可选择记录某代理服务的日志。日志文件以时间数字开头，扩展名为 .log，
如 20080702.log，一般存放在 C:\ProgramFiles\Netproxy4.0 目录下(或者是在安装程序的路径
下)，可用记事本打开查看。

防火墙规则：可设定经过代理防火墙的进出数据的 IP 地址和服务。

3．设置 Web 代理服务

双击【NetProxy 4.0】窗口中的"WWW Proxy Service"，输入内网访问端口号，并绑定
IP 地址，如图 5.16 所示。

单击"OK"按钮，关闭窗口，然后单击【NetProxy 4.0】窗口工具栏的图标 ▶，启动
此项代理服务。

单击【NetProxy 4.0】窗口工具栏的图标 🔒，打开【Add Incoming Firewall Rules】窗口，
设置进入内网的 IP 地址和服务限制，如图 5.17 所示。

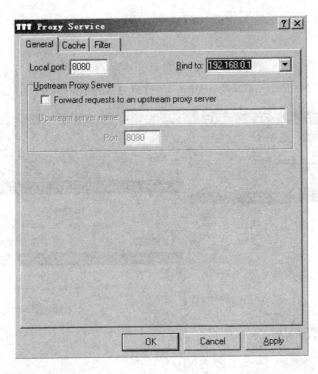

图 5.16　WWW Proxy Service 设置

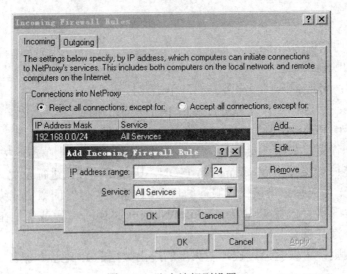

图 5.17　防火墙规则设置

设置完成后，依次关闭各窗口。

4. 内网主机连接代理防火墙设置

在内网主机 B 上打开 IE 浏览器，单击菜单上的"工具(T)"→"Internet 选项(O)"→"连接"→"局域网设置"，选中"为 LAN 使用代理服务器(这些设置不会应用于拨号或 VPN 连接)"，输入代理防火墙主机 A 的"WWW Proxy Service"服务设置的内网 IP 地址和端口，如图 5.18 所示。

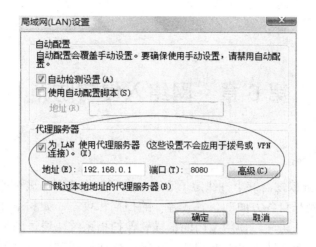

图 5.18 Proxy 客户端设置

单击"确定"按钮关闭所有设置窗口。

5. 内网主机连接外网防火墙测试

在内网主机 B 的 IE 浏览器中输入要访问的外网的 Web 站点的 URL 地址，看是否能连接成功。

习 题

1. 简述防火墙的作用和局限性。

2. 简述防火墙的体系结构。

3. 简述边界防火墙的四种体系结构。

4. 简述分布式防火墙方案。

5. 简述数据包过滤原理及流程。

6. 简述代理型防火墙原理及优缺点。

7. 将天网防火墙个人版 Athena 2006 试用版的安全级别设置为"低"、"中"、"高"、"自定义"时，Ping 与资源共享访问能否实现？测试并总结四个级别的安全访问区别。

安全级别 功　能	低	中	高	自定义
Ping				
访问共享资源				

8. 通过对 NetProxy 4.0 进行设置，实现内网主机访问外网服务的 FTP 服务或邮件收发功能。

第 6 章　网络入侵与防范

Internet 网络的开放性与共享性决定了它容易受到外界攻击与破坏的特性。计算机在网络中时时刻刻会受到来自各方面的、各式各样的扫描和攻击，如利用计算机操作系统本身提供的网络服务来非法访问，使用专门的扫描软件扫描系统，通过邮件和实时通信软件发送病毒和木马以及利用系统本身的漏洞来破坏等。任何试图破坏信息系统的完整性、机密性、可信性的网络活动都称为入侵。

本章所涉及内容由于可操作性强，极易被学习者掌握并在现实网络中实施攻击，因此在此声明，所有内容均只为学习网络安全技术目的而设，禁止使用该攻击技术非法探测他人主机，否则后果自负。

6.1　入侵与防范技术概述

入侵是一件系统性很强的工作，一般包括准备、实施和善后三个阶段。

1. 入侵的准备阶段

1) 确定入侵的目的

目的决定手段。黑客攻击的常见目的有破坏型和入侵型两种：破坏型攻击只是破坏攻击目标，使其不能正常工作，而不能随意控制目标系统的运行，一般常用拒绝服务攻击(Denial Of Service)；入侵型攻击是要获得一定的权限来控制攻击目标，一般利用服务器操作系统、应用软件和网络协议存在的漏洞来进行攻击，或者通过密码泄露、入侵者靠猜测或者穷举法来得到服务器用户的密码，从而获得管理员权限。相比较而言，后者比前者更为普遍，威胁性也更大。因为黑客一旦获取入侵目标的管理员权限就可以对此服务器做任意动作，包括破坏性的入侵。

2) 信息收集

确定入侵目的之后，接下来的工作就是收集尽量多的关于入侵目标的信息，主要包括目标主机的操作系统类型及版本，提供的服务和各服务器程序的类型与版本，以及相关的社会信息。

➢ 操作系统类型及版本不同也就意味着其系统漏洞有很大区别，所以入侵的方法也完全不同。要确定一台服务器的操作系统一般是靠经验，有些服务器的某些服务显示信息会泄露其操作系统的类型和版本信息。

➢ 提供的服务和各服务器程序的类型与版本决定了可以利用的漏洞。服务通常是通过端口来提供的，因此通过端口号可以断定系统运行的服务，例如 80 或 8080 端口对应的是

WWW 服务，21 端口对应的是 FTP 服务，23 端口对应的是 TELNET 服务等，当然管理员完全可以按自己的意愿修改服务所对应的端口号来迷惑入侵者。在不同服务器上提供同一种服务的软件也可以不同，例如同样是提供 FTP 服务，可以使用 wuftp、proftp，ncftp 等许多不同种类的软件，通常管这种软件叫做 daemon。确定 daemon 的类型版本也有助于黑客利用系统漏洞攻击成功。

➤ 相关的社会信息是指一些与计算机本身没有关系的社会信息，例如网站所属公司的名称、规模，网络管理员的生活习惯、电话号码等。这些信息有助于黑客进行猜测，如有些网站管理员用自己的电话号码做系统密码，如果掌握了该电话号码，就等于掌握了管理员权限。

进行信息收集可以手工进行，也可以利用工具来完成，完成信息收集的工具叫做扫描器。用扫描器收集信息的优点是速度快，可以一次对多个目标进行扫描。

2. 入侵的实施阶段

入侵者在收集到足够的信息之后就开始实施攻击行动。作为破坏性攻击，只需利用工具发动攻击即可。而作为入侵性攻击，往往要利用收集到的信息，找到其系统漏洞，然后利用该漏洞获取一定的权限，对系统进行部分访问或修改，最终目的是获得系统最高权限，完全控制系统。

系统漏洞分为远程漏洞和本地漏洞两种。远程漏洞是指黑客可以在别的机器上直接利用该漏洞进行入侵并获取一定的权限，这种漏洞的威胁性相当大。黑客的入侵一般都是从远程漏洞开始的，利用远程漏洞获取普通用户的权限，再配合本地漏洞来把获得的权限进行扩大，常常是扩大至系统的管理员权限。只有获得了最高的管理员权限之后，才可以做诸如网络监听、打扫痕迹之类的事情。

要完成权限的扩大，可以利用已获得的权限在系统上执行利用本地漏洞的程序，也可以放一些木马之类的欺骗程序来套取管理员密码，这种木马是放在本地套取最高权限用的，而不能进行远程控制。

3. 入侵的善后工作

如果入侵者完成入侵后就立刻离开系统而不做任何善后工作，那么他的行踪将很快被系统管理员发现，因为所有的网络操作系统一般都提供日志记录功能，会把系统上发生的动作记录下来。所以，为了自身的隐蔽性，黑客一般都会抹掉自己在日志中留下的痕迹。

清除入侵痕迹的方法主要有禁止系统审计、删除事件日志记录、隐藏作案工具等。最直接的方法就是删除日志文件，这样避免了自己被系统管理员追踪到，但是容易被管理员察觉系统遭到了入侵。所以常见的方法是对日志文件中有关自己的那一部分进行修改。针对不同的操作系统，需要使用不同的处理方法，最好是入侵后能够马上关闭审计功能，否则在入侵后要仔细将相关日志清除和修改，以免遗漏。

在清除完痕迹、隐蔽攻击行为后，攻击者往往会有意识地在系统的不同部分布置陷阱或开辟一个"后门"，以便下次入侵时能以特权用户的身份从容控制整个系统，也为日后利用该受害主机作为跳板，去攻击其他的目标提供方便。创建"后门"的主要方法有：创建具有特权用户权限的虚假用户帐号、安装批处理、感染启动文件、植入远程控制服务、安装监控机制、利用特洛伊木马替换系统程序等。

　　对于计算机系统来说，既然入侵是不可避免的，那么就必须做好防范工作。首先，用户要对计算机系统非常熟悉，对系统开放的端口、服务，使用的应用程序，甚至是系统存在的漏洞都要一清二楚。其次，用户需要去了解入侵者攻击计算机系统的方式及一些惯用的手段，做到知己知彼，才能百战不殆。最后，用户要为计算机系统装配杀毒软件、防火墙并及时更新。最关键的是用户自己要养成良好的上网习惯，这样才能最大程度地防止计算机被入侵。

6.2　扫描和网络监听技术与防范

　　收集目标主机系统信息最常用的手段就是扫描和网络监听。

　　在入侵系统之前,攻击者常利用命令或网络扫描工具探测目标主机 TCP/IP 的不同端口，并记录目标的响应，从中搜集关于目标的有用信息(例如，当前正在进行什么服务，哪些用户拥有这些服务，是否支持匿名登录，是否有某些网络服务需要鉴别，目标的操作系统及其版本等)，进行数据分析，以此查出目标存在的薄弱环节或安全漏洞，为进一步攻击做好准备。

　　攻击者一旦进入目标主机并获取控制权之后，就可以利用该主机实施网络监听技术，对所有流经目标主机的网络信息进行捕获并分析，从而收集到目标网络的更多信息，为攻击该网络中的下一个目标主机做准备。

6.2.1　扫描技术与防范

　　扫描可分为手工扫描和扫描器扫描两类。

1. 手工扫描

　　传统扫描利用 TCP 三次握手原理，通过调用 connect()连接目标的端口，如果返回成功就认为这个端口是开放的。通常情况下，普通用户即可实现此操作。这种扫描的缺点是会在目标上留下大量密集的连接和错误日志，很容易被检测出来，因此被黑客认为是不安全的扫描。秘密扫描技术避免了传统扫描遇到的日志问题，可使日志生成记录减少甚至没有日志生成。常用的秘密扫描技术包括 TCP SYN 扫描、TCP FIN 扫描、分片扫描等。

　　1) TCP SYN 扫描

　　在这种扫描技术中，扫描程序向目标主机的选择端口发送一个 SYN 数据包，如果目标端口处于关闭状态，攻击主机会收到 RST 信息，继续探测其他端口；如果攻击主机收到包含 SYN|ACK 的返回信息，说明目标端口处于监听状态，则扫描程序必须再发送一个 RST来关闭这个连接过程。TCP SYN 扫描的优点在于，一般不会在目标计算机上留下日志记录。但其缺点是攻击者在 UNIX 环境下必须具有 root 权限才能建立自己的 SYN 数据包。

　　2) TCP FIN 扫描

　　此技术使用 FIN 数据包来探听端口。当一个 FIN 数据包到达一个关闭的端口时，数据包会被丢掉，并且会返回一个 RST 数据包。否则，当一个 FIN 数据包到达一个打开的端口时，数据包只是简单地丢掉(不返回 RST)。TCP FIN 扫描技术由于不包含标准的 TCP 三次握手协议的任何部分，所以无法被记录下来，比 SYN 扫描更隐蔽。该技术通常使用

Unix/Linux 主机扫描，因为 Windows 主机对此种扫描数据包只发送 RST 数据包。

　　3) 分片扫描

　　该技术将扫描数据包人为地分成许多的 IP 分片，使每个数据包均不含有敏感信息，以期望绕过某些包过滤程序，到达目标主机系统内部后再重组数据，实现隐蔽的网络扫描。但是需要注意的是，有些程序因不能正确地处理 IP 分片，分片扫描可能会造成系统崩溃。

2. 扫描器扫描

　　扫描器是一种自动检测远程或本地主机安全性弱点的程序，多数的扫描器都具有端口扫描和漏洞扫描功能。以 Windows 上运行 SuperScan 4.0 扫描器为例，对目标主机(安装了 WWW 和 FTP 服务的 IP 地址为 192.168.0.3 的 Windows Server 2003 主机)扫描后得到的信息如图 6.1 所示。

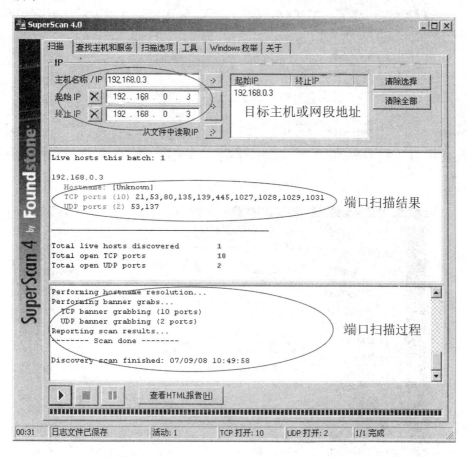

图 6.1　端口扫描

　　单击"查看 HTML 报告"打开扫描报告，如图 6.2 所示。

　　从扫描报告中可以看到扫描出的 TCP 和 UDP 端口号及端口服务信息，如 FTP 服务中的用户名为"anonymous"，允许匿名登录。

　　运行【SuperScan 4.0】窗口中的"工具"选项卡，可以用内部集成的测试工具对目标主机进行探测，如图 6.3 所示。

IP	192.168.0.3
Hostname	[Unknown]
Netbios Name	SERVER2003
Workgroup/Domain	WORKGROUP

TCP Ports (10)	
21	File Transfer [Control]
53	Domain Name Server
80	World Wide Web HTTP
135	DCE endpoint resolution
139	NETBIOS Session Service
445	Microsoft-DS
1027	[Unknown]
1028	[Unknown]
1029	[Unknown]
1031	Inetinfo / BBN IAD

UDP Ports (2)	
53	Domain Name Server
137	NETBIOS Name Service

TCP Port	**Banner**
21 File Transfer [Control]	220 Microsoft FTP Service --> USER anonymous 331 Anonymous access allowed, send identity (e-mail name) as password. --> PASS anon@anon.com 230 Anonymous user logged in. --> SYST 215 Windows_NT --> QUIT 221
80 World Wide Web HTTP	HTTP/1.1 400 Bad Request Content-Type: text/html Date: Wed, 09 Jul 2008 02:51:59 GMT Connection: close Content-Length: 39

图 6.2　端口扫描详细报告

图 6.3　扫描工具

运行【SuperScan 4.0】窗口中的"Windows 枚举"选项卡,可以用内部集成的测试工具对目标主机进行探测,如图 6.4 所示。

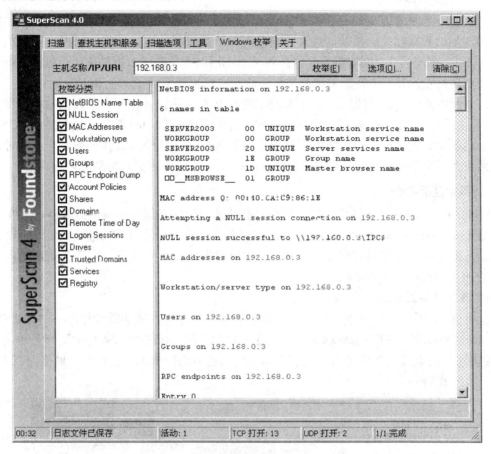

图 6.4　漏洞扫描

从扫描的信息中可以发现目标主机系统漏洞,如 MAC 地址、共享资源、空链接、系统运行服务、磁盘分区、注册表信息,等等,通常我们可以在目标主机系统中发现许多可以被利用来进行攻击的漏洞。

3. 扫描技术防范

防范端口扫描最有效的办法是给主机和网络系统装上防火墙,禁止不信任的主机对系统进行扫描,而对于必须对外提供的 WWW 服务和 FTP 服务,可以利用更改端口号的办法来欺骗扫描器,使黑客根据扫描信息得到的系统服务漏洞与真实情况并不符合,以此来对抗黑客攻击。

6.2.2　网络监听技术与防范

网络监听原本是系统管理员用来监视网络的流量、状态、数据等信息,从而发现并解决网络问题的有效工具,但由于网络上传输的大量服务数据如 Web、FTP 等都是明文传输的,因此黑客利用网络监听工具可以对网络上流经监听主机的信息进行截获并分析,从中得到有效的用户名、密码等敏感信息，并为进一步入侵系统做准备。

1. 网络监听原理

网络监听主要使用 Sniffer(嗅探器)。正常情况下，网卡只捕捉网络上传输的和自己物理地址相匹配的数据帧或广播帧，丢弃与自己无关的数据帧。而如果将本机网卡设置成"混杂"(promiscuous)模式，则本机系统将接收所有在网络中传输的数据帧，而不管该数据帧是广播数据还是发给某一个特定主机的数据。这台主机也就变成了一个 Sniffer。

以太网中的 Sniffer 对以太网上传输的数据包进行监听，并将符合条件的数据包保存到 log 文件中(如包含"username"或"password"的数据包)。Sniffer 通常运行在路由器上或具有路由功能的主机上，从而能够对网络中大量的数据进行监控。黑客一般是在已经进入到目标系统之后，利用控制的主机进行网络监听，从而获得更多更有价值的网络信息。

2. 网络监听实例

Windows 系统中本身就带有具有网络监听功能的管理工具——网络监视器。主机 A 安装 Windows Server 2003、FTP 服务器，并在系统中开设一个帐户 ftp-user，密码设置为 ftp-user-password。本实例要实现使用网络监视器对本主机进行监听，捕获主机 B 访问本主机 FTP 服务器的用户名和密码。

1) 添加网络监视器

在主机 A 系统中单击"开始"→"控制面板"→"添加或删除程序"→"添加/删除 Windows 组件(A)"，在【Windows 组件向导】窗口中选中"管理和监视工具"，然后单击"详细信息(D)…"，在【管理和监视工具】窗口中将其他自组件取消，只保留"网络监视工具"一项，如图 6.5 所示。

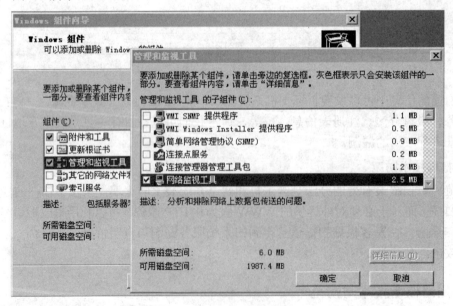

图 6.5　添加网络监视工具

单击"确定"按钮，关闭【管理和监视工具】窗口，在【Windows 组件向导】窗口单击"下一步"按钮，将 Windows Server 2003 安装光盘放入，完成网络监视工具组件安装。

最后关闭所有相关窗口。

2) 启动网络监视工具

在主机 A 上单击"开始"→"所有程序"→"管理工具"→"网络监视器",出现提示
信息窗口,单击"确定"按钮,出现【选择一个网络】窗口,选择本地连接,如图 6.6 所示。

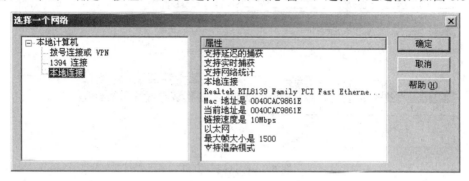

图 6.6　选择监听网络

单击"确定"后出现【本地连接 捕获窗口】,单击工具栏中的图标▶启动捕获。

在主机 B 中单击"开始"→"运行",在对话框中输入"cmd",打开 DOS 输入窗口,
在此窗口中用已经设置好的用户名和密码连接主机 A 上运行的 FTP 服务器,浏览站点内容
后退出。如图 6.7 所示。

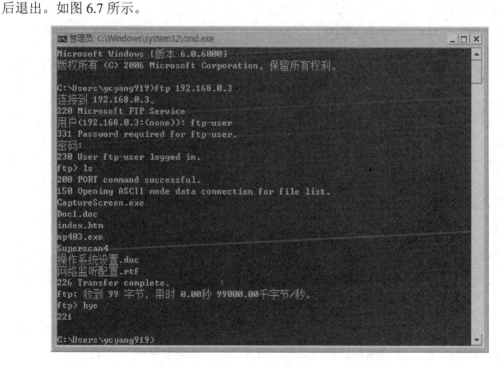

图 6.7　远程 FTP 访问

在主机 B 对主机 A 访问的过程中可以看到网络监视器在进行数据捕获,如图 6.8 所示。

FTP 服务断开后,单击主机 A【Microsoft 网络监视器】窗口菜单中的"捕获"→"停
止并查看",显示【捕获: 2(总结)】窗口,如图 6.9 所示。

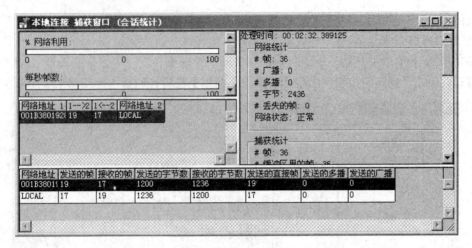

图 6.8　数据捕获窗口

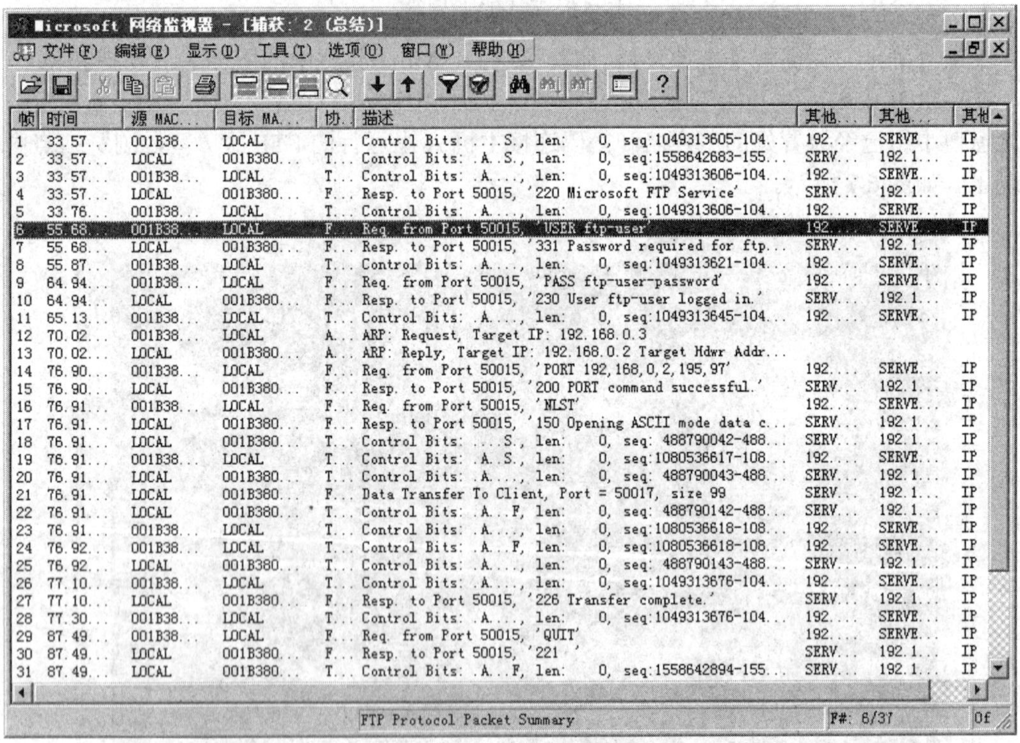

图 6.9　显示捕获数据

可以看到远程主机 B 访问主机 A 上的 FTP 服务时输入的用户名"ftp-user",密码"ftp-user-password",登录成功后做的操作"NLST",以及退出操作"QUIT"。

如果监听的数据量很大,则可单击【Windows 网络监视器】窗口菜单"显示"→"筛选器(F)…",选中左侧对话框中的"Protocol == Any",单击"编辑表达式(P)…"→"全部禁用";在右侧"被禁用的协议"对话框中选择"FTP"协议,单击"启用(E)"按钮,运行结果如图 6.10 所示。

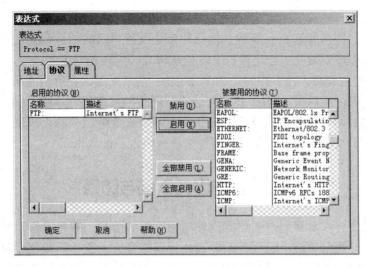

图 6.10　表达式筛选

单击"确定"按钮回到【显示筛选器】窗口，再单击"确定"按钮，出现筛选后的 FTP 访问信息，可以清楚地看到完整的远程访问 FTP 服务过程，如图 6.11 所示。

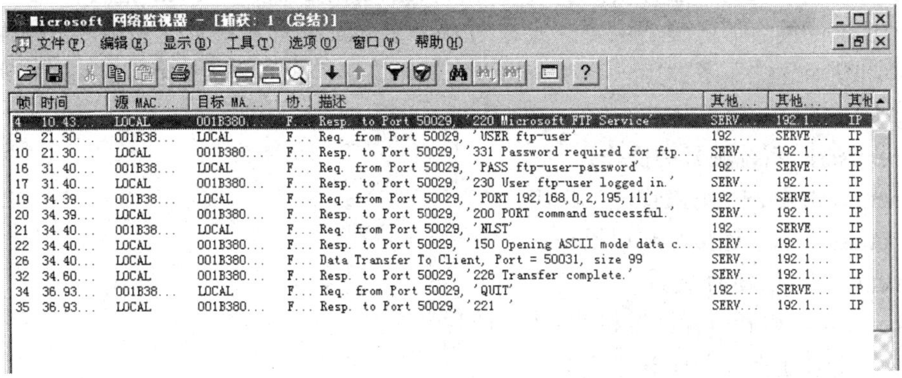

图 6.11　筛选后的数据

由此可见，用网络监听技术可以捕获多数明文数据的敏感信息。

3. 发现和预防网络监听

由于网络监听属于被动攻击模式，它既不与其他主机交换信息，也不修改信息，因此对网络监听者的监听行为很难察觉，追踪也很困难。一般来说，可以通过查看可疑主机系统性能来进行排查，因为监听主机要处理网络上所有的数据帧，因此系统负担很重，资源消耗大，且对如 TCP/IP 协议中的 IGMP、ARP 等协议没有反应。另外还有一些工具可以检测可疑主机系统是否工作在"混杂"模式，从而发现是否有 Sniffer 程序在运行。

防范 Sniffer 的办法有以下几种：

(1) 采用加密技术。对所有传输的信息进行加密，详见本书 3.4 节中"防范网络嗅探"部分内容，也可以采用 VPN 技术保证数据加密传输。

(2) 采用安全的网络拓扑结构。因为网络监听主要是获取流经主机的网络信息，如果采用广播通信网络进行数据传输，如以太网，则源主机发送的数据能够被连接到以太网的所有主机接收,在这种情况下使用 Sniffer 能够监听到所有网络上传输的数据。相反,如果采用端到端的交换网络传输数据,监听主机只能接收发给自己的信息,无法监听其他网段信息,除非将监听程序安装在中心交换机上,但这种攻击实现相对困难。

(3) 防止主机系统被入侵者控制。由于 Sniffer 常常是黑客在攻击网络中某台主机后取得了本机的控制权,然后用 Sniffer 技术对该主机所在的网络进行监听,因此,防止主机系统被攻破是关键。网络管理员应该定期检查所在网络安全情况,防止出现网络安全隐患,同时控制拥有一定权限的用户的数量,避免来自网络内部的攻击。

6.3　系统服务入侵与防范

为了方便系统管理员和用户能更好地使用网络中的资源,网络操作系统中有很多的网络服务具备如创建通信管道、远程登录、远程管理等强大功能,一般使用时都需要使用者提供足够权限的帐户和口令,用来实现身份识别与安全防范,这种服务也被称为基于认证的网络服务。但在现实中往往会有很多时候由于管理员的疏忽,这些重要的帐户和口令会被设置成弱口令(设置过于简单并且非常容易被破解的口令或密码)甚至是空口令,这给入侵者带来了机会。一旦这些服务被黑客所利用将会给网络系统带来极大的危害。

基于认证的网络服务攻击主要有针对 IPC$、Telnet 和计算机管理三种入侵技术,攻击的前提是,使用这些服务的用户名和密码过于简单,已经被入侵者掌握。常用的 DOS 网络入侵命令如下:

  ➢ net user:系统帐号类操作;
  ➢ net localgroup:用来管理工作组;
  ➢ net use:远程连接、映射操作;
  ➢ net send:信使命令;
  ➢ net time:查看目标计算机的系统时间;
  ➢ at:用来建立计划任务;
  ➢ netstat -n:查看本机网络连接状态;
  ➢ nbtstat -a IP:查看指定 IP 主机的 NetBIOS 信息。

可以参照 Windows 系统 F1 帮助文件中的"命令行"来了解这些命令的详细描述和参数。

6.3.1　IPC$的入侵与防范

命名管道(Internet Process Connection,IPC)是 Windows 操作系统提供的一个通信基础,用来在两台计算机进程之间建立通信连接。在 Windows 系统中为了方便管理员远程管理用户主机而开设了 IPC 功能,并设置为默认共享并隐藏,用 IPC$表示。通过这项功能,一些网络程序的数据交换可以建立在 IPC 上,网络管理员可以用它来实现远程访问和管理计算机;同样如果是入侵者,通过建立 IPC$连接与远程主机实现通信和控制,则可以在远程计算机上建立、拷贝、删除文件以及执行任何命令。因此,这种基于 IPC 的入侵也常常被简称为 IPC 入侵。

　　Windows NT/2000/XP/2003 系统安装完成后，会自动设置系统分区为共享：C$、D$、E$等；系统目录也会被自动设为共享，如 C:\WINNT\共享目录为 ADMIN$，但这些共享是隐藏的，而且只有管理员能够对它们进行远程操作。可以用"net share"命令来查看本机共享资源；也可以用系统管理工具中的"计算机管理"来查看本系统默认资源共享情况，如第 3 章图 3.7 所示。对目标主机系统进行扫描也可以发现 IPC$，如图 6.4 所示。

　　建立 IPC$连接的前提必须是已获得远程主机管理员帐号和密码，下面介绍在已知用户名为"administrator"和密码为空的前提下通过 IPC$进行的攻击。

1. IPC$的连接、断开以及将远程磁盘映射到本地

　　1) 打开 cmd 命令行窗口

　　单击"开始"→"运行"，在"运行"对话框中键入"cmd"命令。

　　2) 建立 IPC$连接

　　命令格式：net use \\ip\ ipc$ " "password" /user: "admin"——与远程主机建立 ipc$"连接。

　　操作过程：在 cad 命令行窗口内键入命令 net use \\192.168.1.1\ipc$ " " /user:" administrator"，与远程主机(192.168.1.1)建立连接。如图 6.12 所示。

```
C:\Documents and Settings\Administrator>net use \\192.168.1.1\ipc$ "" /user:"adm
inistrator"
命令成功完成。
```

图 6.12　建立 IPC$连接

　　3) 映射网络驱动器

　　命令格式：net use ——将远程主机驱动器映射到本地主机上。

　　操作过程：在 cmd 命令行窗口内键入命令 net use z: \\192.168.1.1\c$，把目标主机 192.168.1.1 上的 C 盘映射为本地的 Z 盘，如图 6.13 所示。

```
C:\Documents and Settings\Administrator>net use z: \\192.168.1.1\c$
命令成功完成。
```

图 6.13　映射网络驱动器

　　映射成功后，打开"我的电脑"，会发现多出一个 Z 盘，上面写着"C$位于 192.168.1.1上"，该磁盘即为远程主机的 C 盘。

　　4) 查找指定文件

　　用鼠标右键单击 Z 盘，在弹出的菜单中选择"搜索"，查找包含关键字的相关文件和文件夹，然后将该文件或文件夹拷贝、粘贴到本地磁盘，其拷贝、粘贴操作就像对本地磁盘进行操作一样。

　　5) 断开连接

　　键入"net use * /del"命令断开所有 IPC$连接。

　　另外，通过命令 net use \\目标 ip\ipc$ /del 可以删除指定目标 IP 的 IPC$连接。

　　在建立了 IPC$连接后，虽然可以对远程主机进行共享磁盘的映射，对文件进行创建、修改、删除等，但由于这些操作平台还是在本地主机上，所以无法对远程主机直接进行类似的创建用户，提升用户权限，修改服务等系统操作，所以建立了 IPC$连接还只是开启了

一条与远程主机通信的通道，并没有取得远程主机的控制平台，也就是常说的 Shell，所以建立 IPC$连接后的后续工作一般要借助 Telnet 或者"计算机管理"来协调工作(有关 Telnet 和"计算机管理"会在后面详细介绍)。不过，通过使用 bat 文件的方法，可以在建立了 IPC$连接后间接地使用远程主机的 Shell。

2. 使用 IPC$和 bat 文件在远程主机上建立帐户

bat 文件是在 Windows 系统中的一种文件格式，称为批处理文件。简单来说，就是把需要执行的一系列 DOS 命令按顺序先后写在一个后缀名为 bat 的文本文件中。通过鼠标双击或 DOS 命令执行该 bat 文件，就相当于执行一系列 DOS 命令。

要执行 bat 文件必须要有触发条件，一般都会使用定时来执行 bat 文件，也就是添加计划任务，计划任务是 Windows 系统自带的功能，可以在控制面板中找到，还可以用命令 AT 来添加计划任务。

1) 编写 bat 文件

打开记事本，键入如下内容：

　　　net user user01 password /add

　　　net localgroup administrators user01 /add

编写好命令后，把该文件另存为"test.bat"。其中前一条命令表示添加用户名为 user01，密码为 password 的帐号。后一条命令表示把 user01 添加到管理员组(administrators)。

2) 与远程主机建立 IPC$连接

使用 DOS 命令：net use \\192.168.1.1\ipc$ " "/user: "administrator"，即可实现连接。

3) 拷贝文件至远程主机

命令格式：copy file \\ip\path——设置拷贝的路径。

操作过程：在 cmd 命令行窗口内键入命令 copy test.bat \\192.168.1.1\c$，将本机 D 盘下的 test.bat 文件拷贝到目标主机 192.168.1.1 的 C 盘内。此外，也可以通过将对方 C 盘网络映射的方式在图形界面下复制 test.bat，并粘贴到远程主机中。

4) 通过计划任务使远程主机执行 test.bat 文件

命令格式：net time \\ip——查看远程主机的系统时间；at \\ip time command——在远程主机上建立计划任务。

操作过程：在 cmd 命令行窗口内键入"net time \\192.168.1.1"。假设目标系统时间为 12:00，然后根据该时间为远程主机建立计划任务。键入"at \\192.168.1.1 12:02 c:\test.bat"命令，即在中午 12 点 02 分执行远程主机 C 盘中的 test.bat 文件。计划任务添加完毕后，使用命令"net use * /del"断开 IPC$连接。

5) 验证帐号是否成功建立

等待时间到后，远程主机就执行了 test.bat 文件。可以通过建立 IPC$连接来验证是否成功建立了"user01"帐号。在 cmd 命令行窗口内键入"net use \\192.168.1.1\ipc$ "password" /user: "user01""命令，如能成功建立 IPC$连接则说明管理员帐号"user01"已经成功建立。

IPC$本来要求客户机需要有足够的权限才能连接远程主机，然而事实并不尽然。IPC$空连接漏洞允许客户端使用空用户名、空密码就可以与远程主机成功建立连接。入侵者利用该漏洞可以与远程主机进行空连接，但是无法执行管理类操作，例如不能执行映射网络驱动器、上传文件、执行脚本等命令。虽然入侵者不能通过该漏洞直接得到管理员权限，但也可以用来探测远程主机的一些关键信息，如远程主机的系统时间、操作系统版本等，在"信息搜集"中可以发挥一定作用。同样如果允许 IPC$空连接，则入侵者可以进行反复的试探性连接，直到连接成功、获取密码。可见，IPC$为入侵者通过暴力破解来获取远程主机管理员密码提供了可能，被入侵只是时间早晚的问题。

6.3.2　Telnet 入侵与防范

Telnet 是进行远程登录的标准协议和主要方式，为用户提供了在本地计算机上完成远程主机工作的能力，是 Internet 上的远程访问工具。用户利用 Telnet 服务可以登录远程主机访问其对外开放的所有资源。

使用 Telnet 远程登录主要有两种情况。第一种是用户在远程主机上有自己的帐号(Account)，即用户拥有注册的用户名和口令；第二种是许多 Internet 主机为用户提供了某种形式的公共 Telnet 信息资源，这种资源对于每一个 Telnet 用户都是开放的。在 Unix 系统中，要建立一个与远程主机的对话，只需在系统提示符下输入命令"Telnet 远程主机名"，用户就会看到远程主机的欢迎信息或登录标志；在 Windows 系统中，用户将具有图形界面的 Telnet 客户端程序与远程主机建立 Telnet 连接。

由于 IPC$入侵只是与远程主机建立连接，并不是真正的登录，所以入侵者常使用 Telnet 方式登录远程主机，控制其软、硬件资源，使其掌握在手中。

Telnet 常用命令：

➢ telnet HOST [PORT]　——Telnet 登录命令。

➢ exit——断开 Telnet 连接的命令。

成功地建立 Telnet 连接后，除了要求掌握远程计算机的帐号和密码外，还需要远程计算机开启"Telnet 服务"，并去除 NTLM 验证。NTLM 验证是微软公司为了防止 Telnet 被非法访问而设置的身份验证机制，要求 Telnet 终端除了需要有 Telnet 服务主机的用户名和密码外，还需要满足 NTLM 验证关系。Telenet 连接可以使用命令方式登录，如"telnet HOST [PORT]"为 Telnet 登录命令，"exit"为断开 Telnet 连接的命令，也可以使用专门的 Telnet 工具来进行连接，比如 STERM，CTERM 等工具。

利用 Telnet 入侵远程主机过程如下。

1. 建立 IPC$连接

(略)

2. 开启远程主机中被禁用的 Telnet 服务

开启远程主机中被禁用的 Telnet 服务有两种方式，一种是通过批处理开启；一种是利用 netsvc.exe 开启。

1) 批处理开启远程主机服务

(1) 编写 bat 文件：打开记事本，键入"net start telnet"命令，然后另存为 Telnet.bat。其中"net start"是用来开启服务的命令，与之相对的命令是"net stop"。"net start"后为服务的名称，表示开启何种服务，在本例中开启 Telnet 服务。

(2) 建立 IPC$连接，把 Telnet.bat 文件拷贝到远程主机中。

（3）使用"net time"命令查看远程主机的系统时间，然后使用"at"命令建立计划任务。

需要说明的是，如果远程主机禁用了 Telnet 服务，那么这种方法将会失败，也就是说，这种方法只能开启类型为"手动"的服务。

2）利用 netsvc.exe 开启远程主机服务

netsvc 是 Windows 系统中附带的一个管理工具，用于开启远程主机上的服务，这种方法不需要通过远程主机的"计划任务服务"。

命令格式：netsvc \\IP SVC /START。

在 MS-DOS 中键入"netsvc \\192.168. 1.1 schedule /start"命令，开启远程主机 192.168.27.128 中的"计划任务服务"，在 MS-DOS 中键入"netsvc \\192.168. 1.1　telnet /start"命令，开启远程主机的 Telnet 服务，如图 6.14 所示。

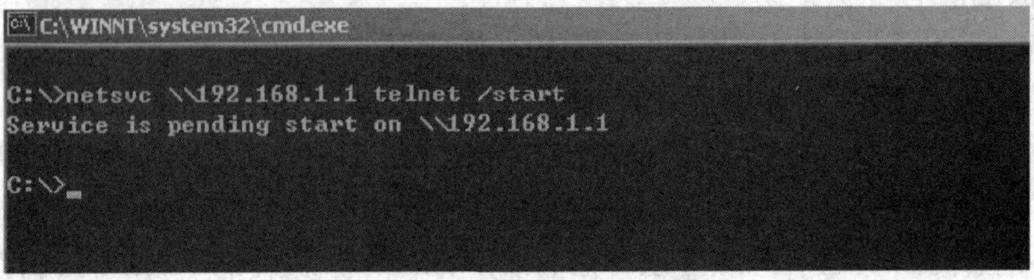

图 6.14　开启远程主机服务

3. 断开 IPC$连接

（略）

4. 去掉 NTLM 验证

对于已掌握了远程主机的管理员帐户和口令的入侵者来说，利用 Telnet 登录并不是件难事，入侵环节中最麻烦的就是去掉 NTLM 验证。如果没有去掉远程计算机上的 NTLM 验证，在登录远程计算机的时候就会失败。去掉 NTLM 的方法有很多，下面列出三种方法。

1）建立相同的帐号和密码

（略）

首先，在本地计算机上建立一个与远程主机上相同的帐号和密码。

其次，通过"开始"→"程序"→"附件"找到"命令提示符"，使用鼠标右键单击"命令提示符"，然后选择"属性"，在"快捷方式"选项卡中单击"高级"按钮，打开【高级属性】窗口，选中 "以其他用户身份运行(U)"选项，然后单击"确定"按钮。接着，仍然按照上述路径找到"命令提示符"，用鼠标左键单击打开。键入"用户名"和"密码"。单击"确定"按钮后，得到 MS-DOS 界面，然后用该 MS-DOS 进行 Telnet 登录。

键入"telnet 192.168.1.1"命令并回车后，在得到的界面中键入"y"表示发送密码并登录，随即出现【欢迎使用 Microsoft Telnet 服务器】界面，如图 6.15 所示。

图 6.15　Telnet 登录

这就是远程主机为 Telnet 终端用户打开的 Shell，在该 Shell 中输入的命令将会直接在远程计算机上执行。比如，键入 "net user" 命令来查看远程主机上的用户列表。

2) 使用 NTLM.exe

使用工具 NTLM.exe 来去掉 NTLM 验证。NTLM.exe 是专门用来跳过 NTLM 验证的小程序，只要让 NTLM.exe 在远程主机上运行，就可以去掉远程主机上的 NTLM 验证。

首先，与远程主机建立 IPC$连接，然后将 NTLM.exe 拷贝至远程主机，通过 at 命令使远程计算机执行 NTLM.exe。

其次，当计划任务执行 NTLM.exe 后，键入 "telnet 192.168.1.1" 命令登录远程计算机。

最后得到登录界面，在该登录界面中键入用户名和密码，如果用户名和密码正确，便会登录到远程计算机，得到远程计算机的 Shell。

3) 配置 tlntadmn

通过修改远程计算机的 Telnet 服务设置来去掉 NTLM 验证。

首先，建立文本文件 telnet.txt，在 telnet.txt 中依次键入 3，7，y，0，y，0，0，其中每个字符各占一行，然后建立批处理文件 "Telnet.bat"。

其次，编辑命令 "tlntadmn < Telnet.bat"，该命令中的 "<" 表示是把 telnet.txt 中的内容导入给 tlntadmn.exe，以此来配置 tlntadmn 程序。tlntadmn 是 Windows 系统自带的专门用来配置 telnet 服务的程序。

最后建立 IPC$连接，把 Telnet.bat 文件和 telnet.txt 文件分别拷贝到远程计算机中，并通过 at 命令执行 Telnet.bat 文件，从而去掉 NTLM 认证。

5. 在登录界面上输入帐户和口令登录

(略)

6.3.3　远程计算机管理

Windows 网络服务 "计算机管理" 通过合并桌面工具来管理本地或远程计算机，它将多个 Windows 管理实用程序合并到一个控制台树中，可以统一访问特定计算机的管理属性和工具，充分体现了集中化的管理。出于安全考虑，Windows 系统规定只有 Administrators 组的成员才能完全使用 "计算机管理"，而其他成员没有查看或修改管理属性的权限，且没有执行管理任务的权限。

如果入侵者能够与远程主机成功建立 IPC$连接，那么该远程主机就完全落入了入侵者手中。此时，入侵者不使用入侵工具也可以实现远程管理 Windows 系统的计算机。比如使用 Windows 系统自带的 "计算机管理" 工具就可以方便地让入侵者进行帐号、磁盘、服务等计算机管理。利用 "计算机管理" 开启远程计算机 "计划任务" 和 "Telnet" 服务的过程如下。

1. 与远程主机建立 IPC$连接

(略)

2. 管理远程计算机

单击 "开始" → "所有程序" → "管理工具" → "计算机管理"，打开【计算机管理】窗口，然后在菜单中单击 "操作(A)" → "连接到另一台计算机(C)"，在弹出的【选择计算

机】窗口的"名称"栏中填入远程主机的 IP "192.168.1.1",单击"确定"按钮,显示界面
如图 6.16 所示。

图 6.16　管理远程计算机

在上述过程中,如果出现"输入用户名和密码"的对话框,那么就需要再次输入用户
名和密码。值得说明的是,该用户名和密码可以与建立 IPC$连接时使用的相同,也可以不
相同,这都不会影响以后的操作,但是这个用户一定要拥有管理员权限。

3. 开启"计划任务"服务(Task Scheduler)

在【计算机管理】窗口中,用鼠标左键单击"服务和应用程序"前面的"+"来展开项
目,然后在展开的项目中选择"服务",在右侧窗口中所列的服务列表中选中"Task Scheduler"
服务,双击该服务,打开其属性窗口,如图 6.17 所示。

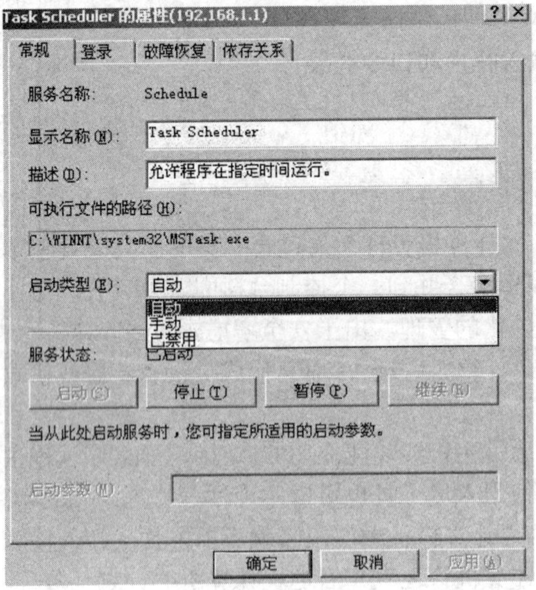

图 6.17　关闭 Task Scheduler 服务

在"Task Scheduler 的属性"窗口中,把"启动类型"选择为"自动",然后在"服务状
态"中单击"启动(S)"按钮来启动 Task Scheduler 服务。这样设置后,该服务会在每次开机
时自动启动。

4. 开启"Telnet"服务

步骤同上,在"Task Scheduler 的属性"窗口中,将其"启动类型"选择为"自动",然

后在"服务状态"中单击"启动(S)"按钮来启动该服务。

5．断开连接

关闭"计算机管理"后，本机与远程主机的 IPC$连接并没有断开，需要手工键入命令来断开 IPC$连接。键入"net use * /del 或 net use \\192.168.1.1\IPC$ /del"命令，即可断开 IPC$连接。

6.3.4　安全防范

如第 3 章操作系统安全中所述，防止系统服务入侵还是要从加强系统自身安全配置入手，主要有以下几个方面。

1．强化系统帐户命令

强化系统帐户命令包括为系统管理员帐户设置一个强化口令；删除 Administrator 帐户，自行创建一个拥有管理员权限的新帐户，为其他非管理员帐户分配尽量少的权限；定义帐户锁定策略等。由于第 3 章已经说明如何进行帐户安全管理，此处不再重复。

2．关闭系统不需要的功能

关闭系统不需要的功能包括删除默认共享、禁止空连接、关闭 Server 服务。

(1) 删除默认共享功能在 3.6.1 节中已说明，此处不再重复。

(2) 禁止空连接进行枚举攻击。方法为：打开注册表编辑器，在 HKEY_LOCAL_MACHINE\ SYSTEM\CurrentControlSet\Control\LSA 中把 Restrict Anonymous = DWORD 的键值改为 00000001，修改完毕后重新启动计算机，这样可以使得该主机不再泄露用户列表和共享列表，操作系统类型也不容易被泄漏，从而间接地禁止了空连接进行枚举攻击。

(3) 关闭不需要的服务。Server 服务是 IPC$和默认共享所依赖的服务，如果关闭 Server 服务，IPC$和默认共享便不再存在，但同时也使服务器丧失一些其他服务功能，因此该方法不适合服务器使用，只适合个人计算机使用。可在如图 3.9 所示【计算机管理】窗口服务中找到"Server"服务并选中，将其"启动类型"设置为"禁用"，修改成功后就不能与该机建立 IPC$。使用 DOS 命令 "net stop server/y"也可以关闭 Server 服务，但该命令仅限于本次修改生效，计算机重新启动后 Server 服务还会自动开启，因为并没有从根本上禁止 Server 服务。

一般个人计算机的 Telnet 服务很少能用到，所以可以通过以上方法在服务中把 Telnet 服务设置为"禁用"。同样，这些办法也适合于 Remote Registry Service、Task Scheduler 和 TCP/IP NetBIOS Helper Service 等服务。

6.4　木马入侵与防范

木马全称"特洛伊木马"(Trojan Horse)，在计算机系统中是一种基于远程控制的黑客工具，具有隐蔽性和非授权性的特点。所谓隐蔽性，是指木马的设计者为了防止木马被发现，采用多种手段隐藏木马，这样服务端即使发现感染了木马，由于不能确定其具体位置，往往只能望"马"兴叹。所谓非授权性，是指一旦控制端与服务端建立了连接，控制端将享有服务端的大部分操作权限，包括修改文件，修改注册表，控制鼠标、键盘等等，而这些权力并不是服务端赋予的，而是通过木马程序窃取的。

6.4.1　木马技术概述

1. 木马的组成

一个完整的木马系统由硬件、软件和远程连接三部分组成。

1) 硬件

硬件是建立木马连接所必需的硬件实体，由控制端、服务端和 Internet 三部分组成。

(1) 控制端：对服务端进行远程控制的一方。

(2) 服务端：被控制端远程控制的一方。

(3) Internet：控制端对服务端进行远程控制和数据传输的网络载体。

2) 软件

软件是实现远程控制所必需的软件程序，由控制端程序、木马程序和木马配置程序三部分组成。

(1) 控制端程序：控制端用以远程控制服务端的程序。

(2) 木马程序：潜入服务端内部，获取其操作权限的程序。

(3) 木马配置程序：设置木马程序的端口号、触发条件、木马名称等，使其在服务端隐藏得更隐蔽的程序。

3) 远程连接

远程连接是通过 Internet 在服务端和控制端之间建立一条木马通道所必需的元素，由网络地址和访问端口两部分组成。

(1) 网络地址：控制端 IP、服务端 IP，即控制端、服务端的网络地址，也是木马进行数据传输的目的地。

(2) 端口：控制端端口、木马端口，即控制端、服务端的数据入口，通过这个入口，数据可直达控制端程序或木马程序。

2. 木马特点

一般木马具有以下几个特点：

➢ 伪装性。木马总是伪装成其他程序来迷惑管理员。

➢ 潜伏性。木马能够毫无声响地打开端口等待外部连接。

➢ 隐蔽性。木马的运行隐蔽，甚至使用进程查看器都看不到。

➢ 不易删除。计算机一旦感染了木马，很难完全删除干净所有的木马程序。

➢ 通用性。常见的操作系统都能被入侵者实现远程控制。

6.4.2　木马连接方式

为了更加透彻地了解木马的入侵过程，首先来介绍一下木马的几种连接方式。

1. 传统连接方式

第一、二代木马都属于传统连接方式，即 C/S(客户机/服务器)连接方式。在这种连接方式下，远程主机开放监听端口等待外部连接，成为服务端。当入侵者需要与远程主机建立连接的时候，便主动发出连接请求，从而建立连接，建立过程如图 6.18 所示。

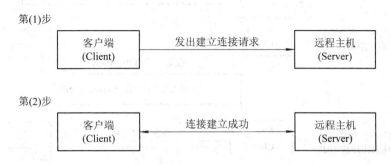

图 6.18 传统连接方式

这种连接需要服务端开放端口等待连接，需要客户端知道服务端的 IP 地址与服务端口号。因此，不适合与动态 IP 地址(如拨号上网)或局域网内主机(如网吧内计算机)建立连接。

2. 反弹端口连接方式

第三代木马使用的是"反弹端口"连接技术，连接的建立不再由客户端主动要求连接，而是由服务端来完成，这种连接过程恰恰与传统连接方式相反。当远程主机安装第三代木马后，由远程主机主动寻找客户端建立连接，客户端则开放端口等待连接。反弹端口连接方式有两种，一种适合静态上网的入侵者，一种适合动态上网的入侵者。

第一种连接方式要求远程主机预先知道客户端的 IP 地址和连接端口，因而在配置服务端程序的时候，需要入侵者预先指明客户端(入侵者本地机)的 IP 地址和待连接端口，因此这种方式不适用于动态上网的入侵者，其建立过程如图 6.19 所示。

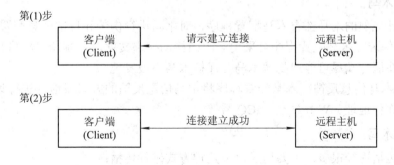

图 6.19 第一种反弹端口连接方式

第二种连接方式在连接建立的过程当中，入侵者引入了一个"中间代理"服务器，用它来存放客户端 IP 地址和待连接端口，只要入侵者更新中间代理中存放的 IP 地址与端口号，便可以让远程主机找到入侵者。因此，这种连接方式有效地解决了以往对木马的连接限制，而且这种连接方式可以穿透一定设置的防火墙，其建立过程如图 6.20 所示。

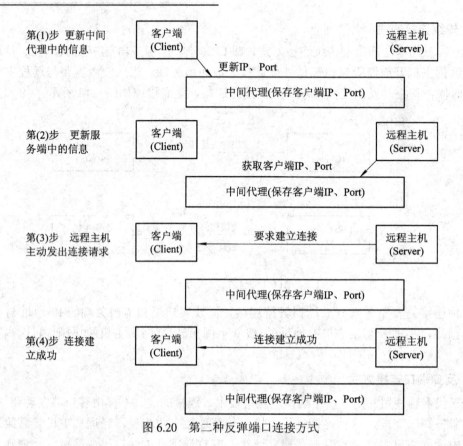

图 6.20　第二种反弹端口连接方式

6.4.3　木马入侵过程

黑客利用木马进行网络入侵，一般可以分成配置木马、传播木马、运行木马、反馈信息、建立连接及远程控制六个步骤。

1. 配置木马

一个设计成熟的木马都有木马配置程序，对木马进行伪装和反馈信息配置。

➤ 木马伪装：木马配置程序会采用修改图标，捆绑文件，定制端口，自我销毁等多种伪装手段来在服务端尽可能地隐藏木马，保护木马不被发现。

➤ 配置木马信息反馈：木马配置程序将木马信息反馈的方式或地址进行设置，如设置信息反馈的邮件地址、Web 站点、ICQ 号等。

2. 传播木马

木马的传播途径很多，主要通过以下几种方式进行传播：

➤ 通过 E-mail 传播：控制端将木马程序以附件的形式夹在邮件中发送出去，收信人只要打开附件，系统就会感染木马。

➤ 通过软件下载传播：一些非正规的网站以提供软件下载为名，将木马捆绑在软件安装程序上，下载后，只要运行这些程序，木马就会自动安装。

➤ 通过网页传播：将木马下载运行代码通过脚本内嵌在网页代码中，普通用户只要点击网页就会被自动下载和执行木马程序。

> 通过实时通信软件传播：目前主流的通信软件如 MSN、QQ 等都具有文件传送功能，普通用户很容易通过它们接收并执行一些经过伪装的木马程序。

3. 运行木马

服务端用户运行木马或捆绑木马的程序后，木马就会自动进行安装：首先将自身拷贝到系统文件夹中，如在%systemroot%下面；然后在注册表、启动组或非启动组中设置好木马的触发条件，如在注册表中添加自启动键，编辑启动命令到 Autoexec.bat 和 Config.sys 文件中，捆绑到常用文件中等，然后等待触发条件的发生，这样木马就可以启动了。

4. 反馈信息

木马成功安装后就会收集服务端的一些软硬件信息，并通过 E-mail，IRQ 等方式将收集到的信息告知控制端用户。从反馈信息中，控制端可以知道服务端的一些软硬件信息，包括使用的操作系统、系统目录、硬盘分区、系统口令和服务 IP 等，以便控制端能够与服务端建立连接。

5. 建立连接

只要服务端安装了木马程序，并且控制端、服务端都同时在线，那么控制端就可以通过木马端口与服务端建立连接。

6. 远程控制

一旦控制端与服务端通过网络建立了远程连接，黑客就可通过木马程序对服务端进行远程控制，一旦远程控制成功，那么服务端的这台计算机就可以由控制端进行任何的操作了。

6.4.4　木马入侵实例

灰鸽子是国内第三代木马的标准软件，也是国内首次成功地使用反弹端口技术中第二种方式创建的木马，同时也支持传统方式连接，具有强大的远程控制功能，并且能够方便地控制动态 IP 地址和局域网内的远程主机。灰鸽子的主界面如图 6.21 所示。

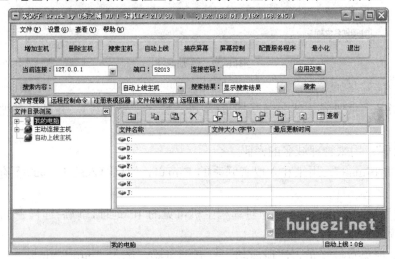

图 6.21　灰鸽子主界面

灰鸽子可以控制系统为 Windows 9X/me/NT/2000/XP/2003 的远程主机,当服务端设置成自动上线型时,可以有外网控制外网、外网控制内网及同在一局域网三种控制方式;当服务端配置为主动连接型时,可以有外网控制外网、内网控制外网及同在一局域网三种控制方式。其中外网为有互联网 IP 地址的计算机,内网为在局域网内部可以上网的计算机,如网吧中的普通计算机。

使用灰鸽子"反弹端口"进行连接的一般思路为:设置中间代理,配置服务程序,种植木马,域名更新 IP,等待远程主机自动上线,控制远程主机。

1. 设置中间代理

灰鸽子使用的是反弹端口技术的第二种连接方式,是通过免费域名提供的动态 IP 映射来实现中间代理,下面介绍具体的设置方法。

在配置服务器端程序之前,需要申请动态域名,动态域名是随时可以更新映射 IP 的域名,这种域名恰恰实现了"中间代理"保存客户端 IP、端口的功能。这里建议使用灰鸽子自带的功能来申请 126.com 域名。

打开灰鸽子客户端后,选择"文件(F)"→"自动上线"或单击如图 6.21 所示主界面上"自动上线"按钮来打开【自动上线】窗口,然后选择"注册免费域名"选项卡,申请 126.com 免费域名。各参数填好后单击"注册域名"按钮进行注册,参数填写如图 6.22 所示。

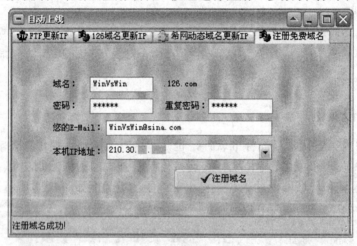

图 6.22　注册域名

各参数功能解释如下:

➤ "域名":只要满足域名书写规范(字母、数字、下划线),并且没有被注册的域名即可。

➤ "密码":用来管理域名的密码。

➤ "您的 E-mail":用来和入侵者联系的 E-mail。如果填入的 E-mail 不存在同样可以注册成功。

➤ "本机 IP 地址":填入一个对远程主机可见的 IP 地址,以后远程主机就用这个 IP 地址与入侵者联系。

现在来验证免费域名是否注册成功,打开浏览器,键入"http://WinVsWin.126.com",如果回显中含有本机 IP 地址,那么就说明申请中间代理成功。

2. 配置服务程序

成功申请了中间代理之后，下一步就要对木马服务端程序进行设置。首先，选择"文件(F)"→"配置服务程序"或单击主界面上的"配置服务程序"按钮打开【服务器配置】窗口，进行如下设置。

(1) 选择"连接类型"选项卡，然后选中"自动上线型"并填入刚才注册的域名，这个域名是用来让远程主机主动去连接的(对应第二种反弹端口方式中的第(2)步)，其他的不变，如图 6.23 所示。

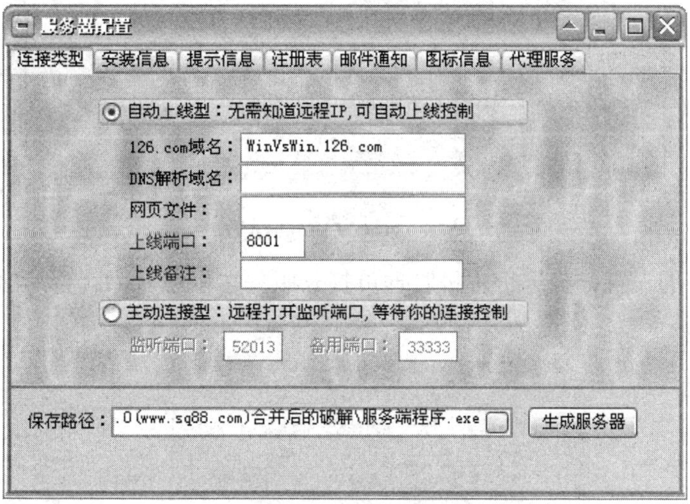

图 6.23　连接类型设置

(2) 选择"安装信息"选项卡，填好后如图 6.24 所示。

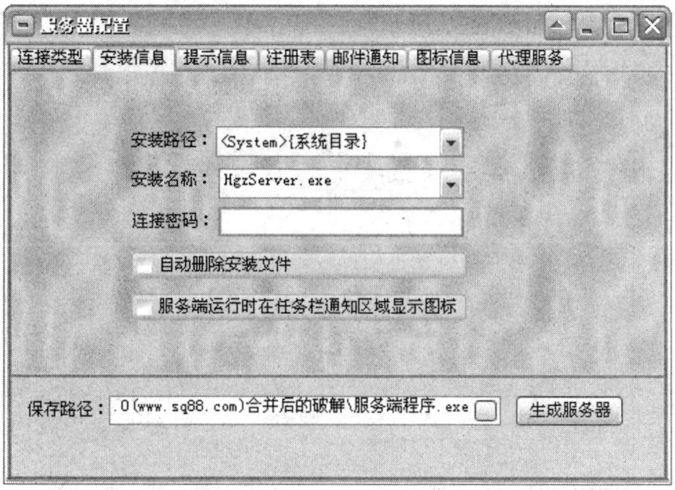

图 6.24　安装信息设置

(3) 选择"提示信息"选项卡，选择"安装完成后显示提示信息"，这是入侵者用来迷惑远程主机管理员的，填好后如图 6.25 所示。

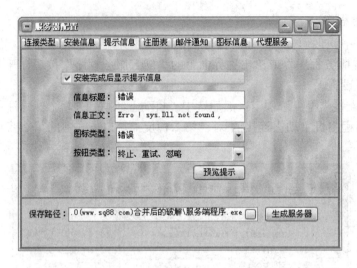

图 6.25　提示信息设置

按照图 6.25 的设置，当远程主机管理员打开服务端程序后，就会弹出错误提示信息，如图 6.26 所示。

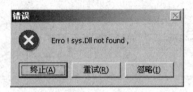

图 6.26　远程错误提示

(4) 如果入侵者想让远程主机在每次启动时都自动开启木马服务端，那么可以通过"注册表"选项卡来进行设置，如图 6.27 所示。

图 6.27　注册表设置

(5) 与前面介绍过的木马相同，灰鸽子也能够把远程主机的一些关键信息(IP、CPU、内存信息等)发送到指定的邮箱里，这个功能在"邮件通知"选项卡中设定，如图 6.28 所示进行设置。

图 6.28　邮件通知设置

(6) 此外，还可以通过"图标信息"选项卡来修改服务端文件的图标，这是为了最大限度地迷惑远程主机管理员。例如，如果入侵者在这里选择了"Flash"图标，那么生成的灰鸽子服务端文件看起来就是一个 Flash 动画文件，如图 6.29 所示。

图 6.29　图标信息设置

为了不引起管理员的怀疑，还需要为服务端文件改个名字。在图 6-29 下方的"保存路径"中把原来的"服务端程序.exe"改成"动画.exe"，最后单击"生成服务器"按钮，提示服务端程序设置成功，如图 6.30 所示。

图 6.30　设置成功提示

根据以上设置，生成的灰鸽子服务端程序为 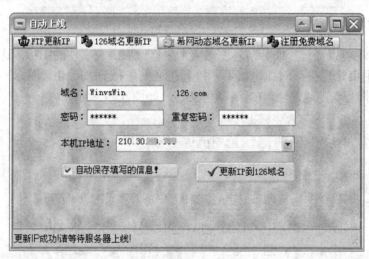。

3. 种植木马

种植木马一般可以通过发带木马附件的邮件、利用 QQ、MSN 等实时通信工具发送捆绑了木马的文件、编写嵌入木马下载程序的网页等手段让用户在没有察觉的情况下下载了木马并执行。

4. 域名更新 IP

入侵者在控制远程主机之前，需要更新一下"中间代理"保存的客户端 IP，对应第二种反弹端口方式的第(1)步，这样才能让木马服务端主动找到入侵者，实现方法如下：

打开"自动上线"，选择"126 域名更新 IP"选项卡，填入域名和密码，然后选择本地 IP 地址用于远程主机连接用，最后单击"更新 IP 到 126 域名"，更新成功后如图 6.31 所示。

图 6.31　域名更新设置

5. 等待远程主机自动上线(对应第二种反弹端口方式的第(3)、(4)步)

在远程主机执行服务端程序后，如果网络状况比较好，则大约在二三分钟以后(时间长短根据网速的不同而不同)，就会有语音提示"有主机上线、请注意"，这时候说明远程主机已经自动上线了。如图 6.32 所示。

图 6.32　远程主机上线提示

6. 控制远程主机

所有木马在控制远程主机上的功能和使用方法大同小异，这里不做详细说明。

6.4.5　木马技术防范

虽然木马的入侵非常隐蔽，木马远程控制主机时也不容易被察觉，但木马也决不是无懈可击，毕竟木马也是计算机程序，如果能够按照以下五种方案进行防御，基本上可以阻止基于木马的入侵。

1. 显示文件扩展名

文件扩展名是文件格式和功能的代表，通过文件扩展名，管理员一眼就能认出文件的真正身份，如 exe 代表可执行文件；jgp 代表图形文件；txt 代表文本文件；htm 代表网页文件等。如果文件的扩展名和图标之间的对应不一样，比如文件扩展名是 exe，但却使用了 jpg 的图标，那么就说明这个文件经过了别人修改，多数是木马。但是，在默认情况下，系统是不会显示文件扩展名的，需要在"文件夹选项"中对其进行设置。

2. 不打开任何可疑文件、文件夹、网页

不要以为只有执行那些扩展名为 exe、bat、com、sys 的文件名才有被攻击的危险，通过木马传播途径可以知道打开文件夹和网页都会有危险。因此，只有尽量不打开不明文件、文件夹、网页，才能避免被种植木马。

3. 升级 IE 到 6.0

多数木马都是利用 IE 的漏洞进行攻击的，为了使网络更加安全，应该遵守见漏必补这个准则。建议 Windows 2000 及其以下系统的用户将其 IE 升级到 IE 6.0，并进行适当的设置。

4. 常开病毒防火墙

由于入侵者可以实现逃过杀毒软件的查杀，因此仅仅使用杀毒软件对文件进行扫描远远不能达到安全的目的，还必须结合病毒防火墙对系统进行时时监控，及时发现活动的木马并把它杀死。

5. 常开网络防火墙

使用网络防火墙并进行设当的设置，如通过端口监控是否有木马程序试图与外界进行通信。这样一来，即使计算机真的感染了木马程序，防火墙也可以拦截住大多数木马的连接。

6.5　系统漏洞入侵与防范

系统漏洞是在系统具体实现和具体使用中产生的威胁到系统安全的错误。攻击者通过研究、实验、编写测试代码来发现远程服务器中的漏洞，并巧妙地进行利用，通过植入木马、病毒等方式绕过系统的认证直接进入系统内部，从而窃取系统中的重要资料和信息，甚至破坏系统等。

在系统漏洞中，缓冲区溢出(Buffer Overflow)漏洞是一个主要的漏洞类型，在各种操作系统和应用程序中都可能存在，如 IIS 漏洞、系统 RPC 漏洞等。据统计，通过缓冲溢出获取 root 权限的攻击占所有系统攻击总数的 80%以上。

简单地说，缓冲区溢出漏洞是由于编程机制而导致的在软件中出现的内存错误。黑客可以利用系统应用程序本身不能进行有效检验的缺陷向程序的有限空间的缓冲区复制超长

的字符串，破坏程序的椎栈，使程序转而执行黑客指令，以达到获取 root 的目的。

缓冲区溢出攻击的根源在于编写程序的机制。因此，防范缓冲区溢出漏洞首先应该确保在操作系统上运行的程序(包括系统软件和应用软件)代码的正确性，避免程序中有不检查变量、缓冲区大小及边界等情况存在。其次，黑客利用缓冲区溢出漏洞的最终目的还是要获取系统的控制权，因此，加强系统安全策略也是非常重要的。

下面主要以 DCOM RPC 接口中的缓冲区溢出漏洞为例介绍基于缓存区溢出类型的系统漏洞。

远程过程调用(RPC)提供了一种进程间通信机制，通过该机制，在一台计算机上运行的程序可以顺畅地执行某个远程系统上的代码。RPC 中处理通过 TCP/IP 消息交换的软件部分有一个漏洞，这是由错误地处理格式不正确的消息造成的。这种特定的漏洞影响分布式组件对象模型(DCOM)与 RPC 间的一个接口，此接口侦听 TCP/IP 端口 135。任何能与 135 端口发送 TCP 请求的用户都能利用此漏洞，因为 Windows 的 RPC 请求在默认情况下是打开的。要发动此类攻击，入侵者需向 RPC 服务发送一条格式不正确的消息，从而造成目标计算机受制于人，攻击者可以在它上面执行任意代码，能够对服务器随意执行操作，包括更改网页、重新格式化硬盘或向本地管理员组添加新的用户。"冲击波"蠕虫及其变种病毒就是利用目标主机的 DCOM RPC 漏洞，通过开放的 RPC 端口进行传播，使系统感染。

RPC 漏洞入侵过程如下。

1. 漏洞检测

1) X-Scan 扫描

打开扫描器 X-Scan，然后在如图 6.34 所示【扫描模块中】窗口中选中"DcomRpc 溢出漏洞"，填入相应参数，即可针对此漏洞进行扫描。

2) RPC 漏洞专用扫描器——Retina(R)-DCOM Scanner

打开 Retina(R)-DCOM Scanner，在 StartIP 和 EndIP 中分别填入起始和终止 IP，然后单击"Scan"按钮开始扫描，扫描结果如图 6.33 所示。

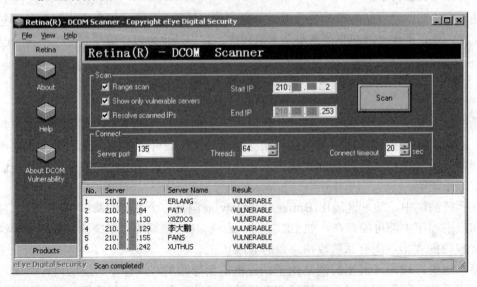

图 6.33　RPC 扫描结果

2. 漏洞入侵

Rpcdcom 和 OpenRpcss 两个程序配合使用，可实现漏洞入侵。先使用 Rpcdcom 对远程主机发送畸形数据包，然后再使用 OpenRpcss 攻击远程主机，最终会在远程主机内部建立一个用户名为 "qing10"、密码为 "qing10" 的管理员帐号。

Rpcdcom 的使用方法：命令格式为 Rpcdcom Server。

OpenRpcss 的使用方法：命令格式为 OpenRpcss \\Server。

入侵过程如下：

先使用命令来给 192.168.245.133 发送畸形数据，完成该任务使用的命令为 "Rpcdcom 192.168.245.133"，如图 6.34 所示。

图 6.34　发送畸形数据

再使用 OpenRpcss 建立管理员帐号，键入 "OpenRpcss.exe\\192.168.245.133" 命令，如图 6.35 所示。

图 6.35　建立管理员帐号

通过上述过程，入侵者就可以成功地在远程主机内部建立一个管理员帐号，下面通过 IPC$ 连接来证明管理员帐号建立成功，如图 6.36 所示。

图 6.36　测试管理员帐号

针对 RPC 漏洞的防范措施如下：

(1) 及时为系统打补丁。微软会在官方网站公告中及时发布漏洞的补丁，用户可以到指定下载地址下载并安装对应的漏洞补丁。

(2) 使用个人防火墙。如 Windows XP/2003 中的 Internet 连接防火墙，在防火墙处阻塞以下端口的非法入站通信：

➢ UDP 端口 135、137、138、445；

➢ TCP 端口 135、139、445、593；

➢ 端口号大于 1024 的端口；

➢ 任何其他特殊配置的 RPC 端口(这些端口用于启动与 RPC 的连接)。

(3) 禁用 Workstation 服务以防止可能受到的攻击。通过"计算机管理"工具找到"Workstation"服务双击打开，在"常规"选项卡上单击"停止"按钮，在"启动类型"中选择"已禁用"，然后单击"确定"按钮。

(4) 禁用 Messenger 服务。通过"计算机管理"工具找到"Messenger"服务，双击打开，在"启动类型"中选择"已禁用"，单击"停止"按钮，然后单击"确定"铵钮。

(5) 禁用 DCOM，如果远程机器是网络的一部分，则该计算机上的 COM 对象将能够通过 DCOM 网络协议与另一台计算机上的 COM 对象进行通信，用户可以禁用自己机器上的 DCOM，帮助其防范此漏洞。通过"计算机管理"工具找到"DOCM Server Process Launcher"服务，双击打开，在"常规"选项卡上单击"停止"按钮，在"启动类型"中选择"已禁用"，然后单击"确定"按钮。

(6) 禁用 UPnP 服务。在 Windows XP 系统中的"控制面板"→"管理工具"→"服务"上，双击"Universal Plug and Play Device Host"服务，在启动类型中选择"已禁用"，即可关闭 UPnP 服务。

(7) 在注册表中删除 HKEY_CLASSES_ROOT\HCP 项，以便撤销 HCP 协议的注册。

习 题

1. 下载常用的扫描器对局域网内部主机进行扫描，并分析扫描结果。
2. 下载常用的 Sniffer 软件对局域网内部主机进行监听，并分析数据。
3. 与远程主机建立 IPC$ 连接需要满足什么条件？
4. 未授权者能通过 IPC$ 空连接来控制远程主机吗？为什么？
5. 通过 IPC$ 建立连接时出现"错误 5"，结果造成连接建立失败，原因是什么？
6. 在 Windows 中，什么叫软件限制策略？
7. 有哪些情况会导致使用"计算机管理"与远程主机连接失败？
8. 为什么反向连接能够穿透防火墙？
9. 个人用户如何防范系统漏洞安全隐患？

第 7 章　入侵检测技术

攻击技术的发展和传播，同时也促进了防御技术的提高。传统的安全保护主要从被动防御的角度出发，增加攻击者对网络系统破坏的难度。事实证明，这种被动的防护(Prevention)仅仅是安全的一个组成部分，行之有效的安全还应该包括实时的检测(Detection)和响应(Response)，并且这些过程应该围绕着统一的策略(Policy)来进行。图 7.1 是著名的 P^2DR 动态安全模型的示意图。

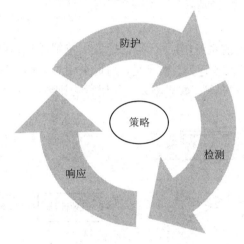

图 7.1　P^2DR 动态安全模型

在 P^2DR 模型中，安全策略处于中心地位，即在整体安全策略的控制和指导下，综合运用防护工具(Protection，如防火墙、身份认证系统、加密设备等)，同时，利用检测工具如漏洞评估、入侵检测系统)了解和判断系统的安全状态，当发现入侵行为后，通过适当的响应措施改善系统的防护能力，从而实现基于时间的动态系统安全，将系统调整到最安全和风险最低的状态。防护、检测和响应组成了一个完整的、动态的安全循环，是一个螺旋式提升安全的立体框架。显而易见，入侵检测是 P^2DR 模型中承前启后的关键环节。

7.1　入侵检测技术概述

关于入侵检测技术的几个基本概念如下：

➤ 入侵(Intrusion)：是指试图破坏计算机上任何资源完整性、保密性或可用性行为的一系列行为。

➤ 入侵检测(Intrusion Detection，ID)：包括对外部入侵(非授权使用)行为的检测和内部用户(合法用户)滥用自身权限的检测两个方面，即"识别出那些未经授权而使用计算机系统以及那些具有合法访问权限，但是滥用这种权限的人"，或者"识别出未经授权而使用计算机系统的企图或滥用已有权限的企图"。

➤ 入侵检测系统(Intrusion Detection System，IDS)：指能完成入侵检测任务的计算机系统，通常由软、硬件结合组成。

1. 入侵检测系统功能

入侵检测系统的目的是检测网络上所有成功和未成功的攻击行为，其主要功能有：

➤ 监测并分析用户和系统的活动；
➤ 核查系统配置和漏洞；
➤ 评估系统关键资源和数据文件的完整性；
➤ 识别已知的攻击行为；
➤ 统计分析异常行为；
➤ 操作系统日志管理，并识别违反安全策略的用户行为。

2. 入侵检测系统原理

入侵检测系统实时监控当前系统/用户行为，提取出特征数据，与系统的模式库进行特征匹配，判断此行为是否属于入侵行为。如果是，则记录相关证据，并启动相应处理方案(如通知防火墙断开连接或发出警告等)。如果不是，入侵行为则继续对行为数据提取分析。IDS实现原理如图 7.2 所示。

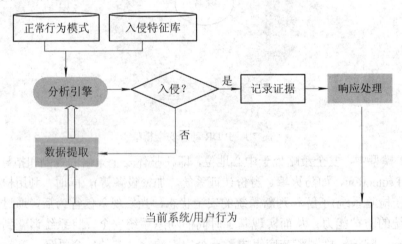

图 7.2　入侵检测原理

3. 入侵检测系统模型

入侵检测所采用的数学模型是入侵检测策略选取和应用的根据与基础。常用的入侵检测系统模型有以下几种：

(1) 入侵检测专家系统(Intrusion Detection Expert System，IDES)：是一个通用抽象模型，把入侵检测作为全新的安全措施加入到计算机系统安全保障体系中，采用了基于统计分析的异常检测和基于规则的误用检测技术。

(2) 入侵检测模型(Intrusion Detection Model，IDM)：是一个层次化的入侵检测模型，给出了在推断网络中的计算机受攻击时数据的抽象过程，弥补了 IDES 模型依靠分析主机的审计记录的局限性。

(3) 公共入侵检测框架(Common Intrusion Detection Framework，CIDF)：CIDF 是定义了 IDS 表达检测信息的标准语言以及 IDS 组件之间的通信协议的一套规范，符合 CIDF 规范的 IDS 可以共享检测信息，相互通信，协同工作，还可以与其他系统配合实施统一的配置响应和恢复策略。CIDF 在系统扩展性和规范性上具有显著优势，最早体现了分布式入侵检测的思路。

(4) 基于 Agent 的入侵检测：Agent 是一种在特定软、硬件环境下封装的计算单元，可以自动运行在主机上，对网络中的数据进行收集。基于 Agent 的入侵检测是一个在主机上执行某项特定安全监控功能的软件，通过对 Agent 提供的数据进行分析来判断是否有入侵行为发生。基于 Agent 的入侵检测系统不仅能够实现分布式入侵检测，同时还具有智能化的特点，适用于检测不断出现的新的入侵方式。

4. 入侵检测系统功能结构

应用于不同的网络环境和不同的系统安全策略，入侵检测系统在具体实现上也有所不同。从功能结构上看，入侵检测系统主要有数据源、分析引擎和响应三个功能模块，三者相辅相成，如图 7.3 所示。

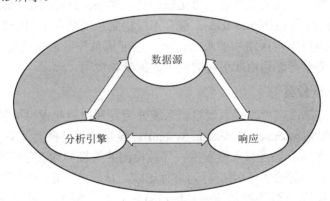

图 7.3　入侵检测系统功能结构

(1) 数据源模块，在入侵检测系统中居于基础地位，负责提取用于系统监视的审计记录流，并完成数据的过滤及预处理工作，为分析引擎模块提供原始的安全审计数据，是入侵检测系统的数据采集器。对于数据源模块来说，最关键的是要保证高速和低丢包率，这不仅仅取决于硬件的处理能力，还同软件的效率有关。

(2) 分析引擎模块，是入侵检测系统的核心，负责分析监测数据并生成报警信息，包括对原始数据的同步、整理、组织、分类、特征提取以及各种类型的细致分析，提取其中所包含的系统活动特征或模式，用于正常和异常行为的判断。这种行为的鉴别可以实时进行，也可以事后分析。显然，准确性和快速性是衡量检测引擎性能的重要指标。

(3) 响应模块，其目的在于当发现了入侵行为或入侵结果后，需要系统做出及时的反应，并根据预定的策略，采取有效措施阻止入侵的延续，从而尽最大可能消除或减小潜在的损失。从策略的角度来看，响应方式可分为主动响应和被动响应。一般情况下，主动响应的代价比被动响应的代价要高。

7.2　入侵检测系统分类

从不同的角度，入侵检测系统可以分为不同的种类。本文主要从数据源、检测方法两个方面来描述入侵检测系统的类型。

1. 基于数据源分类

入侵检测系统首先需要解决的问题是数据源，或者说是审计事件发生器。按照数据源所处的位置，入侵检测系统可分为主机入侵检测系统、网络入侵检测系统和混合入侵检测系统。

(1) 主机入侵检测系统(Host-based IDS, HIDS)。系统通常部署在权限被授予和跟踪的主机上，依据一定的算法对主机的网络实时连接及日志文件中的审计数据(包括可查事件和可查信息，如多次登录失败的记录等)进行分析，得出非法用户的登录企图、冒充合法用户等入侵行为，从而采取相应措施保护主机安全。

(2) 网络入侵检测系统(Network-based IDS, NIDS)。网络入侵检测系统的实现方式是将某台主机的网卡设置成混杂模式(Promisc Mode)，通过监听本网段内的所有数据包并进行判断或直接在路由设备上放置入侵检测模块。这种机制为进行网络数据流的监视和入侵检测提供了必要的数据来源。该系统目前应用比较广泛，如 ISS 公司的 RealSecure 等。

(3) 混合入侵检测系统(Hybrid IDS)。混合入侵检测系统结合了 HIDS 和 NIDS，两种技术优势互补，这样既可发现网络中的攻击信息，也可从系统日志中发现异常情况。但这种方案覆盖面较大，需要考虑到由此引起的巨大数据量和费用。

2. 基于检测方法分类

从具体的检测方法上，可以将入侵检测系统分为异常检测和误用检测两种类型。

(1) 异常检测系统(Anomaly Detection System)。异常检测是根据使用者的行为或资源使用状况的正常程度来判断是否有入侵发生。异常检测的关键问题在于正常模式的建立，以及如何利用该模式对当前的系统/用户行为进行比较，从而判断出与正常模式的偏离程度。模式(Profiles)通常使用一组系统的度量(Metrics)来定义。每个度量都对应于一个门限值(Threshold)或相关的变动范围。

异常检测与系统相对无关，通用性较强，甚至能检测出未知的攻击方法。其主要缺陷在于误检率较高；另外，入侵者的恶意训练是目前异常检测所面临的一大困难。同时门限值如果选择得不恰当，就会导致系统出现大量的错误报警，包括漏报(False Negatives)和误报(False Positives)。

(2) 误用检测系统(Misuse Detection System)。误用检测有时也被称为特征分析或基于知识的检测。根据已定义好的入侵模式，通过判断在实际的安全审计数据中是否出现这些入侵模式来完成检测功能。这种检测准确度较高，检测结果有明确的参照，为响应提供了方便。主要缺陷在于无法检测未知的攻击类型，漏报率较高。

误用检测和异常检测各有优劣。在很多实际的检测系统中，考虑到两者的互补性，往往结合使用，即同时包含了误用检测和异常检测两种部件，将误用检测用于网络数据包的监测，将异常检测用于系统日志的分析。

7.3　入侵检测产品和选购

选购入侵检测产品必须根据网络的实际需求以及产品的性能进行综合考虑。

1. 入侵检测系统产品

常用的入侵检测系统除了国外的 Cisco、ISS、Axent、CA、NFR 等公司外，国内也有如中联绿盟、中科网威、启明星辰等数家公司推出了自己相应的产品。

(1) Cisco 公司的 NetRanger。NetRanger 产品分为监测网络包和告警传感器以及接收并分析告警和启动对策的控制器两部分，另外，至少还需要一台运行 Sun 的 Solaris 传感器程序的 PC 以及一台运行控制器程序的配备了 OpenView 或 NetView 网管系统的 Sun SparcStation。NetRanger 的优点是性能高，易于裁剪，能够监测多个数据包上下文的联系，适合用于大型网络监控。NetRanger 的缺点是由于被设计集成在 OpenView 或 NetView 下，在网络运行中心(NOC)使用，其配置需要对 Unix 有详细的了解，对硬件软件均要求高且价格昂贵，因此不适合一般的局域网。

(2) Internet Security System 公司的 RealSecure。RealSecure 的结构也分成引擎和控制台两部分，其中引擎部分负责监测信息包并生成告警，控制台接收报警并作为配置及产生数据库报告的中心点，两部分都可以在 NT、Solaris、SunOS 和 Linux 上运行，并可以在混合的操作系统或匹配的操作系统环境下使用，也可以将引擎和控制台放在同一台机器上运行。RealSecure 的优势在于其简洁性和低价格，可以对 CheckPoint Software 的 FireWall-1 重新进行配置，适用于中小型网络。

(3) Axent Technologies 公司的 OmniGuard/Intruder Alert。OmniGuard/Intruder Alert(ITA)在结构上分为审计器、控制台、代理三部分，代理用来浏览系统的日志并将统计结果送往审计器。系统安全员用控制台的 GUI 界面来接收告警、查看历史记录以及系统的实时行为。ITA 能在 Windows、Netware 和多种 Unix 下运行，因此提供了更广泛的平台支持。ITA 最大的特点是可以对来自主流的操作系统、防火墙厂商、Web 服务器厂商、数据库应用以及路由器制造商的一些解决方案进行剪裁以适合多种网络的入侵检测的需求。

(4) NFR 公司的 Intrusion Detection Appliance 4.0。NFR 是提出开放源代码概念的唯一 IDS 厂商，通过 NFR "研究版" 免费发布了它早期版本的源代码，提供了一个完整的 IDS 方案。在 IDA 4.0 中，程序采用了一个基于 Windows 32 的 GUI 管理工具来配置和监视部署的 NFR 传感器，操作较以往简单。另外，除了入侵检测外，NFR 还允许用户收集通过网络的 Telnet、FTP 和 Web 数据，对于那些想拥有这类集中化信息(尤其是当跨越多个平台时)的用户来讲却是非常有用的，因此 NFR 是一个非常有用的网络监视和报告工具。

(5) Computer Associates 公司的 SessionWall-3/eTrust Intrusion Detection。SessionWall-3/eTrust Intrusion Detection 运行在 Windows 系统主机上，不需要对网络和地址做任何的变动，也不会给独立于平台的网络带来任何传输延迟，可以完全自动地识别网络使用模式与特殊网络应用，并能够识别基于网络的各种入侵、攻击和滥用活动。另外，SessionWall-3/eTrust Intrusion Detection 还可以将网络上发生的各种有关生产应用、网络安全和公司策略方面的众多疑点提取出来，用会话视窗对网络入侵进行监视和审计，并可以为电子通信的滥用现象提供充分的证据。SessionWall-3/eTrust Intrusion Detection 代表了最新一代 Internet 和 Intranet 网络保护产品，它具备前所未有的访问控制水平、用户的透明度，性能的灵活性、适应性和易用性，可以满足各种网络保护需求，它的主要应用对象包括审计人员、安全咨询人员、执法监督机构、金融机构、中小型商务机构、大型企业、ISP、教育机构和政府机构等。

(6) 中科网威的"天眼"入侵检测系统。中科网威信息技术有限公司的"天眼"入侵检测系统、"火眼"网络安全漏洞检测系统是国内少有的几个入侵检测系统之一。它根据系统的安全策略作出反映，实现了对非法入侵的定时报警、事件记录，方便取证以及自动阻断通信连接，重置路由器、防火墙，及时发现问题并提出解决方案等功能。它可列出可参考的全热链接网络和系统中易被黑客利用及可能被黑客利用的薄弱环节，防范黑客攻击。

(7) 启明星辰的 SkyBell(天阗)。启明星辰公司的黑客入侵检测与预警系统主要由探测器和控制器两部分组成，探测器能够监视网络上流过的所有数据包，根据用户定义的条件进行检测，识别出网络中正在进行的攻击。实时检测到入侵信息并向控制器管理控制台发出告警，由控制台给出定位显示，从而将入侵者从网络中清除出去。探测器能够监测所有类型的 TCP/IP 网络，集成了网络监听监控、实时协议分析、入侵行为分析及详细日志审计跟踪等功能，对黑客入侵能进行全方位的检测，准确地判断黑客攻击方式，及时地进行报警或阻断等其它措施。SkyBell(天阗)可以在 Internet 和 Intranet 两种环境中运行，强大的检测功能，为用户提供了最为全面、有效的入侵检测能力，从而保护了企业整个网络的安全。

2. 产品选购原则

选购入侵检测系统可从以下几个方面考虑。

1) 入侵检测系统的价格

入侵检测系统本身的价格是必须考虑的要点，不过，性能价格比以及要保护的系统的价值是更重要的因素。像反病毒软件一样，入侵检测的特征库需要不断更新才能检测出新出现的攻击方法，而特征库升级与维护是需要额外费用的。

2) 部署入侵检测系统的环境

在选购入侵检测系统之前，首先要分析产品所部署的网络环境，如果在 512K 或 2M 专线上部署网络入侵检测系统，则只需要 100M 的入侵检测引擎；而在负荷较高的环境中，则需要采用 1000M 的入侵检测引擎。

3) 入侵检测系统的实际性能

产品的实际检测性能是否稳定，对于一些常见的针对入侵检测系统的攻击手法(如分片、TTL 欺骗、异常 TCP 分段、慢扫描和协同攻击)是否能准确地识别。

4) 产品的可伸缩性

入侵检测系统所支持的传感器数目、数据库大小及传感器与控制台之间通信带宽是否可以升级。

5) 产品的入侵响应方式

产品的入侵响应方式要从本地、远程等多个角度考虑，通常的一些响应方式有：短信、手机、传真、邮件、警报、SNMP 等。

6) 是否通过了国家权威机构的测评

考查产品是否获得了《计算机信息系统安全专用产品销售许可证》、《国家信息安全产品测评认证证书》、《军用信息安全产品认证证书》和《涉密网络安全产品科技成果鉴定》等要件。

7.4　入侵检测系统实例——Snort 系统

Snort 是一个用 C 语言编写的、免费的、开放源代码的网络入侵检测系统，最初只是一个简单的网络管理工具，现已发展成为一个遍布全球、使用最广泛的网络入侵检测系统，具有很好的扩展性和可移植性。在各种现实环境中，Snort 都是一种入侵检测的实用解决方案，被誉为安全从业者的瑞士军刀。作为一个轻量级的入侵检测系统，无论从技术分析角度，还是从学习软件开发技术来看，Snort 都是一个非常好的学习范本。

7.4.1　Snort 系统概述

1. Snort 的用途

Snort 主要有三个用途：数据包嗅探、数据包记录、网络入侵检测。这些功能是互相关联的。然而，数据包嗅探和数据包记录的功能基本上一样，它们使用同样的代码，二者之间的区别在于数据包记录的功能是把数据包以文件的形式保存，反之，Snort 也可以读取保存的数据包文件。

2. Snort 系统的特点

Snort 是一个跨平台、轻量级的网络入侵检测系统。这里"轻量级"意思是占用的资源非常少，能运行在现有的商用硬件平台上，支持几乎所有的操作系统。

从入侵检测技术来说，Snort 是一种基于特征匹配的网络入侵检测系统。它采用基于规则的网络信息搜索机制，对数据包进行内容的模式匹配，从中发现入侵。这种基于规则的检测机制十分简单、灵活，检测效率较高，报警实时。

另外，Snort 采用灵活的体系结构，大量使用插件机制，将比较关键且可能需要扩充的功能部件(如预处理器、处理和输出模块)设计成插件，最大限度地减少了因功能增加而对系统的影响。从功能模块上看，各个功能模块明晰，相对独立，设计合理。从编码上看，它具有很好的编程风格和详细的注释，易于理解。

Snort 的现实意义在于，作为开放源代码软件，其填补了商业入侵检测系统的空白，可以帮助中小网络的系统管理员有效地监视网络流量和检测入侵行为。

7.4.2　Snort 体系结构

Snort 的体系结构主要由嗅探器、解码器、预处理器、检测引擎和输出插件五个基本功能模块组成，如图 7.4 所示。

IDScenter 是一个基于 Windows 的 Snort 安装程序，解决了原来 Snort 只能以命令行执行的方式。该程序采用可配置的图形管理界面，使 Snort 的易用性大大增强。以下结合

IDSCenter 使用界面对 Snort 的嗅探器、解码器、预处理器、检测引擎和输出插件五个基本功能模块分别进行介绍。

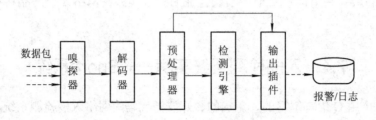

图 7.4　Snort 体系结构

1. 嗅探器

Snort 的最基本功能之一是嗅探器，主要捕获互联网上的 IP 数据包，主要有两种实现方式：

1) 将网卡设置为混杂模式

与网络监听技术类似，Snort 可以通过将网卡设置为混杂模式来监听连接在网络中的所有流量。例如，将 Snort IDS 的一块网卡设置为工作在混杂模式，此时从主机 A 传到 Windows 2000 服务器上或者主机 B 的数据包将被 Snort IDS 监听、捕获到，如图 7.5 所示。

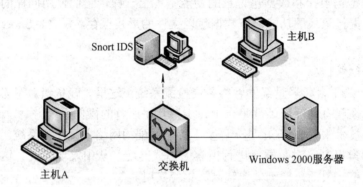

图 7.5　Snort 数据包嗅探功能网络结构

2) 利用 Libpcap 接口直接从网卡捕获网络数据包

Libpcap 是一个外部的捕包程序库，可以运行在任何一种硬件和操作系统的组合中，所以被 Snort 用作捕获数据包的基本工具——利用 Libpcap 独立地从物理链路上捕获原始数据包。

Snort 实现数据包嗅探功能的命令如下：

　　　Snort –d –v –e

-v：Snort 进入数据包的嗅探模式(只对 TCP 头有效)。

-d：嗅探所有类型的数据包(TCP、UDP、ICMP)。

-e：嗅探数据包的链路层包头。

在 DOS 界面下键入此命令行，屏幕上不断显示嗅探到的数据包，显示满一页后就不断滚屏，使用 Ctrl-C 键可以退出程序。然后屏幕上会显示出 Snort 嗅探到数据包的统计数据，有数据包的类型、链路层信息、分片数据包的信息等。如图 7.6 所示。

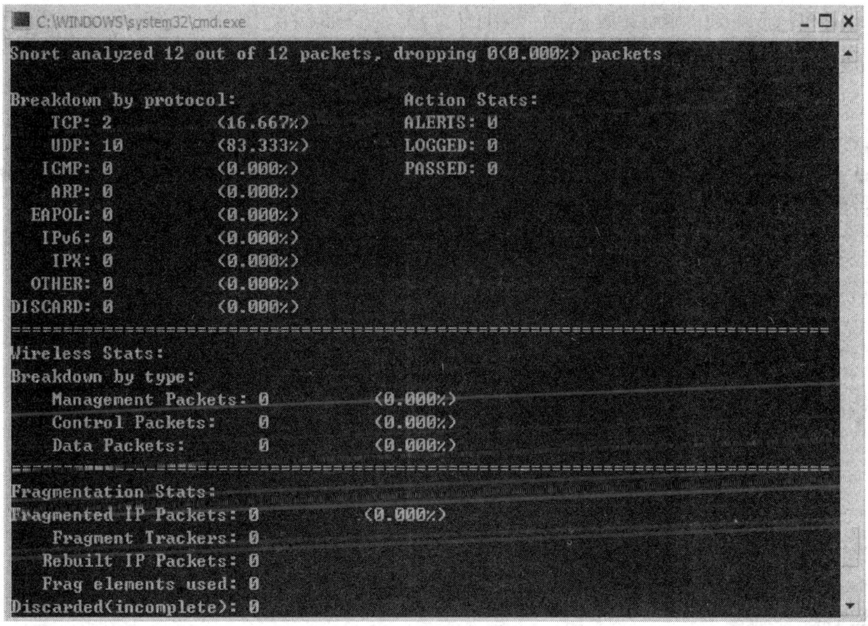

图 7.6　Snort 数据包嗅探统计

2．解码器

解码器是 Snort 第一个对数据包进行处理的内部组件。数据包一旦被捕获后，Snort 要对数据链路层原始数据包的每一个具体协议(TCP、UDP、以太网、令牌环等)元素逐一进行解码分析，并将解码后的数据按一定的格式存入专门数据结构中，然后再将其送到预处理器进行分析。

3．预处理器

预处理器调用相应的插件数据进行预处理，通过分析，从中发现这些数据包的"行为"——数据包的应用层表现是什么，以便检测引擎模块对数据包的匹配操作。

预处理器模块主要有数据包分片重组与数据流重组、协议解码规范化、异常检测三种功能。

1) 数据包分片重组与数据流重组

基于特征的检测只对单个数据包内容和定义好的良好模式进行匹配。如果一个攻击者有意将一个数据包分解成多个分片传输，显然每个单独的分片都将不会匹配 IDS 中的特征，即一般基于特征检测 IDS 不能对跨包的数据进行检测。对此，Snort 采用了 Frag2 预处理器和 Stream4 插件分别进行数据分片和数据流的重组，来检测匹配数据分布在多个数据包中的攻击。

2) 协议解码规范化

Snort 是基于规则的模式匹配，然而这种机制难以处理具有多种数据表达形式的协议，因此需要用预处理器将所有的数据转为统一格式。同时，还对数据流进行标准化处理，将二进制协议转换为文本或其他的表达形式，以便检测引擎能够准确地匹配特征，避免攻击躲避检测。

3) 异常检测

一些攻击通过规则匹配或数据流重组的方法不能被检测出来。这时 Snort 需要引入异常检测的预处理器插件,通过统计和学习正常的网络流量之后,再对不正常的行为进行报警。

常用的预处理器插件如图 7.7 所示。

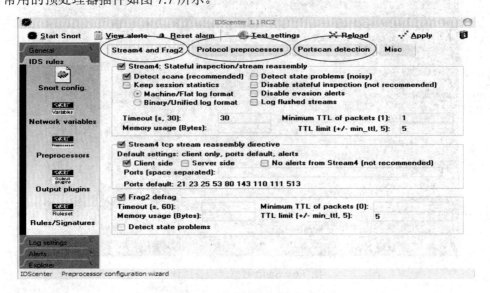

图 7.7　Snort 预处理器模块

4. 检测引擎

检测引擎是 Snort 系统的核心模块,它有两个主要功能:规则分析和特征检测。当数据包从预处理器发送过来后,检测引擎依据预先设置的规则检查数据包,一旦发现数据包中内容和某条规则相匹配,就通知报警模块。Snort 规则表如图 7.8 所示。

Signature	Action	Protocol	Src IP	Src ...	Dir.	Dst IP	Dst ...	Options
☑ SCAN myscan	alert	tcp	$EXTERNA...	10101	->	$HOME_NET	any	ttl: >220; ack: 0; flags: S;referen
☑ SCAN ident version request	alert	tcp	$EXTERNA...	any	->	$HOME_NET	113	flow:to_server,established; cont
☐ SCAN ssh-research-scanner	alert	tcp	$EXTERNA...	any	->	$HOME_NET	22	flow:to_server,established; cont
☑ SCAN cybercop os probe	alert	tcp	$EXTERNA...	any	->	$HOME_NET	80	flags: SF12; dsize: 0; reference:
☑ SCAN Squid Proxy attempt	alert	tcp	$EXTERNA...	any	->	$HOME_NET	3128	flags:S; classtype:attempted-rec
☑ SCAN SOCKS Proxy attempt	alert	tcp	$EXTERNA...	any	->	$HOME_NET	1080	flags:S; reference:url,help,under
☑ SCAN Proxy \(8080\) attempt	alert	tcp	$EXTERNA...	any	->	$HOME_NET	8080	flags:S; classtype:attempted-rec
☑ SCAN FIN	alert	tcp	$EXTERNA...	any	->	$HOME_NET	any	flags: F; reference: arachnids,27,
☑ SCAN ipEye SYN scan	alert	tcp	$EXTERNA...	any	->	$HOME_NET	any	flags: S; seq:1958810375; refere
☑ SCAN NULL	alert	tcp	$EXTERNA...	any	->	$HOME_NET	any	flags:0; seq:0; ack:0; reference:
☑ SCAN SYN FIN	alert	tcp	$EXTERNA...	any	->	$HOME_NET	any	flags:SF; reference: arachnids,19
☑ SCAN XMAS	alert	tcp	$EXTERNA...	any	->	$HOME_NET	any	flags:SRAFPU; reference: arachi
☑ SCAN nmap XMAS	alert	tcp	$EXTERNA...	any	->	$HOME_NET	any	flags:FPU; reference:arachnids,3
☑ SCAN nmap TCP	alert	tcp	$EXTERNA...	any	->	$HOME_NET	any	flags:A;ack:0; reference: arachni
☑ SCAN nmap fingerprint attempt	alert	tcp	$EXTERNA...	any	->	$HOME_NET	any	flags:SFPU; reference: arachnids
☑ SCAN synscan portscan	alert	tcp	$EXTERNA...	any	->	$HOME_NET	any	id: 39426; flags: SF;reference: ar
☑ SCAN cybercop os PA12 attempt	alert	tcp	$EXTERNA...	any	->	$HOME_NET	any	content: "AAAAAAAAAAAAAAA
☑ SCAN cybercop os SFU12 probe	alert	tcp	$EXTERNA...	any	->	$HOME_NET	any	content: "AAAAAAAAAAAAAA
☑ SCAN Amanda client version requ...	alert	udp	$EXTERNA...	any	->	$HOME_NET	1008...	content: "Amanda"; nocase; cla
☑ SCAN XTACACS logout	alert	udp	$EXTERNA...	any	->	$HOME_NET	49	content: "|8007 0000 0700 000
☑ SCAN cybercop udp bomb	alert	udp	$EXTERNA...	any	->	$HOME_NET	7	content: "cybercop"; reference:
☑ SCAN Webtrends Scanner UDP P...	alert	udp	$EXTERNA...	any	->	$HOME_NET	any	content: "|0A|help|0A|quite|0A|"
☑ SCAN SSH Version map attempt	alert	udp	$EXTERNA...	any	->	$HOME_NET	22	flow:to_server,established; cont
☑ SCAN UPNP service discover atte...	alert	udp	$EXTERNA...	any	->	$HOME_NET	1900	content: "M-SEARCH"; offset:0,
☑ SCAN SolarWinds IP scan attempt	alert	icmp	$EXTERNA...	any	->	$HOME_NET	any	content: "SolarWinds.Net"; itype

图 7.8　Snort 规则表

Snort 的每条规则定义了一个特征和相应的事件日志描述。规则按功能分为两个逻辑部分：规则头(Rule Header)和规则选项(Rule Options)。规则头包含了规则动作类型(记录或报警)、数据包的协议类型(IP、TCP、UDP、ICMP 等)、IP 源地址和目的地址、子网掩码、源端口与目的端口值以及数据流向等信息；而规则选项则包含警报信息以及用于是否触发响应规则动作而必须要检查的数据包区域位置的相关信息。Snort 规则信息如图 7.9 所示。

图 7.9　Snort 规则信息

与防火墙规则检测类似，Snort 在进行规则检测时，先根据数据包的 IP 地址和端口号，在规则头链表中找到相对应的规则头，找到后再接着匹配此规则头附带的规则链表。如果发现存在一条规则匹配某一数据包，就表示检测到一个攻击，然后按照规则指定的行为动作处理(如发送警告等)；如果搜索完所有的规则都没有找到匹配的规则，就表示该数据包是正常的。

5. 输出插件

Snort 从检测引擎获得的数据必须进行有意义的记录和显示，并通过输出插件输出结果，提供给用户，并对入侵数据进行管理。

Snort 能够把捕获的数据信息显示在屏幕上，还能把它们按 IP 地址的不同生成不同的文件夹中的文件并保存在某个目录下。例如想记录主机 192.168.6.80/24 的数据，并把捕获的数据文件保存到 Snort/log 目录下，使用命令"Snort-dev-l /snort/log-h 192.168.6.80/24"，则生成如图 7.10 所示文件。

输出插件可以采用多种方式配置以支持实时报警。这些插件允许把报警和日志以更加灵活的格式和表现形式呈现给管理员。插件定义了数据存储的方式、格式以及数据传输方式。插件具有开放的 API，这样便于结合实际环境定制插件以满足相应的需求。如图 7.11 所示。

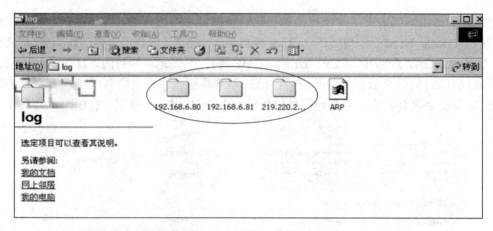

图 7.10　Snort 数据包记录功能

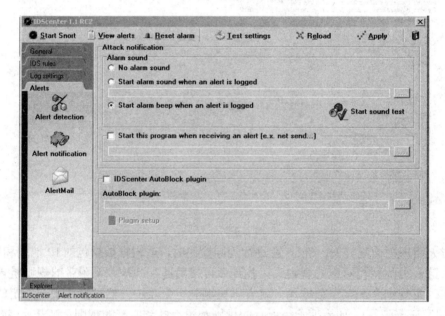

图 7.11　Snort 输出插件

7.4.3　Windows 平台下 Snort 的应用

【实验背景】

　　Snort 是一种跨平台、轻量级、基于特征匹配的网络入侵检测系统。系统采用灵活的体系结构，大量使用插件机制，具有很好的扩展性和可移植性。本试验要实现采用流光软件对目标主机进行扫描；用 Winpcap 软件捕获数据包；用 Snort 进行分析，并介绍 Windows 平台下的 Snort 应用软件 IDSCenter。主要下载站点有 http://www.winpcap.org/、http://www.snort.org/、http://www.engagesecurity.com/。

【实验目的】

　　掌握用 Snort 作为基于主机的入侵检测系统(HIDS)的使用。

【实验条件】

(1) Winpcap2.3，Snort2.0，IDScenter1.1，RC2，Fluxay5；

(2) HIDS 主机 A：Windows 2000/2003，IP 地址 192.168.6.80/24；

(3) 攻击主机 B：Windows 2000/2003，IP 地址 192.168.6.81/24。

【实验任务】

(1) 学习使用 Snort 数据包检测和记录功能；

(2) 通过 IDScenter 配置功能加强对 Snort 原理的理解。

【实验内容】

1. 安装数据包捕获软件

由于 Snort 本身没有数据包捕获功能，因此需要用其他软件来捕获数据包。Winpcap 是 libpcap 抓包库的 Windows 版本，它同 libpcap 具有相同的功能，可以捕获原始形式的包。在 HIDS 主机上安装 Winpcap 过程如下：

(1) 双击 winpcap-2-3.exe 启动安装；

(2) 屏幕出现欢迎对话框，单击"Next"按钮；

(3) 下一个对话框提示安装过程完成，单击"OK"按钮完成软件安装。

(4) Winpcap 安装成功，重新启动计算机。

2. 安装 Snort 软件

在 HIDS 主机上安装 Snort 软件过程如下：

(1) 双击 Snort -2.0.exe，启动安装程序；

(2) 启动安装以后，会看到关于 Snort 的一篇文献，阅读并单击"I Agree"按钮；

(3) 出现的是安装选项对话框，单击"Next"按钮；

(4) 将选择安装部件，选择完毕后单击"Next"按钮；

(5) 现在提示安装位置，使用默认的，并单击"Install"按钮；

(6) 安装完成，单击"Close"按钮。

3. 在攻击主机 B 上安装流光 5(Fluxay5)扫描软件，默认安装即可

4. Snort 数据包嗅探及包记录应用

(1) 用 Ping 命令测试 HIDS 主机 A 与攻击主机 B 网络连通。

(2) 在 A 机器上单击"开始"→"运行"，在【运行】窗口中输入"cmd"打开 DOS 界面，如果在 Snort 安装时选择的默认安装路径为 C：\，则在 DOS 界面中打入命令"cd C:\snort\bin"进入 snort 安装目录，然后打入如下命令以数据包记录的形式启动 Snort：

　　　　snort-dev-l /snort/log-h 192.168.6.80/24。

此命令为记录子网为 192.168.6.80/24 的数据，并把捕获的数据文件保存到 Snort/log 目录下，此时可以在屏幕上不断显示嗅探到的数据包，显示满一页后就不断滚屏。

(3) 在 B 机器上启用扫描软件流光 5，右击"IPC$主机"→"编辑"→"添加"，在【添加主机】窗口中加入要扫描的主机"192.168.6.80"即安装了 Snort 的 HIDS 主机，如图 7.12 所示。

(4) 在流光 5 软件中右击"192.168.6.80"→"探测"→"扫描主机端口"，确定端口扫描范围后，对 HIDS 主机进行端口扫描，扫描到的结果如图 7.13 所示。

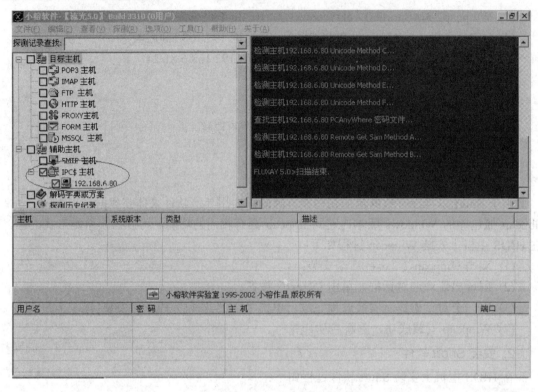

图 7.12　流光探测主机

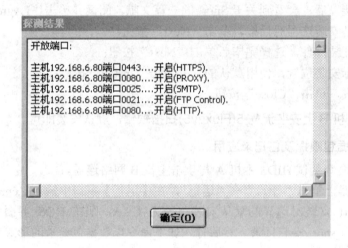

图 7.13　扫描结果

(5) 在 HIDS 主机的 DOS 界面下可以看到从 B 机器扫描发过来的探测的数据包信息，如图 7.14 所示。使用 Ctrl-C 键可以退出程序，看到数据包统计信息。

(6) 在 Snort/log 目录下打开文件名为"192.168.6.81"文件夹，可以看到很多刚才 B 机器上对 A 机器进行扫描的数据包记录，如图 7.15 所示。

对记录的数据包信息作进一步的分析，如图 7.16 所示。

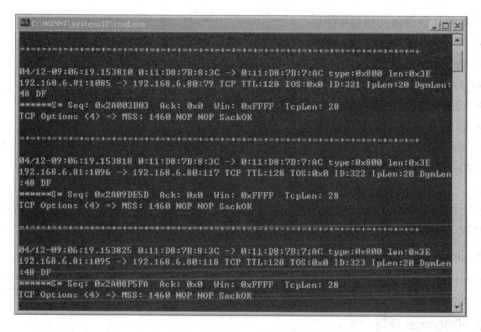

图 7.14　DOS 界面上的数据包显示

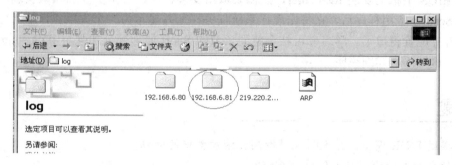

图 7.15　log 目录下记录的数据包信息

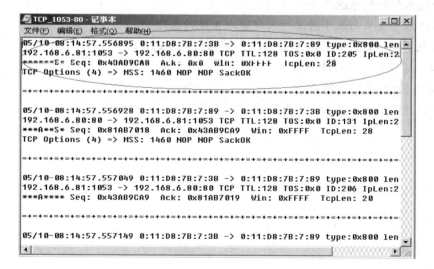

图 7.16　数据包记录

检测到此数据包的信息如下：

➤ 源 MAC 地址：0：11：D8：7B：7：3B；

➤ 目的 MAC 地址：0：11：D8：7B：7：89；

➤ 类型：0*800，长度：0*3E；

➤ 源 IP 地址：192.168.6.81，源端口：1053；

➤ 目的 IP 地址：192.168.6.80，目的端口：80；

➤ 协议类型是：TCP；TTL(生存时间)：128；TOS(服务类型)：0*0；ID：205；IP 包头长度：20；数据包总长度：48 DF。后面的一段信息显示此数据包企图探测连接目的主机 80 端口。

从上面的数据包记录的信息来看，就可以知道网络上有人可能在扫描 HIDS 主机端口的开放情况，必须采取措施将端口关闭或更改。

5. Snort 用于入侵检测功能

Snort 除了数据包嗅探和数据包记录的功能外，还有很重要的一个功能就是入侵检测 (IDS)功能，能够应用 Snort 的规则集来检测特定网络的可疑行为，本实验不作详述。

6. IDScenter 应用

在 HIDS 主机上安装 IDScenter，只需要双击安装程序，一步步按照默认安装即可。当启动 IDScenter 应用程序后，它将出现在系统任务栏上并显示为一个大黑点，单击这个黑点就可以打开配置窗口了。学习者可结合前面章节的 Snort 原理部分加强对 IDScenter 的学习和使用，这里不再详细说明。

习　题

1. 描述 P^{2}DR 模型，并说明入侵检测在该模型中的地位。
2. 什么叫入侵检测与入侵检测系统？
3. 简述入侵检测系统的功能结构。
4. 简述基于主机与基于网络的入侵检测系统的原理。
5. 简述异常检测与误用检测的原理，并比较两者的优缺点。
6. 简述常用的入侵检测模型。
7. 简述 Snort 系统的特点。
8. 设计并实现一个 Snort 入侵检测的完整过程。

第 8 章　计算机病毒与防范

随着计算机和网络技术的迅速发展，计算机病毒已经成为危害计算机系统和网络安全的主要威胁之一。各种计算机病毒的产生和蔓延造成了计算机资源的损失和破坏，也造成了社会资源和财富的巨大浪费。了解和熟悉计算机病毒技术能够使我们更好的认识病毒，消除对病毒的恐惧心理，最终达到防范病毒、清除病毒的目的。

8.1　计算机病毒概述

8.1.1　计算机病毒的定义

我国于 1994 年颁布的《中华人民共和国计算机信息系统安全保护条例》中明确指出："计算机病毒，是指编制或者在计算机程序中插入的破坏计算机功能或者毁坏数据，影响计算机使用，并能自我复制的一组计算机指令或者程序代码。"

与生物学上的病毒类似，计算机病毒也具备寄生性、传染性和破坏性等主要特征，只不过不同的是，计算机病毒是一些别有用心的人利用计算机软、硬件所固有的安全上的缺陷有目的地编制而成。计算机病毒会伺机发作，并大量地复制病毒体，感染本机的其他文件和网络中的其他计算机而带来巨大的损失。

总的来说，计算机病毒的危害主要表现在三大方面：一是破坏文件或数据，造成用户数据丢失或毁损；二是抢占系统网络资源，造成网络阻塞或系统瘫痪；三是破坏操作系统等软件或计算机主板等硬件，造成计算机无法启动。计算机病毒具有以下几个特点：

(1) 寄生性：计算机病毒不能独立存在，只能附着在其他程序之中，不易被人发觉，只有当执行这个程序时，病毒才起破坏作用。被嵌入的程序叫做宿主程序。

(2) 传染性：传染性是病毒的基本特征。正常的计算机程序一般是不会将自身的代码强行连接到其他程序之上的，而计算机病毒却可以通过各种渠道，如可移动磁盘、计算机网络等，从已被感染的计算机扩散到未被感染的计算机，使被感染的计算机工作失常甚至瘫痪。

(3) 潜伏性：计算机病毒程序进入系统之后一般不会马上发作，而是对其他系统文件进行传染，一旦满足其触发条件，则对系统进行破坏，如在屏幕上显示指定信息，或执行格式化磁盘、删除磁盘文件、对数据文件做加密、封锁键盘以及使系统死锁等破坏系统的操作。

(4) 隐蔽性：隐蔽性是计算机病毒最基本的特征。通过此特性，病毒可以在用户没有察觉的情况下扩散到大量的计算机中，并且使对病毒的查杀工作变得非常困难。

(5) 破坏性：破坏性是计算机病毒造成的最显著的后果。无论病毒激活后是占用大量系统资源，还是破坏文件，甚至毁坏计算机硬件，都会给用户正常使用计算机带来很大的影响。一般将没有恶意破坏性的程序称为良性病毒，此类病毒有可能会占用大量系统资源，但不会对系统造成巨大的破坏。除了部分良性病毒以外，剩下的绝大多数都是造成严重后果的恶性病毒，如破坏系统分区，删除文件等。

(6) 可触发性：因某个事件或数值的出现，诱使病毒实施感染或进行攻击的特性称为可触发性。设计者在病毒程序中预定一个或几个触发条件，如某个特定的时间、特定的文件或病毒内置的计数器达到一定次数等，触发机制会在病毒运行的时候检查触发条件是否满足，如果满足，启动感染或破坏动作，使病毒进行感染或攻击；如果不满足，使病毒继续潜伏。

(7) 变异性(衍生性)：掌握病毒原理的人可以对病毒进行任意改动，从而可以衍生出多种不同于原版本的新的病毒，而有些计算机病毒在发展、演化过程中自身也可以产生变种，这就是计算机病毒的变异性，也称为衍生性。

(8) 不可预见性：虽然不同病毒有些操作是共有的，如驻留内存、更改中断等，但由于病毒的代码千差万别，并且随着更多的计算机病毒新技术的出现，对未知病毒检测的难度逐步增大，这些都决定了病毒的不可预见性。

8.1.2　计算机病毒的分类

从发现第一个病毒以来，世界上究竟有多少种病毒，说法不一。据国外统计，计算机病毒以 10 种/周的速度递增，另据我国公安部统计，国内以 4～6 种/月的速度递增。按照科学的、系统的、严密的方法给病毒分类是为了更好地了解它们。按照计算机病毒的特点及特性，有许多种分类方法，而同一种病毒可能就有多种不同的分法。

1. 按照攻击系统类型分类

计算机病毒按照攻击操作系统类型可分为以下几类：

(1) 攻击 DOS 系统的病毒：此类病毒出现最早，种类及其变种也最多，2000 年前我国出现的计算机病毒基本上都是这类病毒，占病毒总数的 99%。尽管 DOS 技术在 1995 年以后基本上处于停滞状态，但攻击 DOS 的病毒的数量及传播仍在发展，只是比较缓慢而已。

(2) 攻击 Windows 系统的病毒：从 1995 年以后，由于 Windows 的图形用户界面(GUI)和多任务操作系统深受用户的欢迎，因此逐渐取代 DOS，成为微型计算机的主要操作系统，从而也成为了病毒攻击的主要对象。目前发现的首例破坏计算机硬件的 CIH 病毒就是一个 Windows 9x 病毒。

(3) 攻击 Unix 系统的病毒：随着病毒技术的发展，当初认为安全的 Unix 和 Linux 系统也成为了病毒攻击的目标，如 1997 年出现的首例攻击 Linux 系统的病毒——Bliss(上天的赐福)病毒，以及 2001 年出现的首例能够在 Windows 和 Linux 下传播的 Win32.Winux 病毒。由于目前 Unix 和 Linux 系统应用都非常广泛并且应用在许多大型服务器上，所以 Unix 病毒的出现对信息安全带来了严重的威胁。

(4) 攻击 OS/2 系统的病毒：1996 年发现的 AEP 病毒是第一个真正针对 OS/2 操作系统

的病毒，它能够将自身依附在 OS/2 的可执行文件后面进行感染，改变了以往的恶意程序不具备病毒感染性这一基本特征的状况。虽然 AEP 病毒比较简单，但也预示着 OS/2 系统现在已经成为病毒攻击的目标。

(5) 攻击 Macintosh 系统的病毒：针对 Mac 系统进行攻击的病毒有 Mac.Simpsons，它是使用 AppleScript 编写的病毒程序，主要通过 Mac OS 的 Outlook Express 或 Entourage 邮件程序向通讯录中的用户地址自动发送大量垃圾邮件，邮件主题为"Secret Simpsons episodes!"，并携带名为"Simpsons Episodes"的附件。使用者一旦执行该附件，病毒就会继续发送垃圾信息。此外，Simpsons 病毒还会启动 IE 浏览器，连接到 http: //www.snpp.com/episodes.html网站。

(6) 其他操作系统上的病毒：如手机病毒、PDA 病毒等。2000 年 6 月在西班牙发现的 VBS.Timofonica 病毒是第一例手机病毒，它通过运营商 Telefonica 的移动系统向该系统内的任意用户发送骂人的短消息。随着智能终端的普及，针对这类应用系统的病毒也会越来越多。

2. 按照寄生和传染途径分类

计算机病毒按其寄生方式可分为引导型病毒和文件型病毒，以及集引导型和文件型病毒特性于一体的混合型病毒，还有宏病毒。

(1) 引导型病毒：引导型病毒通过感染软盘或硬盘的引导扇区，在系统启动时运行病毒代码。

(2) 文件型病毒：文件型病毒主要以感染文件扩展名为 .com、.exe 和 .ovl 等可执行程序为主。

(3) 混合型病毒：混合型病毒综合了引导型和文件型病毒的特性，使其传染性以及存活率都有所增强。不管以哪种方式传染，只要中毒就会经开机或执行程序而感染其他的磁盘或文件，此种病毒也是最难杀灭的。

(4) 宏病毒：宏病毒是一种寄存于微软公司 Word 和 Excel 等文档或模板的宏中的计算机病毒，编写容易，破坏性强。一旦打开这样的文档，宏病毒就会被激活，转移到计算机上，并驻留在 Normal 模板上，以后所有自动保存的文档都会"感染"上这种宏病毒，病毒发作时，轻则影响正常工作，重则破坏硬盘信息，设置格式化硬盘，危害极大。

3. 按照攻击方式分类

由于计算机病毒本身必须有一个攻击对象以实现对计算机系统的攻击，计算机病毒所攻击的对象是计算机系统可执行的部分。

(1) 源码型病毒：该病毒攻击高级语言编写的程序，在源程序编译之前就插入其中，经编译成为合法程序的一部分。

(2) 嵌入型病毒：嵌入在程序的中间，它只能针对某个具体程序进行感染，如 dBASE 病毒。

(3) 外壳型病毒：是目前最常见的文件型病毒，它寄生在宿主程序的前面或后面，并修改程序的第一个执行指令，使病毒先于宿主程序执行，这样随着宿主程序的使用而传染扩散。这种病毒的检测最为简单，一般测试文件的大小即可知。

(4) 操作系统型病毒：这种病毒用它自己的程序意图加入或取代部分操作系统进行工

作,具有很强的破坏力,可以导致整个系统的瘫痪,如圆点病毒和大麻病毒在运行时,用自己的逻辑部分取代操作系统的合法程序模块,根据病毒自身的特点和被替代的操作系统中合法程序模块在操作系统中运行的地位与作用以及病毒取代操作系统的取代方式等,对操作系统进行破坏。

4. 按照传播途径分类

计算机病毒的传播主要是通过拷贝文件、传送文件和运行程序等方式进行的,主要有以下几种传播途径:

(1) 存储介质:病毒可通过感染常用的存储介质,如软盘、光盘、U 盘、存储卡、硬盘等,感染系统及已安装的软件或程序,然后再通过被传染的存储介质去传染其他系统。通过存储介质感的病毒也称为单机病毒。

(2) 网络病毒:网络病毒是通过网络数据通道来进行传播的,如通过邮件、浏览网页、局域网共享文件、网络下载,以及通过 ICQ 等即时通信软件进行传播。网络病毒的传染能力更强,破坏力也更大。

8.2 计算机病毒原理

目前的计算机病毒几乎都是由引导模块、传染模块和表现模块三部分组成。引导模块借助宿主程序将病毒主体从外存加载到内存,以便传染模块和表现模块进入活动状态。传染模块负责将病毒代码复制到传染目标上去。表现模块判断病毒的触发条件,实施病毒的破坏功能,是病毒间差异最大的模块。常见的计算机病毒有引导型病毒、文件型病毒、宏病毒、蠕虫、木马、网页病毒等,了解这些病毒的原理及预防措施能够使用户远离病毒的威胁。

8.2.1 引导型病毒

引导型病毒是最早出现在 IBM PC 兼容机上的病毒,也是 20 世纪 90 年代中期最流行的病毒类型。引导型病毒主要感染软盘的引导扇区(BOOT SECTOR)和硬盘的主引导扇区或引导扇区,改写引导扇区的内容,将病毒的全部或部分逻辑取代正常的引导记录,而将真正的引导区内容隐藏在磁盘的其他地方。这样,当计算机启动时,病毒可以在系统文件装入内存之前先进入内存,获取系统控制权,待病毒程序执行后,再将控制权交给真正的引导区内容,使得这个带病毒的系统看似正常运转,其实病毒已隐藏在系统中伺机传染和发作。

引导型病毒按其寄生对象的不同可分为 MBR(主引导区)病毒和 BR(引导区)病毒两类。MBR 病毒也称为分区病毒,寄生在硬盘分区主引导程序所占据的硬盘 0 头 0 柱面第 1 个扇区中,如大麻(Stoned)、2708 等。BR 病毒是寄生在硬盘逻辑 0 扇区或软盘逻辑 0 扇区(即 0 面 0 道第 1 个扇区),如 Brain、小球病毒等。

引导扇区型病毒预防主要有以下几个方面:

➢ 保证用干净的软盘和硬盘来引导系统。

➢ 安装具有实时监控引导扇区或者能够查杀引导型病毒的杀毒软件。

➢ 通过启用某些主板提供的引导区病毒保护功能(Virus Protect)来对系统引导扇区进行

保护。

对于引导扇区型病毒的查杀最常用的是使用杀毒软件，也可以用手工的方式进行查杀，如在平时备份干净的硬盘主引导信息，当病毒发作时，用干净的软盘启动电脑进入系统 DOS，然后用备份的引导扇区信息替换感染病毒的引导扇区信息。

8.2.2　文件型病毒

文件型病毒是指寄生在文件中的以文件为主要感染对象的病毒。广义的文件型病毒包括可执行文件病毒、源码病毒和宏病毒，而狭义的文件型病毒单指感染 .com 和 .exe 等可执行文件的病毒，本部分内容仅指狭义上的文件型病毒。

1. 典型的文件型病毒

典型的文件型病毒如 DOS 病毒中的"耶路撒冷"和"黑色星期五"，Windows 病毒中的著名的 CIH 病毒。

1)　"耶路撒冷"和"黑色星期五"

这两者都通过感染 .com 和 .exe 文件，在系统执行可执行文件时取得控制权，修改 DOS 中断，在系统调用时进行感染，并将自己附加在病毒文件中，使文件长度增加。

2)　CIH 病毒

CIH 病毒是 Win32 病毒的一种，也是第一个可以破坏硬件的病毒，其宿主是 Windows 95/98 系统下的 PE 格式可执行文件(.exe 文件)，在 DOS 平台和 Windows NT 平台中病毒不起作用。PE 即 Portable Executable(可移植的可执行文件)，是 Windows 32 环境自带的可执行文件格式，可移植的可执行文件意味着即使 Windows 运行在非 Intel 的 CPU 上，Windows 32 平台的 PE 解释器也能识别和使用该文件格式。CIH 病毒利用 Windows 9x 针对系统内存保护不利的弱点进行攻击感染，其最主要的特征是可以利用某些类型主板 BIOS 开放的可重写的特性向其 Flash BIOS 端口写入乱码，从而破坏硬件，并且使硬盘数据、硬盘主引导记录、系统引导扇区、文件分配表被覆盖，造成硬盘数据特别是 C 盘数据丢失，是一款破坏性极强的恶性病毒。在 2000 年 4 月 26 日，CIH 病毒发作，在中国内地破坏的计算机总数约 36 万台，造成直接或间接的经济损失超过 10 亿元人民币。

2. 文件型病毒分类

文件型病毒主要分为寄生型病毒、覆盖型病毒和伴随型病毒三类。

1)　寄生型病毒

寄生型病毒是将病毒代码加入正常程序中，原来程序的功能部分或者全部被保留，常常会改变文件原有的长度，如"耶路撒冷"和"星期天"病毒。CIH 病毒也属于寄生型病毒，但它是利用可执行文件存在的很多没有使用的部分，将病毒代码分散插入宿主文件中，使宿主文件大小不变，是一款隐蔽性较好的病毒。

2)　覆盖型病毒

覆盖型病毒是直接用病毒程序替代被感染的程序，不改变文件的长度，好的覆盖型病毒是通过覆盖不影响宿主程序运行的功能代码，使被感染程序也能运行。覆盖型病毒最难清除，因为即使清除了病毒代码，原有的程序中被覆盖的内容也永远不能恢复了，只能删除此程序。

3) 伴随型病毒

伴随型病毒不改变被感染的文件，而是创建一个伴随文件，当运行被感染文件时，控制权会转到伴随文件上，病毒代码执行完后，控制权再回到被感染文件上。典型的伴随型病毒如"金蝉"病毒，它在感染 EXE 文件时会生成一个同名的 COM 伴随体，在感染 COM 文件时把原来的 COM 文件改为同名的 EXE 文件，并产生一个与元文件同名的伴随体。

3. 文件型病毒的预防

文件型病毒的预防主要有以下几个方面：

(1) 及时备份。及时备份是预防所有病毒类型的有效方法，通过备份的系统和数据，能够干净地恢复原有的环境。常用的备份工具如 Ghost 可以对整个磁盘或某个分区进行备份，而利用某些系统自带的备份程序也可以完成对重点保护文件的备份，如 Windows 系统自带的备份程序 Ntbackup.exe，在【运行】窗口中键入该程序名将其打开(第一次打开该程序需按照向导指示执行)，选择要备份的项目，如驱动器、文件夹或文件，选择备份保存的位置和名称后，即可生成 .bkf 备份文件。恢复备份时双击该文件，选择要恢复的相关参数即可恢复备份。Ntbackup.exe 的好处是具备正常、副本、增量、差异和每日五种备份类型供使用者根据实际需要选择，非常方便。Windows 系统自带的备份工具界面如图 8.1 所示。

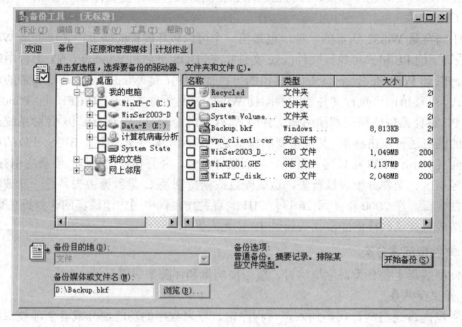

图 8.1　Windows 系统自带的备份工具

(2) 利用杀毒软件对所有外来的文件进行查杀后再打开，并利用病毒防火墙对系统进行实时监控，还要结合病毒行为检测技术判断出当前内存中被执行的程序是否是病毒程序，或者是否带有病毒特征，一旦发现有可疑情况，就立刻终止其进程的操作，同时消灭其中的可疑代码，或者给出提示，这样就可以比较有效地预防文件型病毒，对其他病毒也是如此。

(3) 对于可执行程序的简单免疫措施：与注射某种病毒的免疫疫苗使肌体对该病毒产生自然抵抗能力类似，为免重复感染，某些计算机病毒感染时会判断要感染的程序是否已有感染标记，如果没有，说明其未被感染过，这时便对宿主程序进行感染并写入标记，反之，如果宿主程序已有感染标记，病毒则放弃感染。如果在编写程序的时候，在可能被感染的区域写上与病毒相同的代码，就能够迷惑计算机病毒，使程序避免被感染。除此之外，也可以通过给程序加防毒壳的办法来避免被病毒感染。现在网上已经有很多专门针对某病毒的免疫器，如 Autorun 病毒免疫器、QQ 病毒免疫器、熊猫烧香病毒免疫器等，用户可以根据实际需求下载安装，使系统免于遭受相应的病毒威胁。病毒免疫效果虽好，但由于一般只能根据已知的某些病毒进行免疫，因此具有局限性。

8.2.3　宏病毒

宏病毒是利用 Word/Excel/Power Point VBA(Visual Basic For Applications)进行编写的程序，只要运行了微软的 Office 应用程序的计算机就可能传染宏病毒。多数宏病毒都具有发作日期，病毒发作时轻则影响用户正常工作，重则破坏硬盘信息，甚至格式化硬盘，危害极大。而且宏病毒的宿主程序是非可执行程序，因此一般的用户对 Word 等文档的病毒防范意识较弱，容易给宏病毒造成可乘之机。

宏病毒一般通过感染模板使所有通过该模板生成的文档都成为带毒文档。以 Word 中的宏病毒为例，微软在 Word 中集成了一些包含相应类型文档格式的模板以便于用户使用，并允许用户通过添加宏来制定符合自己所需格式的模板，其中建立 Word 文档最常用的模板为 Normal.dot，其中包含了打开、关闭等操作的宏。用户一旦打开含有宏病毒的文档，就会激活宏病毒转移到计算机上，并驻留在 Normal 模板上。从此以后，所有自动保存的文档都会感染上这种病毒，而且如果其他用户打开了感染病毒的文档，宏病毒又会转移到其他的计算机上。常见的宏病毒包括"台湾一号"(Tw no.1)、"七月杀手"(JulyKiller)及"美丽莎"(Melissa)等。

"美丽莎"是一款感染 Word 97/2000 的病毒，通过邮件传播，病毒发作时首先降低主机的宏病毒保护等级，感染通用模板 Normal.dot，然后在 Windows 注册表项"HKEY_CURRENT_USER\Software\Microsoft\Office"中添加值为"… by Kwyjibo"的表项"Melissa?"，即写入感染标记。最后，病毒打开用户的电子邮件地址，向前 50 个用户发送附加了带毒文件的电子邮件。邮件接收用户打开邮件中的带毒文件后，病毒继续感染，重复以上动作，直至在短时间内阻塞邮件服务器，严重影响网络的正常通信，并且该病毒在传播过程中还会泄漏用户和文档信息。"美丽莎"病毒曾于 1999 年 3 月席卷欧美国家计算机网络，给个人、企业和政府部门造成巨大的经济损失。

对于宏病毒防范的措施包括以下几方面：

(1) 提高 Word/Excel 的宏的安全级别。打开 Word/Excel 窗口，单击菜单上的"工具"→"宏"→"安全性"，打开设置窗口，选择安全级为"高"或"非常高"，如图 8.2 所示。

(2) 删除可疑的宏。打开 Word/Excel 窗口，单击菜单上的"工具"→"宏"→"宏"，查看是否有既不是用户自己定义的也不是 Word/Excel 默认提供的宏，如果有可疑的宏则将其删除。

(3) 备份 Normal.dot 模板。打开 Word/Excel 窗口，单击菜单上的"文件"→"另存为"，在"保存文件类型"中选择"文档模板(*.dot)"，可以看到 Normal.dot 文件，将其选中备份即可，一旦发现宏病毒则可以用此备份来覆盖被感染的模板以消除宏病毒。对于其他模板的备份可以通过系统盘\Program Files\Microsoft Office\Templates 找到相应的模板并进行备份。

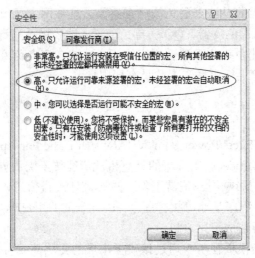

图 8.2　宏的安全级别设置

(4) 对于打开时提示有宏操作的文件应小心处理，一般要禁止宏运行。如果是 Word 文档可以用不调用宏功能的写字板打开，将内容拷贝到 Word 中，这样文档中就不再包含宏了。

(5) 由于宏病毒发作时会感染模板，因此可以对模板的保存进行监控，防止宏病毒写入，如在 Word 打开后，单击菜单上的"工具"→"选项"，选中"保存"选项卡，设置对模板保存的提示，如图 8.3 所示。

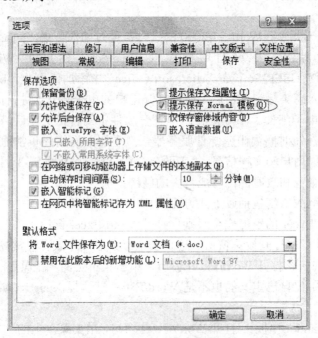

图 8.3　对模板的保存进行监控

8.2.4 蠕虫

蠕虫(Worm)是一种独立的可执行程序，主要由主程序和引导程序组成(引导程序实际上是主程序或一个程序段自身的一个副本)，主程序负责收集与当前计算机联网的其他计算机的信息，利用对方的系统缺陷在远程计算机上建立引导程序，从而通过引导程序将蠕虫带入它所感染的每一台计算机中。

与病毒相似，蠕虫也具有传染性和可复制性，但不同的是，病毒代码不能独立存在，必须寄生于宿主文件才能进行传染和激活，而蠕虫是独立的可执行程序，通过自身复制在互联网环境下进行传播，两者间主要的区别如表 8.1 所示。

表 8.1 病毒与蠕虫的主要区别

属 性	病 毒	蠕 虫
存在形式	寄生在宿主程序中	独立的可执行程序
复制机制	病毒代码插入到宿主程序中	自身复制
传染机制	宿主程序运行	指令代码利用系统漏洞直接攻击
传染目标	本地文件	网络上的其他计算机
触发传染	用户使用宿主程序	程序本身
影响重点	文件系统	网络与系统的性能
计算机用户角色	病毒传播的关键环节	无关
防范措施	将病毒代码从宿主程序中摘除	为系统打补丁
对抗主体	计算机用户、反病毒厂商	系统提供商、网络管理员

1. 蠕虫的工作过程

蠕虫一般的工作过程其实就是对要感染的目标主机进行漏洞入侵的过程，主要分为扫描、攻击与复制三个步骤。

(1) 扫描：蠕虫随机选取一段 IP 地址，然后对该地址段的主机逐台发送漏洞扫描信息，直到收到成功的反馈信息，确定目标主机。

(2) 攻击：按照扫描到的漏洞对目标主机实施漏洞攻击，取得主机系统的控制权。

(3) 复制：在感染主机和目标主机之间建立传输通道，通过文件传输的方法将蠕虫副本复制到目标主机中。

2. 蠕虫的特性

蠕虫具有以下的特性：

1) 主动攻击

从蠕虫的工作过程可以看出，与一般的病毒需要计算机用户打开宿主程序后才能传染的技术不同，蠕虫释放后，从搜索漏洞到利用漏洞攻击系统，再到复制副本，整个流程全部由蠕虫自身主动完成，并不需要用户参与。

2) 传播方式多样化

蠕虫可以利用操作系统和应用程序的各种漏洞进行攻击，主要包括系统、邮件和网页漏洞，而相应的蠕虫也分为系统漏洞蠕虫、邮件蠕虫和网页蠕虫，使用户在并不知情的情况下受害。常见的蠕虫有利用系统 RPC 溢出漏洞的"冲击波",利用系统 LSASS 溢出漏洞的"震荡波",利用 SQL 溢出漏洞的"SQL 蠕虫王 Slammer",利用邮件 MIME 漏洞的 MyDoom,利用 IE 浏览器漏洞的"尼姆达"等。

3) 传播更快更广

蠕虫病毒比传统的计算机病毒具有更大的传染性,它不仅传染本地的计算机系统,而且可以借助网络中的共享文件、电子邮件、恶意网页以及存在大量漏洞的服务器进行广泛传播。其传播速度可以达到传统病毒的几百倍,甚至在几个小时之内就可以蔓延全球,造成难以估量的损失。

4) 隐蔽性更强

传统的计算机病毒需要用户主动打开宿主文件才能激活,因此一般的用户对收到的文件都比较小心,轻易不会打开来历不明的文件,这在一定程度上也限制了病毒的传染。但是,蠕虫往往并不需要用户参与其中,如邮件蠕虫当用户在浏览邮件主题时已经运行,并不需要用户打开感染邮件,而通过与网页技术结合,蠕虫也可以在用户并不知情的情况下驻留主机内存并伺机触发。

5) 技术更先进

如今多数的蠕虫已经不是传统意义上的蠕虫,多数都结合了木马和病毒技术,发展成为蠕虫病毒,破坏力更大。如结合了病毒技术的邮件蠕虫"尼姆达",结合了木马技术的"红色代码"等。2006 年在国内轰动一时的"熊猫烧香"恶性病毒就是一款集病毒和蠕虫特色为一身的感染型蠕虫病毒。它能够感染系统中 .exe、.com、.pif、.src、.html 和 .asp 等文件,还能中止瑞星、毒霸、江民、卡巴斯基等大量的反病毒软件进程,删除用户用 GHOST 进行备份的扩展名为 gho 的文件,并将被感染的用户系统中所有.exe 可执行文件全部被改成熊猫举着三根香模样的图标,破坏力极强。

3. 蠕虫病毒的预防

面对快速复制和疯狂传播的蠕虫,尽早发现并对感染了蠕虫的主机进行隔离和恢复是防止蠕虫泛滥,避免造成损失的关键。对蠕虫进行查杀除了使用网络版杀毒软件进行全网监控和全网查杀以外,还有以下常用技术:

1) 修补系统漏洞

管理员应实时了解系统更新情况,及时下载系统漏洞补丁以防止蠕虫利用漏洞进行攻击。

2) 防火墙策略

设置禁止。除服务器端口之外的其他端口开放,切断蠕虫的传输通道和通信通道。

3) 系统安全设置

➢ 严格设置网络共享文件夹访问权限,如将访问权限设置为"只读",设置访问帐号和密码,并定期查看,限制蠕虫利用访问权限进行复制。

➢ 定期检查系统中的帐户,一旦发现不明帐户则立即删除,并严格禁止使用 Guest 帐户。

➢ 根据密码策略给帐户设置尽可能复杂的密码,避免出现弱密码被蠕虫利用来攻击系统。

➢ 如果在共享文件夹中出现不明文件则将其立即删除，不要打开可疑文件，以免被蠕虫感染。

4) 入侵检测系统

结合入侵检测系统的使用，可以使管理员发现蠕虫探测行为并及时发出告警信息，防止蠕虫大面积扩散。

总之，针对蠕虫的预防其实就是一场与入侵技术进行较量的过程，一定要结合多项安全技术全面进行防范。

8.2.5　木马

木马是恶意程序中的一种，与蠕虫一样，一般归于广义病毒的一个子类。与病毒相比，木马一般不具有自我复制和感染性，但具有寄生性，可以捆绑在合法程序中得到安装和启动，其最终目的是对目标主机实施远程控制和窃取用户信息。

对于木马的入侵与防范技术在 6.4 节中有详细说明，本节重点说明一下木马的传播方式与特性。

木马的传播方式除了在 6.4 节中介绍的利用邮件、软件下载、网页传播和实时通信软件传播以外，还可以通过病毒和蠕虫进行传播。目前出现的各种恶意程序已经很难将其纯粹地归为病毒、蠕虫或木马，多数的恶意程序都是至少结合了其中两项或三项的技术，如某些病毒在传染破坏系统的同时还在系统中植入木马程序，以便控制者以后可以继续方便地控制该主机，而借助蠕虫技术则可使木马传播得更加迅速和广泛。

木马的隐藏性是其最大的特性。木马常常将自己隐藏成系统文件使用户难以发现，或者将木马的服务端伪装成系统服务从而逃避用户的查看。有的木马将自己加载在 win.ini 和 system.ini 系统文件中；有的木马利用高端口号进行通信从而避免被用户的端口扫描查看到；还有的木马隐藏在注册表的启动项中；如含有"Run"的项和键值，有的木马程序与其他程序绑定，在其他程序运行时，木马就侵入了系统。总之，木马的隐藏技术是多种多样的，我们只有全面地掌握了木马的隐藏技术才能够彻底地预防和查杀木马。

8.2.6　脚本病毒

脚本(Script)病毒也称为网页病毒，是基于 VB Script(VBS)、Java Script 和 PHP 脚本程序语言编写的程序，通过微软的 Windows 脚本宿主(Windows Scripting Host，WSH)来启动执行并感染其他文件。典型的脚本病毒如爱虫病毒、新欢乐时光病毒等是用 VBS 编写的，称做 VBS 脚本病毒。脚本病毒通常与网页相结合，将恶意的病毒代码内嵌在网页中，使用户在浏览网页的时候即可激活病毒，轻则修改用户注册表，更改默认主页或强迫用户上网访问某网站，重则格式化用户硬盘，造成数据损失。

1. 脚本病毒的特点

常见的 VBS 脚本病毒具有以下特点：

➢ 编写简单：初级的病毒爱好者也可以在很短的时间内编出一个脚本病毒。

➢ 传播快：通过 HTML/ASP/JSP/PHP 网页文件、邮件附件或其他方式，病毒可以在很短的时间内传遍世界。

➤ 破坏力大：不仅破坏用户系统文件和性能，而且可以使邮件服务器崩溃，网络阻塞。

➤ 感染性强：由于脚本可以直接解释执行，因此病毒可以通过自我复制的方式感染其他文件，不像 PE 病毒那样要做复杂的文件格式处理。

➤ 变种多：由于 VBS 病毒源码可读性非常强，且病毒源码获取容易，所以只要稍微改变一下病毒的结构或修改一下特征值，就可生成新的病毒，逃过杀毒软件的查杀。

➤ 欺骗性强：脚本病毒通常采用欺骗性的手段使用户打开他以为安全的文件，如与木马的隐藏相似，利用系统不显示后缀的特性，对邮件的附件采用双后缀，如 baby.jpg.vbs，使用户看到显示的 baby.jpg 误以为是 JPG 图片而打开，从而激活病毒。

2．脚本病毒的预防

(1) 由于绝大部分脚本病毒的复制和传播都需要用到文件系统对象 FileSystemObject，因此可单击"开始"，在运行窗口中键入"Regsvr32 /u scrrun.dll"并单击"确定"按钮后即可禁用 FSO 对象，而键入"Regsvr32 scrrun.dll"则可恢复访问 FSO 对象。禁用 FSO 对象命令窗口及响应信息如图 8.4 所示。

图 8.4　禁用 FSO 对象

(2) 由于 VB Script 代码是通过 WSH 来解释执行的，因此可以在系统中卸载 WSH。以 Windows 2003 为例，在"资源管理器"窗口菜单中选择"工具"→"文件夹选项"→"文件类型"，在"已注册的文件类型"列表中选择"VBS VBScript Script 文件"，单击"删除"按钮将其从列表中删除(也可以通过此功能将后缀名为"VBS、VBE、JS、JSE、WSH、WSF"项全部删除以禁止相应的脚本文件运行)，如图 8.5 所示。

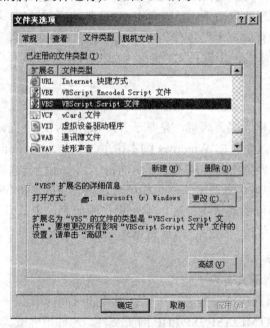

图 8.5　卸载 WSH

(3) 在如图 8.5 所示窗口中任选扩展名为 **VBS/VBE/JS/JSE/WSH/WSF** 项，在打开方式中单击"更改"按钮，可以看到每个脚本的运行都需要关联程序"Microsoft (r) Windows Based Script Host"，因此找到系统盘下的 windows\system32\wscript.exe，将其更名或删除以防止脚本被执行。查看脚本打开方式如图 8.6 所示。

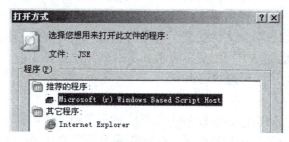

图 8.6　查看脚本打开方式

(4) 由于通过网页传播的脚本病毒需要 ActiveX 的支持，因此应在 IE 中进行安全配置。打开 IE，单击浏览器菜单中的"工具"→"Internet 选项"→"安全"→"自定义级别"，将"ActiveX 控件和插件"下的所有功能全部设为"禁用"(或将安全级别重置为"安全级——高")，如图 8.7 所示。

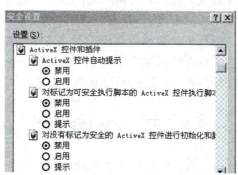

图 8.7　禁用 ActiveX 控件和插件

(5) 由于多数脚本病毒都通过邮件传播，因此应禁止系统中 Outlook 及 Outlook Express 等邮件系统中的自动收发邮件功能。

(6) 其他措施包括显示系统文件的扩展名、提高网络连接的安全级别、利用杀毒软件等与一般的病毒预防措施一致，不再重复。

8.2.7　病毒的检测

及早发现病毒可以最大程度的避免病毒发作时造成的损失，常用的计算机病毒检测方法有特征代码法、校验和法、行为监测法和软件模拟法。

1) 特征代码法

特征代码法是根据病毒特征码进行检测的方法，其过程是首先采集已知病毒的病毒样本，然后抽取其特征代码并存入病毒数据库，当对可疑文件进行检测时，通过检查该文件中是否包含病毒数据库中的病毒特征码来判断文件是否被病毒感染。特征代码法的优点是检测速度快，误报率低，并可根据检测结果做病毒处理。其缺点是不能检测未知的病毒，且搜索已知病毒的特征代码费用开销大、效率低。

2) 校验和法

校验和法与密码应用中保护数据的完整性技术类似，通过比较文件的校验和进行病毒检测，其过程是首先计算正常文件内容的校验和并存入该文件或其他文件中，然后在每次使用文件前，根据现有的文件内容重新计算校验和并与前面存储的校验和比较，如果一致则证明文件正常，否则说明该文件受到了病毒的感染。校验和法的优点是方法简单，能发现未知病毒，对寄生型文件类型的病毒查杀非常有效。缺点是不能识别病毒名称，不能识别隐蔽型病毒，所以会产生一定的误报率。

3) 行为监测法

行为监测法是利用病毒特有的行为特征来检测病毒的方法，如一般的引导区病毒会在系统刚刚运行时占用 INT 13H 功能，在其中放置病毒所需的代码；文件型病毒必须对 .com 和 .exe 文件进行写入操作才能实现病毒感染；还有病毒程序与宿主程序运行时的切换也会产生一些特征行为。行为监测法的优点是可发现未知病毒并可较准确地预报未知病毒。缺点是不能识别病毒名称，可能产生一些误报，且实现也有一定难度。

4) 软件模拟法

软件模拟法是通过软件方法来模拟和分析病毒的方法。由于有些高级病毒利用密码技术使其每次感染都可利用变化的病毒密码对病毒程序进行加密，因此要找出此类病毒的特征代码是非常困难的，即便用行为检测法检测出该类病毒，也难以知道该病毒的具体种类和名称，因此杀毒困难。当病毒在模拟模块中运行并解密自身程序后，可以用软件模拟法根据其特征代码法来识别病毒的种类，从而进行准确的查杀。

8.3　网络防病毒技术

网络防病毒技术一般包括预防、检测和杀毒三种技术。

1) 预防病毒技术

预防病毒技术是通过一定的技术手段防止计算机病毒对系统进行传染和破坏。反病毒软件通过自身常驻系统内存，优先获得系统的控制权，来监视和判断系统中是否有病毒存在，进而阻止计算机病毒进入计算机系统内存和对磁盘的操作，尤其是写操作。这类技术有加密可执行程序、引导区保护、系统监控与读写控制(如使用防病毒卡可以对磁盘提供写保护)，并监视计算机和驱动器之间产生的信号以及可能造成危害的写命令等。

2) 检测病毒技术

检测病毒技术是通过一定的技术手段判断出特定病毒的一种技术，一般分为两种技术，一种是根据病毒的关键字、特征代码、传染方式、文件长度的变化等特征进行病毒检测；另一种是使用程序自身校验技术，即定时检测程序的完整性是否遭到破坏来判断病毒的存在，而并不针对某种具体的病毒进行检测。

3) 杀毒技术

杀毒技术是通过对计算机病毒的分析，开发出具有删除病毒程序并恢复原文件功能的软件的技术。目前多数杀毒软件都对已知病毒的查杀具备较高的准确性，但在清除一些变种病毒时还是无能为力。

网络防病毒技术是一种全方位、多层次、整体的解决方案,从工作站、服务器、电子邮件到网关都应有相应的技术保障,并通过统一的病毒管理策略实现对全网的病毒监控与解决。

➢ 工作站:是病毒进入网络的主要途径,所以应该在工作站上安装防病毒软件,在工作站的日常工作中加入病毒扫描的任务,防止病毒从客户机向网络蔓延。

➢ 邮件服务器:由于电子邮件目前已经成为病毒传播的重要途径,邮件在发往目的地之前首先进入邮件服务器并存放在邮箱内,因此对邮件服务器进行集中邮件病毒防范是非常有效的。一个好的邮件或群件病毒防范系统不仅可以很好地和服务器的邮件传输机制结合在一起,完成在服务器上对病毒的清除工作,而且还应该具有清除邮件附件及正文中的病毒的能力。

➢ 服务器:这里的服务器是指除了邮件服务器以外的其他服务器,一般包括文件服务器、数据库服务器和应用服务器等。由于服务器上都运行和保存着重要数据,一旦服务器崩溃了,整个系统也就彻底瘫痪了,因此必须针对具体服务器的特点选择合适的防病毒软件。

➢ 网关:网关是隔离内网和外网的关键设备,在网关处对所有进出网络的数据进行病毒检测可以有效地阻止外部病毒进入内部网络。

➢ 病毒软件控制台:网络防病毒技术所讲的不仅仅是可以对网络服务器进行病毒防范,更重要的是能够通过网络对防病毒软件进行集中的管理和统一的配置。因此,一个能够完成集中分发软件、进行病毒特征码升级的控制台是非常必要的。通过制定完善的病毒管理策略,管理员能够通过控制台对网络中的所有设备进行集中管理,并可根据不同的需求设置不同的防病毒策略,能够按照 IP 地址、计算机名称、子网甚至域进行安全策略的分别实施。

8.4 常用防病毒软件产品

目前常用的国外产品有 McAfee、Norton(诺顿)、Kaspersky(卡巴斯基)、Symantec(赛门铁克)等,国产杀毒软件包括江民、金山、金辰、瑞星四大品牌,这些产品技术成熟,性能优越,查杀效果好,病毒库更新快。国内常用的杀病毒软件从早先江民杀毒软件的一支独秀,到今天的国内外品牌的激烈竞争,各产品的市场份额在不断地变化。不过总的来说,国外产品普遍是按照国外用户习惯设计的,操作界面不太适应国内管理员的使用习惯,且一般价格较高,而国产杀毒软件在价格、渠道、营销等方面都具有国外软件无法比拟的优势,因此目前国内市场上还是国产杀毒软件占据了大部分的份额,其中杀毒软件单机版的市场份额中,瑞星约占 60%,江民、金山约占 20%,剩余的份额为其他国内外厂家。杀毒软件网络版目前是瑞星、趋势和赛门铁克在进行激烈的竞争,还未见具体分晓。

1. 产品简介

1) 瑞星杀毒软件

瑞星软件主要用于对各种已知病毒、黑客等的查找、清除和实时监控,并恢复被病毒感染的文件或系统,维护计算机与网络信息的安全。瑞星软件主要由瑞星杀毒软件、瑞星防火墙和瑞星卡卡上网安全助手三大软件组成。其中瑞星杀毒软件可以对系统进行病毒查杀,瑞星防火墙保护系统免受外网入侵,瑞星卡卡上网安全助手保护用户上网时免受间谍、流氓软件、广告等安全威胁。瑞星软件推出立体防护体系也包括系统保护、病毒查杀、主动防御、帐号保险柜和及时升级等方面特性,实现全方位的保护。目前瑞星软件是国内市场占有率最高的个人版杀病毒软件,但其在管理的集中性、用户接口的统一性、可管理的范围等方面离企业级产品还有一定差距。

2) KV 杀毒软件

江民杀毒软件是老牌子的杀毒软件,KV300 曾经在 1996 年至 1998 年一度占据了市场80%的份额,其最新产品 KV2008 是全球首家具有灾难恢复功能的智能主动防御杀毒软件,采用了新一代智能分级高速杀毒引擎,占用系统资源少,扫描速度快,并在人机对话友好性和易用性上下足功夫,可有效防杀计算机病毒、木马、网页恶意脚本、后门黑客程序等恶意代码以及绝大部分未知病毒。

3) 金山毒霸

金山毒霸是金山软件公司开发的产品,采用了 B/S 开发模式,由管理中心、控制台、系统中心、升级服务器、客户端、服务器端六个模块组成了防病毒体系,能够有效拦截和清除目前泛滥的各种网络病毒,快速修补系统漏洞并提供强大的管理功能。其服务器端平台支持 Windows 2003/2000 Server,客户端平台支持 Windows 9X/NT/ME/2000/XP/2003,Unix和 Linux。

4) 冠群金辰

冠群金辰 KILL 网络防病毒系统拥有强大的查杀计算机病毒、蠕虫、木马功能,通过全球 18 家权威机构认证,并能够查杀 Vista 系统病毒,通过统一的管理控制台实现对运行在 Windows、Unix、Linux 等各种操作系统上的防病毒软件进行统一管理,还可以对 Exchange、Notes 等邮件系统进行统一管理。冠群金辰产品除具有国际厂商的产品技术优势以外,针对国内市场在一些处理策略和概念上不可避免地有些"水土不服",对一些国内流行的病毒,如 QQ 病毒等的查杀不力,并且只能进行病毒库自动升级,而补丁文件只能手动安装,因此有一定的局限性。

5) McAfee

McAfee 系列反病毒产品在查杀病毒能力、对新病毒反应能力和兼容性这三个方面表现不俗,McAfee Active Virus Defense 套装软件可以实施多级病毒防范系统,包括用于桌面系统保护的 VirusScan 防病毒软件产品;用于文件服务器保护的 NetShield 软件;用于群件保护的 GroupShield 软件;用于因特网网关保护的 WebShield 软件,以及用于管理和执行公司的病毒防范政策,进行产品升级并报告相关信息的 ePolicy Orchestrator(ePO)。McAfee 系列反病毒产品可以保护公司信息免受安全方面的困扰以及计算机病毒的侵犯,但也有与国内用户使用习惯存在差异的问题,同时,在系统升级、资源占用以及智能安装等方面也不能令人十分满意。McAfee 系列反病毒产品占有国际市场上超过 60%的份额,可以提供银行、电信、证券、税务、交通、能源等各类企业网络及个人台式机的全面的防病毒解决方案,在国内市场上的表现还有待于进一步提高。

6) Norton(诺顿)

Norton AntiVirus 是赛门铁克(Symantec)公司开发的一套强而有力的防毒软件,可侦测上万种已知和未知的病毒,并且每当开机时,自动防护便会常驻在 System Tray,对所有磁盘、网络和 E-mail 附件进行安全检查,一旦发现病毒便会立即告警,并作适当的处理。Norton AntiVirus 在病毒实施监控能力、可管理性、兼容性三方面做得比较突出,对国际上流行的病毒查杀效率高，但由于网络版的 Norton 系列需要在服务器上安装多个组件，且需要复杂的配置，因此在智能安装、识别能力和对资源占用这三个性能上不如国内产品好。总的来说，诺顿杀毒软件还算是世界上最优秀的杀毒软件之一，能够为企业范围内的工作站和网络服务器提供全面的病毒防护，是全球唯一病毒码更新速度远快于病毒散播速度的病毒防护方案。

7) Kaspersky(卡巴斯基)

卡巴斯基反病毒软件(Kaspersky Anti-Virus,原名 AVP)具有很强的中心管理和杀毒能力，能够提供包括抗病毒扫描仪、监控器、行为阻断、安全检验、E-mail 通路和防火墙在内的所有类型的抗病毒防护，为几乎所有的普通操作系统提供坚固可靠的保护，使其免受恶意程序的攻击。卡巴斯基反病毒软件最大的优势在于其对新病毒的反应能力极快(病毒数据库每天更新两次，并承诺对新病毒的响应时间为 30 分钟)，查杀病毒能力超强，对网络中的木马及后门程序等黑客病毒具有强大的查杀和清除能力，且操作简单。但是，卡巴斯基对病毒的监控能力相对其病毒查杀能力而言稍显逊色，因此病毒较易攻破第一道防线，不过好在卡巴斯基具备良好的杀毒能力，所以还能够将病毒扼杀于第二道防线。卡巴斯基的缺点是对资源的占用高，不适合配置低的电脑使用，兼容性也有不足，监控运行中很容易退出，除非重新启动系统，否则很难解决。总的来说，卡巴斯基是一款优秀的防病毒软件，被众多计算机专业媒体及反病毒专业评测机构所赞誉。

8) 趋势科技

趋势科技的防毒理念是中央控管，以服务器为基础提供病毒防护，包括针对网络上的邮件(SMTP)、Web(HTTP)和文件传输(FTP)内容进行防毒的 InterScan Virus Wall 系列；对 Lotus Notes 和 Microsoft Exchange 群件服务器和数据进行防毒和过滤的 ScanMail™；为 Window NT 和 Novell NetWare 服务器提供防毒保护的 ServerProtect®；集中管理和保护公司内部的桌面计算机，并提供统计分析报告的 OfficeScan™；可自动安装、更新、部署和设定趋势科技的全线产品的 Trend Virus Control System(TVCS™)；还有单机版防毒软件 PC-cillin™。总之，趋势科技产品在功能的完整性、设置的细度、信息的丰富程度、易用性以及病毒查杀能力等方面都很突出，其最大的优点就在于它对病毒有着完善的整体安全解决方案，操作界面简单且易上手，而且在架构上完全为企业级运算进行设计，目前在国内市场上具备一定的竞争实力。

9) 熊猫卫士

熊猫卫士是西班牙 Panda 软件公司在中国推出的反病毒产品，2002 年初方正科技正式入资熊猫卫士，为熊猫在中国市场长期发展奠定了坚实的基础。熊猫卫士 Panda 软件公司拥有欧洲最强大的技术开发力量，同时与 Microsoft、ICSA 等业界的知名公司、机构的合作使熊猫卫士 Panda 公司的产品在底层与主流平台紧密结合，在查杀病毒能力、对新病毒反应能力以及升级能力三方面表现尚佳。但由于熊猫卫士作为一家软件公司并不提供其他的网络安全硬件设备，因此，相比较其他品牌，在产品的兼容性方面熊猫卫士在市场上不占优势。

2. 部署一种防病毒的实际操作步骤

1) 制定计划

了解所管理的网络上存放的是什么类型的数据和信息，以及其重要性和安全敏感度如何。

2) 调查

选择一种能满足使用要求并且具备尽量多的各种功能的防病毒软件。由于目前市场上杀病毒产品种类很多，且各有特色，所以应该根据网络实际需求选择防病毒效率高、占用资源小、系统管理容易、对病毒反应快、售后服务好且经过国家专门机构检验合格的产品进行部署。

3) 测试

在小范围内安装和测试所选择的防病毒软件，确保其工作正常并且与现有的网络系统和应用软件相兼容。

4) 维护

管理和更新系统确保其发挥预计的功能，并且可以利用现有的设备和人员进行管理；下载病毒特征码数据库更新文件，在测试范围内进行升级，彻底理解这种防病毒系统的重要特性。

5) 系统安装

在测试得到满意结果后，就可以将此种防病毒软件安装在整个网络范围内。

8.5 病毒防范实例

【实验背景】

对于计算机病毒的查杀多数情况下是依靠杀病毒软件来完成的，但用户如果能够掌握一些常用的分析工具可以帮助其最大程度地免于病毒的危害。由于多数的病毒都利用隐藏技术来逃避杀毒软件的查杀，如有些病毒利用系统不显示后缀名的特性使用双后缀名的方式欺骗用户；还有些病毒直接将后缀名修改，等病毒激活的时候再修改回正常的后缀名执行，因此，如果能够通过查看文件内容确定是否与其后缀名相符合再打开文件则可以最大程度地避免打开病毒文件。UltraEdit-32 就是一款可以查看文件内容的文本编辑器，它不仅是理想的文本、HTML 和十六进制编辑器，也是高级 PHP、Perl、Java 和 JavaScript 程序编辑器。

【实验目的】

掌握查看和判断文件类型的技术。

【实验条件】

(1) 基于 Windows Server 2003 的 PC 机一台；

(2) UltraEdit-32 及包括 doc/jpg/ppt/rar 等各种类型的文件。

【实验任务】

(1) 用 UltraEdit-32 查看常用的文件头信息；

(2) 用 UltraEdit-32 判断没有后缀名的文件是什么文件。

【实验内容】

首先安装 UltraEdit，选择需要的文件关联使 UltraEdit 能对此类型的文件进行查看和编辑。UltraEdit 安装成功后即可打开要分析的文件，如选择一个 DOC 文档打开，可以看到该文件的头部最开始的标记是"D0 CF 11 E0"，这个是 Office 文件的标记，如图 8.8 所示。

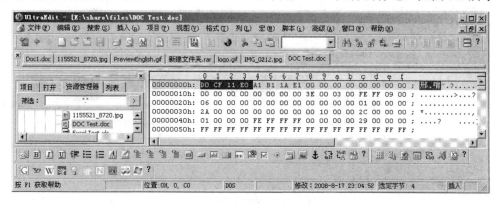

图 8.8　Office 文档标记

在确定为 Office 文档后，查看该文档的尾部即可判断它具体是一个什么文件，如 Word 文件有"Microsoft Office Word"字样，如图 8.9 所示。

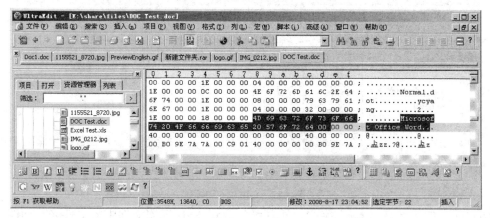

图 8.9　Word 文档标记

Excel 文件头除了具备 office 的标志以外，还在文件尾部有"Excel"字样，如图 8.10 所示。

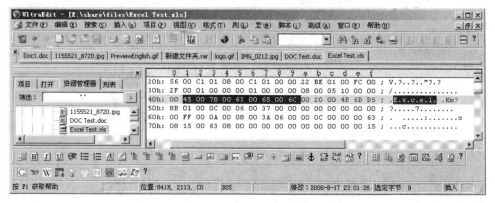

图 8.10　Excel 文档标记

PPT 文件头除了具备 Office 的标志以外，还在文件尾部有"PowerPoint Document"字样，如图 8.11 所示。

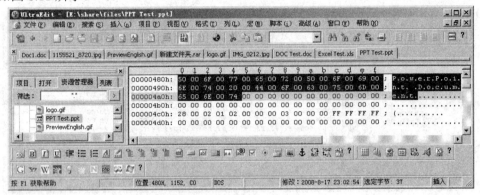

图 8.11　PPT 文档标记

GIF 文件头部有"GIF87A"和"GIF89a"两种字样，其中 GIF89a 可以存储动画图片，如图 8.12 所示。

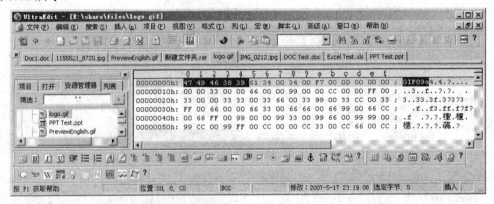

图 8.12　GIF 文档标记

Rar 文件的头部有"Rar"字样，并且可以看到 Rar 压缩文件中的文件名，如图 8.13 所示。

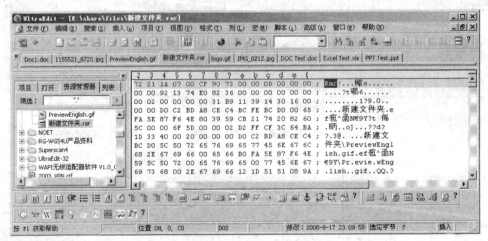

图 8.13　Rar 文档标记

可执行程序的头部有"MZ"字样，并且有相关的执行信息，如图 8.14 所示。

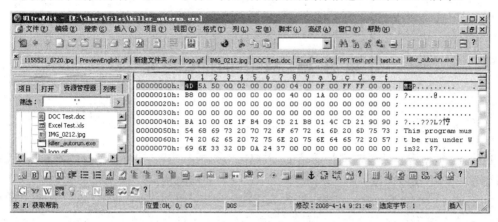

图 8.14　可执行程序文档标记

习　题

1. 简述计算机病毒的特性。
2. 简述计算机病毒的分类。
3. 简述文件型病毒的远离及预防。
4. 比较蠕虫与病毒的区别。
5. 简述病毒检测技术。
6. 将一些常用文件后缀名进行更改，然后用 UltraEdit-32 判断其文件类型并打开。

第 9 章 Internet 安全

Internet 是使用公共语言进行通信的全球计算机网络，没有边界，也不属于任何一个组织或国家，它不仅为全世界的人们提供了一个巨大的信息资源交换平台，也成为了黑客们利用的工具。由于在 Internet 上的犯罪行为比现实生活中的犯罪行为更隐蔽，抓捕更困难，加之法律法规也不是很完善，所以吸引了很多人为了各种各样的利益入侵网络系统，盗窃信息资源。如今 Internet 的安全问题已成为计算机和通信界关注的焦点，并在一定程度上延缓或阻碍了 Internet 作为信息基础设施的发展进程。

Internet 的核心协议是 TCP/IP 协议，而如 1.4 节所述，TCP/IP 协议在最初设计的时候并没有过多考虑安全问题，因此存在很多的安全缺陷，这也导致了通过 TCP/IP 协议提供的许多 Internet 服务，如 www 服务、FTP 服务、电子邮件服务、Telnet 服务等都存在不同程度的安全缺陷。由于各种 Internet 服务均架构在主机上，因此要想整体保护 Internet 服务安全就离不开主机和操作系统安全。原则上，Internet 的各项服务应该安装在最小内核的主机上，即除了必需的服务功能以外其他的功能都不允许运行，同时还应该对访问系统的用户进行严格的权限限制等等，而在网络中还必须配备防火墙、防病毒软件以及入侵检测系统等安全设备对网络进行整体防护。这些在前面章节中均有所描述，不再重复。

9.1 WWW 服务安全

万维网(World Wide Web)又简称为 Web，是网络最常用的服务。通过 Web 访问，人们可以进行信息获取、交流及电子交易等所有商业或非商业的活动。目前多数的攻击都是针对 Web 进行的，因为它是能够获取的最直接的资源，通过入侵 Web 服务器从而掌控主机系统，再进一步深入到该主机所在的网络中获取更多的资源已经成为了黑客攻击的一种最常见的模式。如何保护 Web 站点和服务安全也成为了管理员最先要考虑的重要的问题，而 Internet 和 Web 技术的开放性和多层次性也决定了对于 Web 的保护也是最复杂的。

Web 服务采用客户/服务器(Client/Server)结构，由客户端(浏览器)、服务端(Web 服务器)和通信协议(超文本传输协议)三部分组成。Web 的服务安全，除了要保护上述三个部分的安全以外，还要包括 Web 程序设计安全、Web 数据访问安全，还有相关的主机安全和网络安全，所有的环节中有一处出现问题，则整个 Web 服务都是不安全的。

1. Web 客户端安全

Web 客户端即为 Web 浏览器，是用于向服务器发送资源访问请求，并将收到的信息显示给用户的客户端软件。目前市场上常用的浏览器有 Microsoft Internet Explorer(IE)、火狐

(Firefox)浏览器、NetScape Navigator 网景浏览器和 Opera 浏览器等。由于 IE 浏览器是随着 Windows 免费发送的，因此成为目前使用人数最多的浏览器，不过 IE 的各版本均存在着各种严重的安全漏洞，即使最新版本 IE7 做了很多的修补，但仍有许多的安全问题尚待解决。以 Windows Server 2003 自带的 IE6.0 为例，对于 IE 浏览器的安全配置主要有以下几个方面：

1) 漏洞修补

任何时候、任何版本的浏览器都不可避免地出现安全漏洞，这时最主要的就是时时关注软件发布网站，及时修补浏览器漏洞，以免黑客掌握了该漏洞而对系统造成威胁。

2) IE 安全配置

(1) 打开 IE 浏览器后单击菜单上的"工具"→"Internet 选项"，选择"安全"选项卡，如图 9.1 所示。

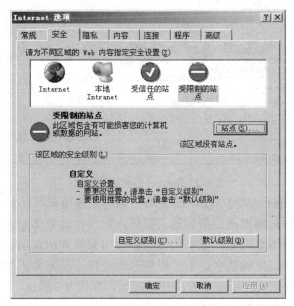

图 9.1　Internet 安全选项配置

在图 9.1 窗口中通过设置"受信任的站点"和"受限制的站点"可以将网上提供访问服务的站点进行分类，单击"自定义级别"按钮打开【安全设置】窗口，可以对浏览器支持的各种组件和控件等进行设置，也可以设置安全级别为"高"、"中"、"中低"和"低"四个级别。对于普通的用户来说，可以直接选择安全级别，而如果用户对各项配置均比较熟悉，则可根据实际需求决定启用、提示或禁止某项功能。

(2) 在图 9.1 所示的【Internet 选项】窗口中，选择"隐私"选项卡可以对隐私和弹出窗口进行设置，如图 9.2 所示。

Cookie 是一个存储于浏览器目录中的文本文件，用于存储用户访问 Web 站点的信息。多数 Cookie 记录的是用户访问站点的普通信息，如用户的击键信息或访问过的 URL 信息等，但也有一些站点利用 Cookie 记录用户的登录信息，因此对用户的隐私造成一定的威胁。对于 Cookie 的设置，一般有"阻止所有 Cookie"、"高"、"中高"、"中"、"低"和"接受所有的 Cookie"六种，一般设置以"中高"或"中级"为主，因为低级没有作用，而太严格限制 Cookie 的话会导致很多网站不能访问。

阻止弹出窗口也有"高"、"中"、"低"三个级别供用户选择，也可以通过站点的限定决定是否允许其弹出窗口。一般情况下，对于信任的站点应允许其弹出窗口，否则很多弹出页面不能访问。

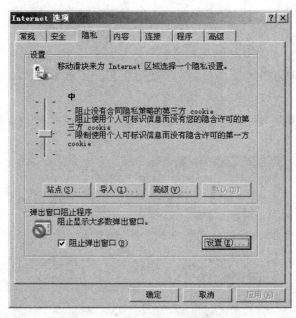

图 9.2　Internet 隐私选项配置

(3) 在图 9.1【Internet 选项】窗口中，选择"内容"选项卡可以对访问的 Web 站点内容进行审核分级，限定访问哪类网站需要输入密码。此项功能主要对未成年人访问网上站点进行限制，防止其访问不良网站。证书的设置主要用来管理浏览器用户个人的数字证书或受信任的证书颁发机构颁发的数字证书，以便当浏览器访问某站点时可以对该站点的数字证书颁发机构进行鉴别，从而决定是否信任该网站，如图 9.3 所示。

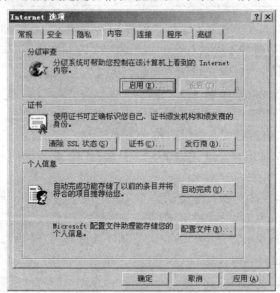

图 9.3　Internet 内容选项配置

(4) 在图 9.1【Internet 选项】窗口中，选择"高级"选项卡可以对安全和浏览等其他功能进行限制，如图 9.4 所示。

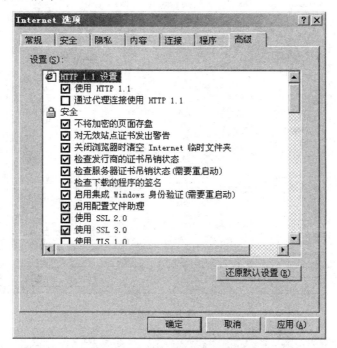

图 9.4　Internet 高级选项配置

2. Web 服务器安全

Web 服务器是驻留在服务器上的软件，它的作用是管理大量的信息，并按用户的要求返回信息。Web 服务器安全主要包括以下几个方面：

1) 漏洞修补

任何时候、任何版本的浏览器都不可避免地会出现安全漏洞，这时最主要的就是时时关注软件发布网站，及时修补浏览器漏洞，以免黑客掌握了该漏洞而对系统造成威胁。

2) Web 服务器配置

Web 服务器配置主要在站点属性中进行配置，与安全相关的主要包括"网站"、"主目录"、"目录安全性"、"性能"等主要选项卡配置。

(1) "网站"选项卡：在此窗口中更改 Web 端口号，可以使黑客对服务器所在主机的端口扫描信息判断失误。另外，通过设置连接超时参数可以防止用户无限连接网站，大量占用资源；也可以通过启用日志记录对 Web 站点访问的重要信息进行记录，从而追查攻击的来源和痕迹。"网站"选项卡设置界面如图 9.5 所示。

(2) "主目录"选项卡：首先确保访问目录不能放在系统目录下，其次严格限定对站点目录文件访问的权限，可以通过 Web 站点进行限制，还要通过系统设置，对该目录访问进行权限限制，一般设置权限为"读取"。除此之外，对站点上的应用程序还要进行设置，一般禁止执行应用程序，防止被黑客利用攻击系统。但如果确实需要提供此功能，一定要对该程序进行严格控制，防止其被非法使用。"主目录"配置如图 9.6 所示。

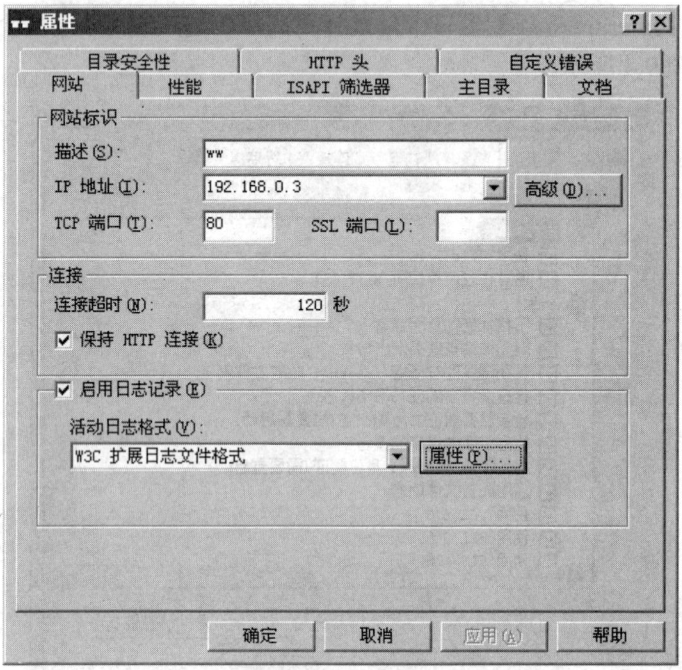

图 9.5　Web 站点属性界面

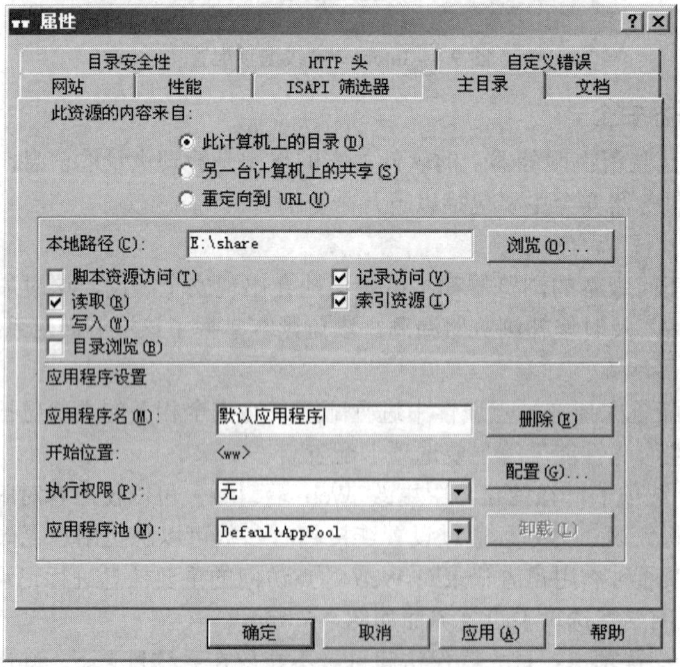

图 9.6　Web 站点主目录配置

　　(3) "目录安全性"选项卡：包括"身份验证和访问控制"、"IP 地址和域名限制"和"安全通信"三项设置。其中"安全通信"应用将在 9.6.1 节中进行介绍，"IP 地址和域名限制"比较简单，主要是对授权或拒绝访问的 IP 或域名进行限制，而"身份验证和访问控制"包含了用户访问 Web 站点的几种身份认证方法，如图 9.7 所示。

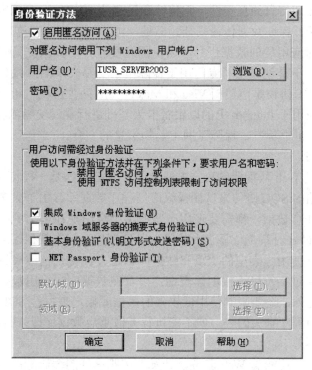

图 9.7　Web 站点身份验证方法配置

一般 Web 站点访问是允许用户以匿名方式访问服务器的，但是如果是内部网站，建议可以取消匿名访问方式，而是以系统身份认证来进行，如选择"集成 Windows 身份验证"或者"Windows 域服务器的摘要式身份验证"，但不建议采用"基本身份验证"，因为该验证信息是以明文方式发送密码，容易被截获。如果采用系统身份认证的方式来访问站点，一定要注意用户的权限应该是最小权限，不能扩大其权限以免被黑客利用从而对系统造成威胁。

(4) "性能"选项卡：通过限制网站带宽可以防止由于大量对该网站的访问消耗网络带宽资源从而影响其他网络服务；而限制网站连接数可以防止过多用户同时连接网站而使服务器性能下降。这两项设置都可以防止黑客进行拒绝服务攻击。

除了以上对服务器安全设置以外，还应该加强对 Web 服务器的安全管理，如以安全的方式更新 Web 服务器，定时审计有关日志记录，对 Web 数据进行必要的备份，定期检查Web 服务器安全设置，安装新的工具、软件等。

3) Web 通信协议安全

Web 浏览器和服务器之间采用超文本传输协议(HyperText Transfer Protocol, HTTP)进行通信传输。HTTP 在 TCP/IP 协议栈中属于应用层，是 Web 应用的核心协议技术。它定义了Web 浏览器向 Web 服务器发送索取 Web 页面请求的格式，以及 Web 页面在 Internet 上的传输方式。HTTP 最主要的安全问题就是明文传输信息，因此信息容易被截获，如果是用户敏感信息，如信用卡信息被黑客截获，则会对用户造成重大损失，因此必须采用加密技术对Web 信息进行加密，最常用的 Web 安全协议是安全套接层(Secure Socket Layer, SSL)协议和安全电子交易协议(Secure Electronic Transaction，SET)。

　　SSL 协议能够保证信息的真实性、完整性和保密性，能够在 Web 客户端和服务器端之间建立一个安全连接，保证数据传输安全。但是，由于 SSL 协议当初并不是为支持电子商务而设计的，不能对应用层的数据进行签名，因此没有办法提供交易的不可否认性等其他更复杂的安全功能，于是便产生了专门用于保障电子交易安全的一系列协议，其中最常用的就是 SET 协议。SET 协议是由美国 Visa 和 MasterCard 两大信用卡组织联合国际上多家科技机构共同定制的应用于 Internet 上的以银行卡为基础进行在线交易的标准。它采用公钥密码体制和 X.509 数字证书标准，保障了网上购物信息的安全。

　　4) Web 数据安全

　　SQL 注入攻击是 Web 最重要的攻击方式之一。SQL 注入是一种特殊形式的输入验证，攻击者通过发出原始的 SQL 语句来试图操纵应用程序数据库。由于大多数 SQL 注入攻击，如执行命令、检索任意数据，都需要使用一些通常不会出现在现实中的特殊语法，因此防范 SQL 注入攻击的最好对策是依靠强大的输入验证例程，如在数据库应用程序层面上采取一些特殊措施，包括使用强类型的变量和数据库列定义、将查询结果赋给强类型变量、限制数据长度、避免通过字符串连接创建查询，以及在数据库中采用数据分离和基于角色的访问控制等。除此之外，还要限制使用低权限的数据库帐户来执行 SQL 查询，即该帐户可能创建并修改与应用程序有关的表，但不能执行类似重启数据库或修改系统表的操作。

　　5) Web 程序安全

　　Web 程序安全直接影响着 Web 服务，开发者按照良好的编码标准能够抵御绝大多数的攻击，比如对错误进行适当的处理并且对用户提供的数据进行严格的输入验证。常用的安全程序设计包括对用户名、密码及敏感的用户行为等各种信息的验证；对会话和数据库进行正确处理；对应用程序进行审核等等。只有程序安全，才不会被黑客找到漏洞并加以利用，从而对系统造成威胁。

9.2　FTP 服务安全

　　FTP 服务是基于 TCP/IP 协议的文件传输协议，在局域网和广域网中可以用来上传和下载任何类型的文件。大多数提供 FTP 服务的站点都允许用户以 anonymous 作为用户名，以自己的邮件地址做密码进行登录，甚至很多情况下不需要用户密码，即提供匿名 FTP 服务。匿名 FTP 服务给用户的使用带来了很大的方便，但是如果对服务器配置不当将会给系统带来安全威胁，如使用者越权申请系统上其他的区域或文件。同时，如果 FTP 服务器允许用户上传自己的文件，那么可能会有用户有意或无意地上传携带病毒或木马的文件，不仅会使站点受到破坏，而且也会使其他用户下载该文件后在自己机器上执行时受到影响，因此，要加强对 FTP 服务器中可写目录的监控。除此之外，FTP 服务应限定磁盘空间的使用，以免被过多资源占用后对系统性能造成影响。最重要的一点，由于 FTP 服务是明文传输信息，因此可能受到网络监听攻击，获取系统管理员信息，从而控制整个系统。

　　与 Web 服务器安全配置类似，在 FTP 站点属性窗口中有"FTP 站点"、"安全帐户"、"主目录"和"目录安全性"四个与安全相关的选项卡。

　　➤ "FTP 站点"选项卡：可以对 FTP 端口号进行更改以迷惑攻击者，对 FTP 站点连接进行限制以防止过多用户同时连接对系统性能造成影响，还可以启用日志记录功能对访问 FTP 站点事件进行记录以便事后分析。

➢ "安全帐户"选项卡：可以对是否允许匿名用户登录进行设置，还应该对能访问 FTP 的用户进行严格的权限限制。

➢ "主目录"选项卡：可以对 FTP 站点主目录进行设置，同 Web 主目录一样，不应将其放到系统目录下，并应对其访问进行严格限制。

➢ "目录安全性"选项卡：可以对授权或拒绝访问的 IP 地址进行设置以便最大程度限制对不安全 IP 地址的访问。

与 Telnet 服务一样，除了上述 FTP 服务器的安全配置以外，FTP 协议本身并没有太大的安全缺陷，但其明文传输确实是容易被网络监听窃取的最大隐患。对于信息传输进行加密的技术很多，如前面 Web 安全中所提到的 SSL 协议也可以对 FTP 和 Telnet 安全提供保证，不过就像代理服务器中一个代理模块那样，只能对一项服务进行代理，SSL 要实现对其他服务的支持也必须要另外配置，因此不是很方便。想要对应用层所有服务都提供信息安全保障，最合适的协议就是 IPSec 协议协议。有关 IPSec 协议将在 9.5 节进行详细说明。

9.3　电子邮件的安全

电子邮件已经成为网络应用中不可缺少的一个服务，它在很大程度上取代了传统的信息传输方式，采用电子信息来取代以往的书信邮寄。电子邮件给人们带来便利的同时也带来了新的安全问题。电子邮件常见的威胁主要有以下几类：

➢ 安全漏洞：电子邮件服务器本身是存在安全漏洞的，一旦漏洞被黑客利用就可能对网络造成巨大的威胁。如 Unix/Linux 系统中的电子邮件服务器 Sendmail 是以 root 帐户运行的，如果黑客掌握了这个漏洞就可以利用它来攻击系统，还有曾经震惊世界的蠕虫病毒也是利用 Sendmail 的安全缺陷使大批的网络服务器陷于瘫痪，造成了巨大的损失。

➢ 病毒、蠕虫、木马：黑客可以利用电子邮件的附件功能发送带有恶意代码的文件，用户一旦打开此邮件恶意程序便开始运行，破坏主机数据或将计算机变成可远程控制的主机。

➢ 网络钓鱼：利用伪造的邮件内容将收件人引到欺诈性站点并诱骗其输入机密的金融数据，如银行帐号、密码等，以窃取用户敏感信息。

➢ 垃圾邮件：是邮件用户几乎每天都要面对的问题，虽然它不像前面两种威胁给用户带来明显的直接影响，但是给用户正常使用邮箱带来了不小的麻烦。有的用户会因为垃圾邮件太多而放弃该邮箱的使用，这就有点类似网络上的拒绝服务攻击了，当然，放弃使用邮箱是一种极端的做法，所以多数用户还是不得不每天清除垃圾邮件。

➢ 安全传输：邮件信息的安全传输也是一个需要解决的问题，必须用加密技术来保证邮件信息不被非法读取和篡改。

针对电子邮件的安全措施主要有以下几方面：

1) 选择一个安全的邮件客户端软件

如果客户端软件漏洞太多就为黑客造成大量的攻击机会，严重的可以通过一些漏洞进而控制整个主机系统，因此必须选择一款安全的客户端软件以避免漏洞攻击，并经常到发布网站上安装补丁。

2) 对邮件客户端软件进行安全配置

以 Windows Server 2003 自带的 Outlook Express 6 为例，在配置好用户邮件帐户信息以后，在 Outlook Express 菜单中选择"工具"→"选项"进行以下安全配置。

(1)"安全"选项卡：可配置与"病毒防护"、"下载图像"和"安全邮件"相关选项和参数，如图 9.8 所示。

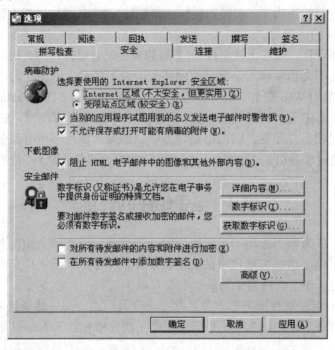

图 9.8   Outlook Express 安全配置

➤ "选择要使用的 Internet Explorer 安全区域"：用户可以选择使用 Internet 上所有网址的所有邮箱还是只能使用 IE 中限定地址的邮箱。

➤ "当别的应用程序试图用我的名义发送电子邮件时警告我"：防止非法程序利用用户邮箱发送非法邮件，如木马可以利用用户邮箱发送信件给监控者；病毒可以利用用户邮箱传播自己等。

➤ "不允许保存或打开可能有病毒的附件"：防止打开附件中的木马或病毒程序。

➤ "阻止 HTML 电子邮件中的图像和其他外部内容"：可防止执行收到的邮件中包含的恶意代码。

➤ 安全邮件中的"数字标识"是由权威机构颁发给用户的身份标识，它结合了安全/多用途 Internet 邮件扩展(S/MIME)规范来确保电子邮件的安全。用户可以通过"获取数字标识"选项连接到站点上申请自己的数字标识，并且用申请到的数字标识对发送的邮件进行数字签名或加密，通过"高级"按钮设置加密和签名参数。

(2)"回执"选项卡：回执功能可能会作为黑客探测合法邮箱的一种手段，因此应谨慎设置。使用"安全回执"按钮可以对安全回执参数进行设置。

(3)"邮件规则"选项卡：在 Outlook Express 菜单中选择"工具"→"邮件规则"，可以对邮件、新闻及发件人名单进行设置并过滤符合相关条件的垃圾邮件。

(4) 除以上对邮件客户端软件的配置以外，还可以采取以下措施：

➤ 利用防火墙对进出的邮件进行控制，过滤、筛选和屏蔽掉有害的电子邮件。

➤ 对重要的邮件进行加密，除了用一些客户端自带的加密技术，如 Outlook Express 中的 S/MIME 以外，还可利用第三方加密软件，如在第 2 章中介绍的 PGP 软件，它是一个比 S/MIME 功能更强的且可免费使用的邮件/文件加密软件。

➤ 利用病毒查杀软件对所有的邮件进行病毒检查后再打开，并确保只打开安全的邮件附件。

9.4 SSL 协议

SSL 是由 Netscape 通信公司提出、用于网络保密通信的安全协议。SSL 协议位于 TCP 层和应用层之间，利用 TCP 协议能够提供可靠的端到端安全服务，但对应用层是透明的。

SSL 协议在应用层协议之下，网络层协议之上，不是单个协议，而是两层协议，其体系结构如图 9.9 所示。

SSL握手协议	SSL更改密码规格协议	SSL告警协议	HTTP协议...
SSL 记录协议			
TCP协议			
IP协议			

图 9.9 SSL 协议体系结构

其中：

➤ SSL 记录协议(SSL Record Protocol)：建立在 TCP 协议之上，用来封装高层协议。

➤ SSL 握手协议(SSL Handshake Protocol)：准许服务器端与客户端在开始传输数据前，可以通过特定的加密算法相互认证。

➤ SSL 更改密码规格协议(SSL Change Cipher Spec Protocol)：保证可扩展性。

➤ SSL 告警协议(SSL Alert Protocol)：产生必要的警告信息。

在 SSL 协议中还有两个重要的概念 SSL 连接和 SSL 会话：

➤ SSL 连接：一个 SSL 连接是提供一种恰当类型的传输，是点对点的关系。连接是暂时的，每一个连接和一个会话相联系。

➤ SSL 会话：一个 SSL 会话是一个在客户机和服务器之间的关联，由 SSL 握手协议来创建。会话定义了加密安全参数的一个集合，该集合可以被多个连接所共享，避免为每个连接进行昂贵的安全参数的协商。

SSL 协议的优势在于它是与应用层协议无关的。高层应用协议(如 HTTP、FTP 和 Telnet)能够建立在 SSL 协议之上。SSL 协议在应用层协议通信之前就已经完成加密算法、通信密钥的协商以及服务器的认证工作。在此之后，应用层协议所传送的数据都会被加密，从而保证通信的私密性。SSL 协议基本运作方式如下：

(1) 通信双方执行握手协议建立连接后，获得共有的通信密码作为加密密钥。

(2) 发送方将传输的数据在执行记录协议阶段用已获得的通信密码加密后发送出去。接收方用相同的密码作为解密密钥。

(3) 在执行握手协议或记录协议的过程中，任何一方有异常出现，都可以用告警协议通知对方，以进行相应的处理。

(4) 任何一方想更换密钥时，可以利用更改密码说明协议来重新获得密钥。

9.5　IPSec 协议

IPSec 协议弥补了 TCP/IP 协议体系中所固有的一些漏洞，是在 IP 协议层上提供访问控制、无连接完整性、数据源认证、载荷有效性和有限流量机密性等安全服务的体系，可在公共 IP 网络上确保数据通信的可靠性和完整性。

1. IPSec 协议体系

IPSec 协议主要通过使用认证头(Authentication Header，AH)和封装安全载荷(Encapsulating Security Payload，ESP)两种通信安全协议来实现。两种协议中均使用到安全关联(Security Association，SA)。同时，AH 和 ESP 这两个机制还需要因特网密钥交换(Internet Key Exchange，IKE)协议提供密钥管理和协商的约定，首先对这几个关键概念简单解释如下：

➤ AH 协议：可提供数据源认证和无连接的数据完整性服务，使得通信的一方能够确认另一方的身份，并能够确认数据在传输的过程中没有遭到篡改。

➤ ESP 协议：主要用来处理对 IP 数据包的加密，同时也可提供认证功能。

➤ SA 协议：是发送者和接受者之间的一个单向关系，是通信双方之间对某些要素的一种协定，如 IPSec 协议的使用、操作模式、密钥算法、密钥、密钥的生存周期等。AH 协议和 ESP 协议的执行都依赖于 SA。由于 SA 只能表示一种单向关系，因此，如果需要一个对等的关系用于双向的安全交换，就要有两个 SA。

➤ IKE 协议：主要对密钥交换进行管理，提供安全可靠的算法和密钥协商。以后就可以使用这个密钥来对它们之间交换的数据进行加密，从而保证数据传输安全。

2. 传输模式和隧道模式

在 IPSec 协议中，无论是 AH 还是 ESP，都可工作于传输模式(Transport Mode)和隧道模式(Tunnel Mode)。

1) 传输模式

传输模式主要为上层协议提供保护，即传输模式的保护扩充到 IP 分组的有效载荷。传输模式使用原始的明文 IP 头，只加密数据部分(包括 TCP 头或 UDP 头)，其数据报格式如图 9.10 所示。

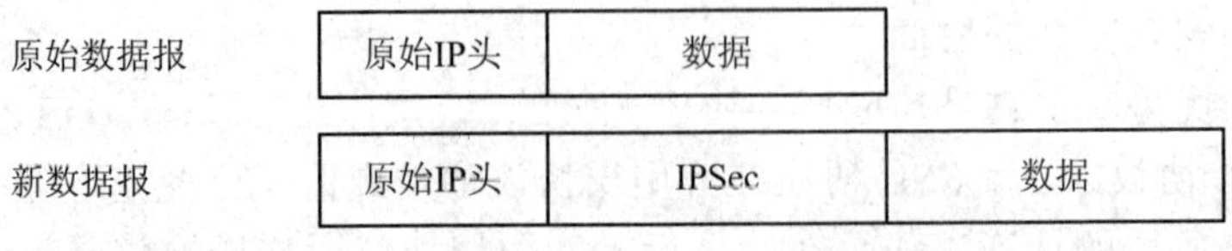

图 9.10　传输模式

传输模式的典型应用是用于两个主机之间的端到端的通信。使用 IPSec 认证服务传输模式 SA 如图 9.11 所示，在服务器和客户工作站之间直接提供认证服务。工作站可以与服务器同在一个网络中(如客户端 A 和服务器 A)，也可以在外部网络中(如客户端 B 在外部网络中)。只要工作站和服务器共享受保护的密钥，认证处理就是安全的。

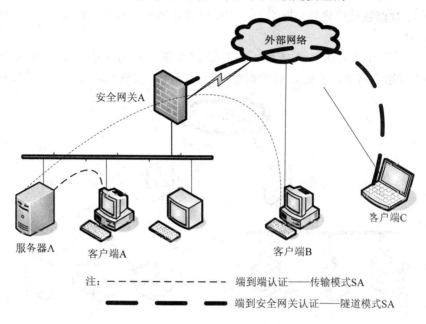

图 9.11　IPSec 认证服务传输模式

2) 隧道模式

与传输模式相比，隧道模式对整个 IP 分组提供保护，整个 IP 数据包全部被加密封装，得到一个新的 IP 数据包，而新的 IP 头可以包含完全不同的源地址和目的地址，因此在传输过程中，由于路由器不能够检查内部 IP 头，从而增加了数据安全性。隧道模式的数据报格式如图 9.12 所示。

原始数据报	原始IP头	数据		
新数据报	新IP头	IPSec	原始IP头	数据

图 9.12　隧道模式

隧道模式通常用于当 SA 的一端或两端是安全网关，如实现了 IPSec 的防火墙或路由器的情况。使用隧道模式，在防火墙之后的网络上的一组主机可以不实现 IPSec 而参加安全通信。通过局域网边界的防火墙或安全路由器上的 IPSec 软件建立隧道模式 SA，这些主机产生的未保护的分组通过隧道连到外部网络。

主机 A 与主机 B 采用隧道模式 IPSec 运作过程如图 9.13 所示。

(1) 主机 A 产生的 IP 数据包中的目的地址是主机 B 的 IP 地址。

(2) 主机 A 产生的 IP 数据包被传到 A 的网络边界的一台安全网关 A(防火墙或安全路由器)上。

(3) 如果从主机 A 到主机 B 的这个 IP 数据包需要 IPSec，安全网关 A 完成 IPSec 处理并将这个数据包封装在外部 IP 头里形成新 IP 数据包。这个新 IP 数据包的源地址是这个安全网关 A，而目的地址可能是主机 B 的局域网边界的安全网关 B。

(4) 新 IP 数据包被传到外部网络上，中间的路由器只检查外部的 IP 头，将数据包路由到安全网关 B。

(5) 安全网关 B 收到新 IP 数据包，将外部 IP 头剥掉，内部数据(即主机 A 发出的原始 IP 数据报)交付给主机 B。主机 B 对数据包进行处理，完成整个数据安全传输过程。

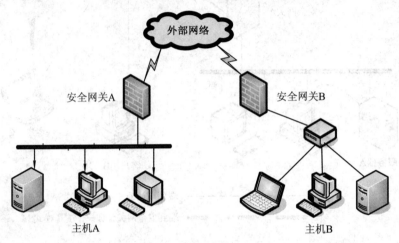

图 9.13   隧道模式 IPSec 运作过程

3. IPSec 的应用

IPSec 提供了在局域网、专用和公用的广域网和 Internet 上安全通信的能力，可包括如图 9.14 所示的应用。

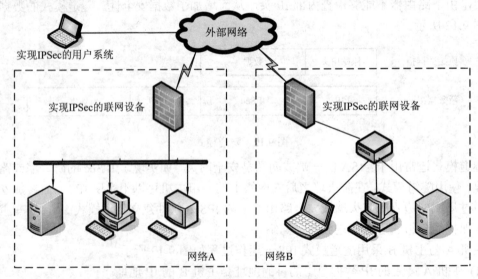

图 9.14   IPSec 应用方案

(1) Internet 上的安全分支连接：公司可以利用 IPSec 技术在 Internet 网络上建立安全的

虚拟专用网。如图 9.14 中网络 A 和网络 B 可以是一个公司的不同部门，双方之间通过 IPSec 技术进行安全通信，使企业减少了构建专用网的需求，并节省了费用和网络管理负担。

(2) Internet 上的安全访问：系统上实现了 IPSec 的终端用户可以通过调用本地的 Internet 服务提供商(ISP)来对远程的公司网络进行安全访问，如图 9.14 中实现 IPSec 的用户系统可以通过实现 IPSec 的联网设备访问公司网络，从而为在外旅行的雇员和远程工作者减少长途通信费用。

(3) 与合作者之间建立企业内部和外部的连接：利用 IPSec 可以与其他组织之间实现安全通信，保证认证和机密性，并且提供密钥交换机制。如图 9.14 中网络 A 与网络 B 分属两家不同企业，但却可以通过 IPSec 技术实现安全通信。

(4) 增强电子商务的安全性：虽然一些 Web 和电子商务应用已经有了内置的安全协议，但使用 IPSec 可以增强其安全性。

由于 IPSec 能够加密或认证在 IP 层的所有通信量，因此所有的分布式应用，包括远程注册、客户/服务器、电子邮件、文件传输、Web 访问等，都可以利用 IPSec 来增强通信安全性。

9.6　Internet 安全技术实例

9.6.1　SSL 技术应用

【实验背景】

SSL 协议是在 Web 客户端和服务器端之间建立一个安全连接的最常用的技术，它能够保证信息的真实性、完整性和保密性。Windows 系统中提供构建 SSL 安全应用的所有组件。

【实验目的】

掌握 SSL 技术，保证 Web 客户端与服务器信息传输安全。

【实验条件】

(1) 基于 Windows Server 2003 的 PC 机一台。

(2) 基于 Windows 2000/XP/2003/Vista 的 PC 机一台。

【实验任务】

(1) 实现 Web 服务器证书申请和安装。

(2) 利用 SSL 技术实现 Web 客户端对安装了证书的 Web 服务器的认证和安全访问。

【实验内容】

首先配置 Web 服务器和客户端主机网络：

服务器主机 A：Windows Server 2003，IP 地址是 192.168.0.3/24，安装 Web 站点并设置好默认主页，测试 http://192.168.0.3 访问成功。

客户端主机 B：Windows 2000/XP/2003/Vista，IP 地址是 192.168.0.1/24，从该客户端主机 B 访问服务器主机 A 的 Web 站点，测试 http://192.168.0.3 访问成功。

SSL 技术保证 Web 客户端和服务器端访问安全主要有以下几个步骤：

➢ 证书颁发机构(CA)的安装和配置；
➢ Web 服务器证书的生成；
➢ Web 服务器证书的提交；
➢ CA 颁发证书；
➢ Web 服务器证书的安装，并启用 SSL 安全通道；
➢ Web 客户端通过 SSL 协议访问 Web 服务器。

1. CA 的安装和配置

(1) 单击"开始"→"控制面板"→"添加或删除程序"→"添加/删除 Windows 组件"，在【Windows 组件】窗口中选中"证书服务"，单击"下一步"按钮。

(2) 在【CA 类型】窗口中选择"独立根 CA(S)"，单击"下一步"按钮。

(3) 在【CA 识别信息】窗口中填入 CA 的公用名称及有限期限等相关信息，单击"下一步"按钮。

(4) 在【Microsoft 证书服务】提示窗口中单击"是"按钮。

(5) 在【数据存储位置】窗口中指定存储配置数据、数据库和日志的位置，将 Windows Server2003 安装光盘放入，单击"下一步"按钮，程序自动安装 CA 组件。

(6) 测试：单击"开始"按钮→"所有程序"→"管理工具"→"证书颁发机构"，可看到已经生成的 CA 相关信息。

2. Web 服务器证书的生成

(1) 单击"开始"按钮→"所有程序"→"管理工具"→"Internet 信息服务(IIS)管理器"，右击需要配置的 Web 站点→"属性"→"目录安全性"→"服务器证书"，打开 Web 服务器向导。

(2) 在【欢迎使用 Web 服务器证书向导】窗口单击"下一步"按钮。

(3) 在【服务器证书】窗口选择"新建证书"，单击"下一步"按钮。

(4) 在【稍候或立即请求】窗口选择"现在准备请求，但稍候发送"，单击"下一步"按钮。

(5) 在【名称和安全性设置】窗口中输入新证书名称和选择加密密钥的位长，位长越高，安全性越高，但效率越低，单击"下一步"按钮。

(6) 在【单位信息】窗口中输入单位和部门信息，单击"下一步"按钮。

(7) 在【站点公用名称】窗口中输入服务器的域名，单击"下一步"按钮。

(8) 在【地理信息】窗口中输入服务器的国家、省/自治区及市县信息，单击"下一步"按钮。

(9) 在【证书请求文件名】窗口中确认证书文件名，单击"下一步"按钮。

(10) 在【请求文件摘要】窗口中可看到证书请求文件的所有内容，即前面输入的信息，单击"下一步"按钮。

(11) 在【完成 Web 服务器证书向导】窗口中单击"完成"按钮，回到"目录安全性"选项卡。

3. 将服务器证书提交给 CA

(1) 打开 IE，键入 URL 地址http://localhost/CertSrv/default.asp，打开欢迎窗口。

(2) 在浏览器【欢迎】窗口中选择"申请一个证书"。

(3) 在【申请一个证书】窗口中选择"高级证书申请"。

(4) 在【高级证书申请】窗口中选择用 base64 编码提交证书，打开【提交一个证书申请或续订申请】浏览器窗口，然后将刚才生成证书用文本打开，将所有内容复制，然后粘贴到"保存的申请"对话框中，如图 9.15 所示。

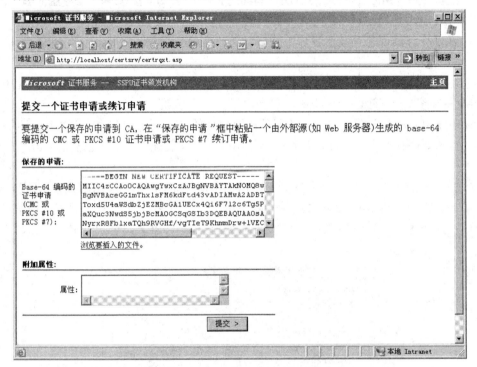

图 9.15 Web 服务器证书申请提交

(5) 在【提交一个证书申请或续订申请】浏览器窗口中单击"提交"，打开【证书挂起】窗口，可以看到有关证书挂起的信息，包括证书的 ID 号及证书颁发的时间。

4. CA 对服务器提交的证书进行颁发

(1) 单击"开始"→"所有程序"→"管理工具"→"证书颁发机构"，打开【证书颁发机构】窗口，单击窗口左侧"挂起的申请"，可以看到窗口右侧所有挂起的证书列表，右击刚刚申请的条目→"所有任务"→"颁发"，则证书已经颁发。

(2) 在"颁发的证书"中找到刚刚颁发的证书，双击打开【证书】窗口，在"常规"选项卡中可看到证书申请时填写的简要信息。

(3) 在【证书】窗口中选择"详细信息"选项卡可以看到申请证书时填写的详细信息，单击"复制到文件"按钮。

(4) 在【欢迎使用证书导出向导】窗口中单击"下一步"按钮。

(5) 在【导出文件格式】窗口中选中文件要使用的格式"DER 编码二进制 X.509(.cer)"，单击"下一步"按钮。

(6) 在【要导出的文件】窗口中输入要导出的文件名(本实验使用 d:\server.cer)，单击"下一步"按钮。

(7) 在【正在完成证书导出向导】窗口中，单击"完成"按钮。

(8) 在【证书导出向导】提示窗口中单击"确定"按钮，回到如图所示的证书详细信息窗口，单击"确定"按钮，关闭【证书】窗口。

5. 服务器安装 CA 颁发的证书，并启用 SSL 安全通道

(1) 在如图 9.5 所示的 Web 站点属性界面选择"目录安全性"→"服务器证书"。

(2) 在【欢迎使用 Web 服务器证书向导】窗口单击"下一步"按钮。

(3) 在【挂起的证书请求】窗口中选中"处理挂起的请求并安装证书"，单击"下一步"按钮。

(4) 在【处理挂起的请求】窗口中输入包含证书颁发机构相应的文件的路径和名称，如之前导出的服务器证书(d:\server.cer)，单击"下一步"按钮。

(5) 在【SSL 端口】窗口中输入该网站应该使用的 SSL 端口 443，单击"下一步"按钮。

(6) 在【证书摘要】窗口可以看到选择从响应文件安装证书的摘要信息，单击"下一步"按钮。

(7) 在【完成 Web 服务器证书向导】窗口中单击"完成"按钮，结束服务器证书安装。

(8) 在如图 9.5 所示的 Web 站点属性界面单击"目录安全性"，单击"安全通信"中的"编辑"，打开【安全通信】窗口，选择"申请安全通道(SSL)"，客户证书选择为"忽略客户证书"，如图 9.16 所示。

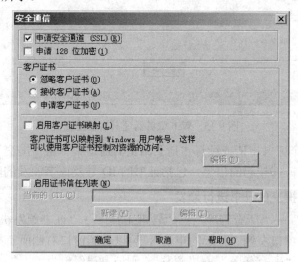

图 9.16　安全通信配置

(9) 确定关闭所有窗口后再打开 Web 站点属性窗口，可以看到 SSL 加密通道，端口是 443。

6. 测试

(1) 在客户端主机 B(192.168.0.1)的 IE 中输入http://192.168.0.3，看到"该页必须通过安全通道查看"等信息。

(2) 在客户端主机 B 的 IE 中再输入 https://192.168.0.3，访问结果如图 9.17 所示。

(3) 在【安全警报】窗口中单击"确定"按钮，出现"证书安全警报提示窗口"，如图 9.18 所示。

(4) 在"证书安全警报提示窗口"中确定证书提示信息，单击"是"铵钮，出现访问网站主页。

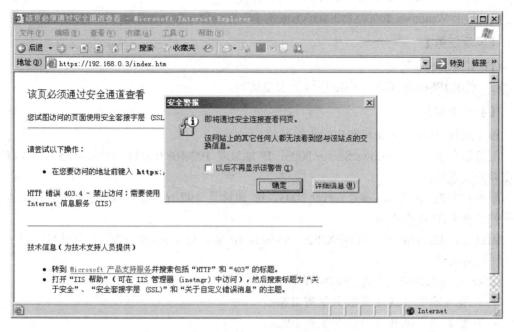

图 9.17 通过 SSL 访问 Web 站点

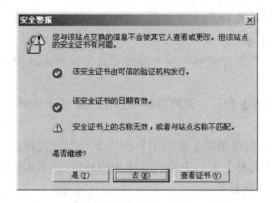

图 9.18 Web 服务器证书安全警报

9.6.2 IPSec 技术应用

【实验背景】

IPSec 协议是在公共 IP 网络上确保通信双方数据通信具有可靠性和完整性的技术，它能够为通信双方提供访问控制、无连接完整性、数据源认证、载荷有效性和有限流量机密性等安全服务。Windows 系统中提供构建 IPSec 安全应用的所有组件。

【实验目的】

掌握 IPSec 技术，保证应用层传输安全。

【实验条件】

(1) 基于 Windows Server 2003 的 PC 机两台。

(2) 基于 Windows 2000/XP/2003/Vista 的 PC 机一台

【实验任务】

(1) 实现 IPSec 配置。

(2) 利用 IPSec 技术进行应用层服务安全访问。

【实验内容】

首先配置 Web 服务器和客户端主机网络：

服务器主机 A：Windows Server 2003，IP 地址是 192.168.0.3/24，安装 Web 站点和 FTP 站点并测试成功。

服务器主机 B：Windows Server 2003，IP 地址是 192.168.0.1/24，测试访问主机 A 的 Web 站点和 FTP 站点成功。

测试主机 C：Windows 2000/XP/2003/Vista，IP 地址是 192.168.0.2/24，测试与主机 A 和 B 互联访问成功。

IPSec 技术保证应用层服务访问安全主要有以下几个步骤：

➢ 在服务器主机 A 上安装并配置 IPSec；

➢ 在服务器主机 B 上安装并配置 IPSec；

➢ 在各服务器主机未启用或启用 IPSec 的情况下进行测试。

1. 配置服务器主机 A 的 IPSec

1) 建立新的 IPSec 策略

(1) 单击"开始"→"所有程序"→"管理工具"→"本地安全策略"，打开【本地安全设置】窗口。

(2) 在【本地安全设置】窗口左侧对话框中右击"IP 安全策略，在本地机器"→"创建 IP 安全策略"。

(3) 在【欢迎使用 IP 安全策略】窗口中单击"下一步"按钮。

(4) 在【IP 安全策略名称】窗口中输入名称和描述信息(本实验中的策略名称为新 IP 安全策略 A)，单击"下一步"按钮。

(5) 在【安全通信请求】窗口中选择"激活默认响应规则"，单击"下一步"按钮。

(6) 在【默认响应规则身份验证方法】窗口中接受默认的选项"Windows 2003 默认值 Kerberos V5"作为默认响应规则身份验证方法，单击"下一步"按钮。

(7) 在【警告】窗口中选择"是"按钮。

(8) 在【完成"IP 安全策略向导"】窗口中接受"编辑属性"默认选项，单击"完成"按钮，打开【新 IP 安全策略 A 属性】窗口，如图 9.19 所示。

2) 添加新规则

(1) 在【新 IP 安全规则 A 属性】窗口中取消"使用'添加向导'"选项，再单击"添加"按钮，如图 9.19 所示。

(2) 在【新规则属性】窗口中的"IP 筛选器列表"选项卡中选中"所有 ICMP 通信"，单击"添加"按钮，出现【IP 筛选器列表】窗口。

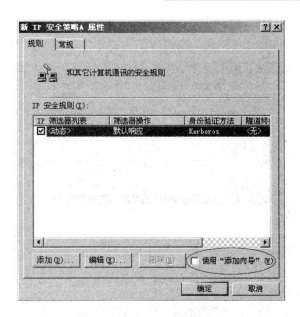

图 9.19　IP 安全策略属性

3) 添加新过滤器

(1) 在【IP 筛选器列表】窗口中输入筛选器的名称，并取消"使用'添加向导'"选项，单击"添加"按钮。

(2) 在【IP 筛选器属性】窗口中设置源地址和目标地址为特定的 IP 地址(本实验为主机到主机实现 IPSec 安全通信)，如图 9.20 所示。

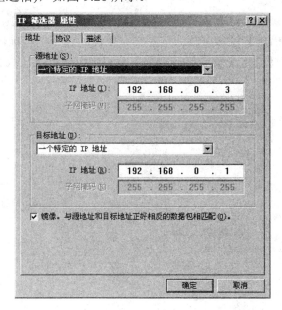

图 9.20　IP 筛选器地址设置

(3) 在【IP 筛选器属性】窗口中选择"协议"选项卡，选择"协议类型"为 ICMP，单击"确定"按钮。

(4) 在【IP 筛选器列表】窗口中单击"确定"按钮，返回【新规则属性】窗口，通过单击新添加的过滤器旁边的单选按钮激活新设置的过滤器，如图 9.21 所示。

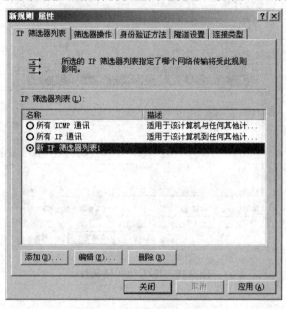

图 9.21   IP 筛选器激活

4) 规定过滤器动作

(1) 在【新规则属性】窗口中选择"筛选器操作"选项卡，取消"使用'添加向导'"选项，单击"添加"按钮。

(2) 在【新筛选器操作属性】窗口中默认选择"协商安全"选项，单击"添加"按钮。

(3) 在【新增安全措施】窗口中默认选择"完整性和加密"选项，选择"自定义选项"，单击"设置"按钮，在【自定义安全措施设置】窗口中可选择 AH 或 ESP 协议及相应算法，如图 9.22 所示。

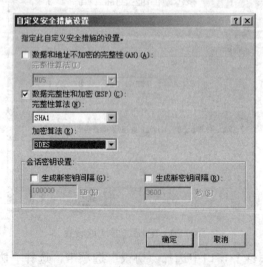

图 9.22   自定义安全措施设置

(4) 在【新增安全措施】窗口中单击"关闭"按钮，返回【新筛选器属性】对话框，确保不选择"允许和不支持 IPSec 的计算机进行不安全的通信"，单击"确定"按钮。

(5) 在如图 9.21 所示的【新规则属性】窗口中的"筛选器操作"选项卡中选中"新筛选器操作"并激活，如图 9.23 所示。

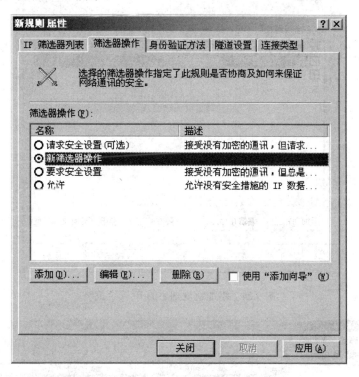

图 9.23　新筛选器激活

5) 设置身份验证方法

(1) 在如图 9.21 所示【新规则属性】窗口中的"身份验证方法"选项卡中单击"添加"按钮，打开【新身份验证方法属性】窗口，选择"使用此字串(预共享密钥)"单选框，并输入预共享密钥字串"ABC"。

(2) 在【身份认证方法属性】窗口中单击"确定"按钮返回"身份验证方法"选项卡，选中新生成的"预共享密钥"，单击"上移"按钮使其成为首选。

6) 设置"隧道设置"

单击如图 9.21 所示【新规则属性】窗口中的"隧道设置"选项卡，默认选择"此规则不指定 IPSec 隧道"。

7) 设置"连接类型"

(1) 单击如图 9.21 所示【新规则属性】窗口中的"连接类型"选项卡，默认选择"所有网络连接"。

(2) 单击"关闭"按钮，返回【新 IP 安全策略 A 属性】窗口，如图 9.24 所示。

(3) 单击"确定"按钮，返回【本地安全策略】窗口，如图 9.25 所示。

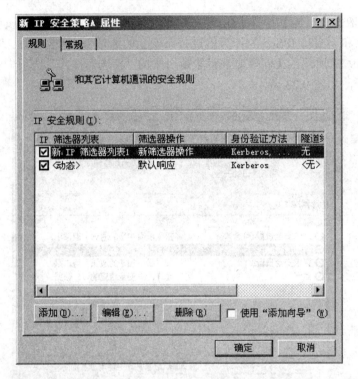

图 9.24 添加新规则后的 IP 安全策略

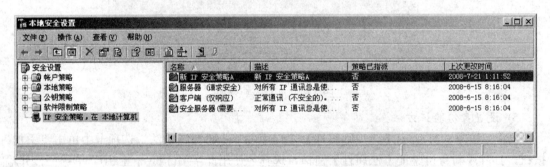

图 9.25 添加新 IP 安全策略后的本地安全策略

2. 配置服务器主机 B 的 IPSec

仿照前面对主机 A 的配置对主机 B 的 IPSec 进行配置。

3. 测试 IPSec

1) 不激活主机 A、主机 B 的 IPSec 进行测试

分别在主机 A、B 上 Ping…，要求对方主机可以 Ping 通。

2) 激活一方的 IPSec 进行测试

(1) 在主机 A 新建立的 IP 安全策略上单击鼠标右键并选择"指派"， 激活该 IP 安全策略。

(2) 在主机 B 执行命令 PING 192.168.0.3，反馈结果如图 9.26 所示。

(3) 在主机 A 执行命令 PING 192.168.0.1，反馈结果如图 9.27 所示。

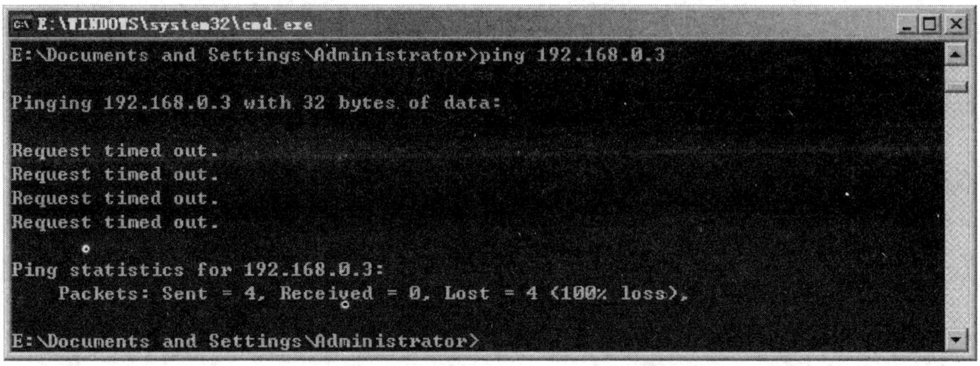

图 9.26　测试激活 IPSec 的主机 A 的结果

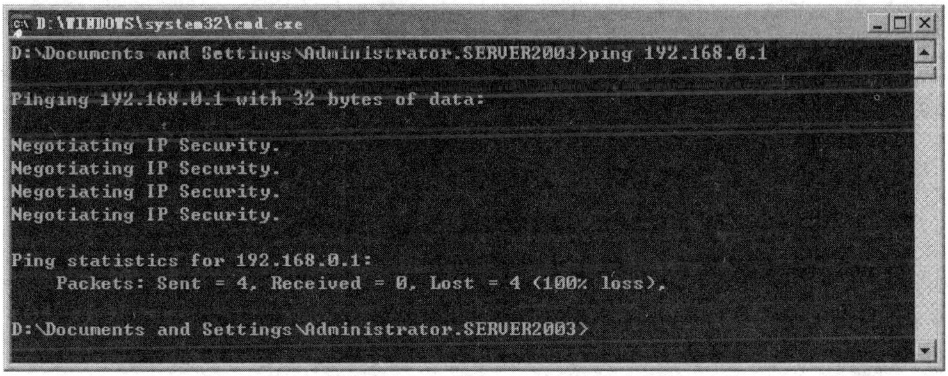

图 9.27　激活 IPSec 的主机 A，测试未激活 IPSec 的主机 B 结果

3) 激活双方的 IPSec 进行测试

此时在主机 A 和主机 B 之间建立了一个共享密钥的 IPSec 安全通道，它们之间能正常 Ping 通并进行所有访问，如 Web、FTP 访问，而其他机器如主机 C(192.168.0.2) 则不能访问主机 A 和 B 提供的任何服务，从而可以保证主机 A 和 B 在公网上传输数据的安全。如果在主机 C 上运行第三方网络监听软件对主机 A 和 B 之间的通信数据进行捕获可以发现，捕获的都是加密的数据包，而不是明文数据包，也就不能从中得到用户名和密码等敏感信息。

习　题

1. 比较在图 9.16 中客户证书配置的三种选择方式，并实现当选择"申请客户证书"时客户端访问服务器的过程。

(提示步骤：① 客户端申请证书：在【Microsoft 证书服务】浏览器窗口选择"申请一个证书"→"Web 浏览器证书"→填写识别信息，然后提交。② 证书颁发机构对证书进行确认然后颁发，将证书发送给用户。③ 客户端安全证书：用户在 IE 浏览器菜单选择"工具"→"Internet 选项"→"内容"→"证书"→"内容"→"导入"，找到颁发的证书并导入到浏览器中。④ 持有证书的客户端访问持有证书的 Web 服务器：连接 Web 服务器时，如果对方需要客户端证书则可提交证书进行身份识别。)

2. 利用 IPSec 技术实现主机 A 与主机 B 之间 FTP 服务访问的安全性，并下载网络监听软件对 IPSec 启用前和启用后的数据进行捕获并分析。

3. 利用 PGP 软件实现邮件的加密/解密，签名/验证的过程，并比较和 S/MIME 实现的异同。

4. 综合设计并实现 WWW 服务、FTP 服务和电子邮件服务安全。

第 10 章 VPN 技术

在网络互联世界中，企业为了各站点之间能够安全地传输数据，往往选择从通信厂商处租用昂贵的专有链路来进行传送。为了降低成本，我们可以在现有的 Internet 结构基础和其他用户共享通信链路上进行数据传输，但同时如何保证数据传输的安全就成了最重要的问题。其中一种有效的解决方案就是构建虚拟专用网 VPN(Virtual Private Network)。

10.1 VPN 概述

VPN 是将不同物理位置的组织和个人通过已有的公共网络建立一条点到点的虚拟链路，模拟专用网进行安全数据通信的网络技术，其基本原理是通过一定的技术将互联网上每个 VPN 用户的数据与其他数据加以区别，避免未经授权的访问，从而确保数据的安全。通过利用共享的公共网络设施实现 VPN，能够以极低的费用为远程用户提供性能和专用网络相媲美的保密通信服务。

1. 隧道技术

隧道技术(Tunneling)是目前构建 VPN 的基本方式。隧道技术是指把一种类型的报文封装在另一种报文中在网络上进行传输，如图 10.1 所示。两个网络通过 VPN 接入设备的一个端口，即一个 VPN 端点，建立的虚拟链路就叫隧道。发送给远程网络的数据要进行一定的封装处理，从发送方网络的一个 VPN 端点进入 VPN，经相关隧道穿越 VPN(物理上穿越不

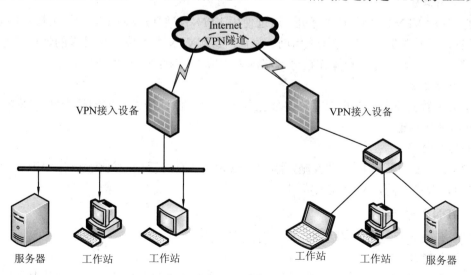

图 10.1 VPN 隧道模式

安全的互联网），到达接收方网络的另一个 VPN 端点，再经过解封装处理，便得到原始数据，并且把加密后的原始数据发给目的主机。封装的数据在传送中，不仅遵循指定的路径，避免经过不信任的节点而到达未授权接收方，而且封装处理使得传送的中间节点不必也不会解析原始数据，这在一定程度上防止了数据泄密。对主机来说，不管是发送主机还是接收主机，都不知道数据曾经被封装过，也不知道数据是在 Internet 网络上进行传输的，它只需要提供要传输的数据，而不需要特殊的软件或配置，所有传送过程都由 VPN 设备来处理。

仅仅通过隧道技术还不能建立适合所有安全要求的 VPN，因为一般的隧道技术只能够满足在单个运营商网络上进行数据安全传输的需求。用户数据要跨越多个运营商网络时，在两个独立网络节点的封装数据要先解封处理后再封装，可能在此过程中造成信息泄漏，因此，必须结合加密技术和密钥管理等技术保证数据传输的机密性。同时，身份认证及访问控制等技术可以支持远程接入或动态建立隧道的 VPN，通过对访问者身份的确认及对其访问资源的控制来保证信息安全。所以，VPN 通信具有与专用网同等的通信安全性。VPN 的简单通信过程如下：

(1) 客户机向 VPN 服务器发出请求。

(2) VPN 服务器响应请求，并要求客户进行身份认证。

(3) 客户机将加密的用户身份认证响应信息发给服务器。

(4) VPN 服务器收到客户的认证响应信息，确认该帐户是否有效，是否具有远程访问权限。如果有访问权限，则接收此连接。

(5) VPN 服务器利用在认证过程中产生的客户机和服务器的公有密钥对数据进行加密，然后通过 VPN 隧道技术进行封装、加密、传输到目的内部网络。

总之，VPN 可以通过隧道技术、密码技术、身份认证及访问控制技术等在共享的互联网上实现低成本的安全数据传输。

2. VPN 的优点

VPN 的优点如下：

1) 费用低廉

这是使用 VPN 的最主要的好处。通过使用 VPN，我们可以在公共网络上尽可能安全地传输数据，而不需要再租用专线来组网。并且，多数 VPN 都可以提供可靠的远程拨号服务，如此便减少了管理、维护和操作拨号网络的人力成本，节约了相关费用。

2) 安全可靠

VPN 为数据安全传输提供了许多安全保证，可以保证传输数据的机密性、完整性和对发送/接收者的认证。

3) 部署简单

VPN 使用的是已有的基础设施，因此可以利用现有的基础设施快速建立 VPN，从而降低工作量，节省时间，减少施工费用。

3. VPN 的缺点

VPN 有如上所述的许多优点，但同时也有一些缺点：

1) 增加了处理开销

为了保证数据传输安全，通常对传输的每一个报文都进行加密，如此便增加了 VPN 处理压力。虽然可以采取硬件技术来解决，但同时也增加了构建 VPN 的成本。同时，由于 VPN 对发送的报文进行了封装，或者在原始报文上增加额外报文信息，这些都增加了处理开销，对网络性能构成一定的影响。

2) 实现问题

由于现有的网络基础情况一般比较复杂，因此 VPN 在设计的时候必须考虑到实现的问题，包括 VPN 通过、网络地址转换、最大传输单元大小等问题。

3) 故障诊断和控制问题

由于 VPN 上传输的数据都进行了封装处理，真实数据只能等解封后才能看见，因此一旦发生故障，很难进行诊断。同时，如果远程用户通过 VPN 接入的话，必须要考虑对其实施控制。因为此时的远程接入客户作为进入网络的入口，由于其自身主机的安全问题，可能会带来安全隐患。并且，VPN 毕竟是构建在公共基础设施上，而一旦这些基础设施出现问题则会导致 Internet 服务故障，从而使 VPN 的通信出现问题。

10.2　VPN 隧道协议

按照用户数据是在网络协议栈的第几层被封装，即隧道协议是工作在第二层数据链路层、第三层网络层，还是第四层应用层，可以将 VPN 协议划分成第二层隧道协议、第三层隧道协议和第四层隧道协议。

➢ 第二层隧道协议：主要包括点到点隧道协议(Point-to-Point Tunneling Protocol，PPTP)、第二层转发协议(Layer 2 Forwarding，L2F)，第二层隧道协议(Layer 2 Tunneling Protocol，L2TP)、多协议标记交换(Multi-Protocol Label Switching，MPLS)等，主要应用于构建接入 VPN。

➢ 第三层隧道协议：主要包括通用路由封装协议(Generic Routing Encapsulation，GRE)和 IPSec，它主要应用于构建内联网 VPN 和外联网 VPN。

➢ 第四层隧道协议：如 SSL VPN。SSL VPN 与 IPSec VPN 都是实现 VPN 的两大实现技术。其中，IPSec VPN 工作在网络层，因此与上层的应用程序无关。采用隧道运行模式的 IPSec 对原始的 IP 数据包进行封装，从而隐藏了所有的应用协议信息，因此可以实现各种应用类型的一对多的连接，如 Web、电子邮件、文件传输、VoIP 等连接。

与 SSL 相比，IPSec 只在一个客户程序和远程 VPN 网关或主机之间建立一条连接，所有应用程序的流量都通过该连接建立的隧道进行传输。而 SSL VPN 工作在应用层，对每一个附加的应用程序都不得不建立额外的连接和隧道。不过，SSL 除了具备与 IPSec VPN 相当的安全性外，还增加了访问控制机制。而且客户端只需要拥有支持 SSL 的浏览器即可，配置方便，使用简单，非常适合远程用户访问企业内部网。因此，现在第四层隧道协议最著名的便是 SSL。

关于 SSL 和 IPSec 的技术原理与应用请参考 9.4 节与 9.5 节，本章内容将重点讨论其他几种 VPN 协议。

10.2.1　PPTP

在了解点到点隧道协议(Point-to-Point Tunneling Protocol，PPTP)协议之前，必须先要了

解 PPP 和 GRE 两个协议。

1) 点到点协议(Point-to-Point Protocol, PPP)

PPP 协议主要是为通过拨号或专线方式建立点对点连接的同等单元之间传输数据包而设计的链路层协议。PPP 协议将 IP、IPX 和 NETBEUI 包封装在 PP 帧内通过点对点的链路发送,主要应用于拨号连接用户和 NAS。

2) GRE 协议

GRE 协议由 Cisco 和 NetSmiths 等公司提交给 IETF 的数据封装协议,它规定了如何用一种网络协议去封装另一种网络协议的方法,由 RFC1701 和 RFC1702 详细定义。目前多数厂商的网络设备均支持 GER 隧道协议。GER 协议允许用户使用 IP 包封装 IP、IPX、AppleTalk 包,并支持全部的路由协议(如 RIP2、OSPF 等)。不过,GER 协议只提供了数据包封装功能而没有加密功能,所以在实际环境中为了保证用户数据安全,GER 协议经常与 IPSec 结合使用,由 IPSec 提供用户数据的加密。

PPTP 是由微软、Ascend、3COM 等公司支持的基于 IP 的点对点隧道协议,它采用隧道技术,使用 IP 数据包通过 Internet 传送 PPP 数据帧,在 RFC 2367 中有详细定义。该协议使用两种不同类型的数据包来管理隧道和发送数据包。PPTP 通过 TCP 端口 1723 建立 TCP连接并发送和接收所有控制命令。对于数据传输,PPTP 先使用 PPP 封装,再将 PPP 封装到一个 IP 类型为 47 的 GRE 数据包中,最后 GRE 数据包再被封装到一个 IP 数据包中通过隧道传输。如图 10.2 所示。

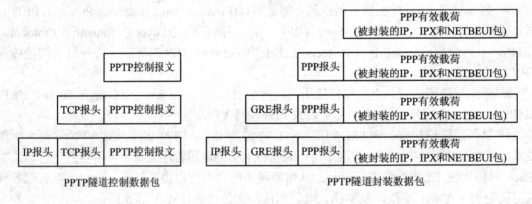

图 10.2　PPTP 数据包格式

PPTP 协议的实现由 PPTP 接入集中器(PPTP Access Concentrator, PAC)和 PPTP 网络服务器(PPTP Network Server, PNS)来分别执行,从而实现因特网上的 VPN。其中,ISP 的 NAS将执行 PPTP 协议中指定的 PAC 的功能,企业 VPN 中心服务器将执行 PNS 的功能。

如图 10.3 所示,远程拨号用户(如远程用户 1)首先采用拨号方式接入到 ISP 的 NAS(PAC)建立 PPP 连接,然后接入 Internet,通过企业 VPN 服务器(PNS)访问企业的网络和应用,而不再需要直接拨号至企业的网络。这样,由 GRE 将 PPP 报文封装成的 IP 报文就可以在 PAC－PNS 之间经由因特网传递,即在 PAC 和 PNS 之间为用户的 PPP 会话建立了一条 PPTP 隧道(如 PPTP 隧道 1)。由于所有的通信都将在 IP 包内通过隧道,因此 PAC 只起着通过 PPP连接进因特网的入口点的作用。对于直接连接到 Internet 上的客户(如远程用户 2),可以直接与企业 VPN 服务器建立虚拟通道(如 PPTP 隧道 2)而不需要与 ISP 建立 PPP 连接。

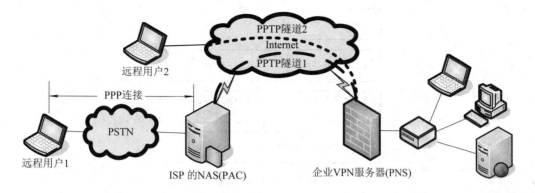

图 10.3　PPTP 实现过程

PPTP 具有两种不同的工作模式，即被动模式和主动模式。

➢ 被动模式的 PPTP：ISP 为用户提供其拨号连接到 ISP 过程中所有的服务和帮助，而客户端则不需要安装任何与 PPTP 相关的软件。此模式的好处是降低了对客户的要求，缺点是限制了客户对因特网其他部分的访问。

➢ 主动模式的 PPTP：由客户建立一个与企业网络服务器直接连接的 PPTP 隧道，ISP 只提供透明的传输通道而并不参与隧道的建立。此模式的优点是客户拥有对 PPTP 的绝对控制，缺点是对用户的要求较高，并需要在客户端安装支持 PPTP 的相应软件。

从安全性上来说，对于加密，PPTP 使用 Microsoft 点对点加密算法(Microsoft Point-to-Point Encryption，MPPE)，采用 RC4 加密程序。对于认证，PPTP 使用 Microsoft 挑战握手认证协议(Microsoft Challenge Handshake Authentication Protocol，MS-CHAP)、口令认证协议(Password Authentication Protocol，PAP)、挑战握手认证协议(Challenge-Handshake Authentication Protocol，CHAP)或可扩展认证协议(Extensible Authentication Protocol，EAP)来实现用户认证功能。但是，由于 MS-CHAP 是不安全的，因此大都认为 PPTP 不安全。后来，Microsoft 在 PPTP 实现中采用了 MS-CHAP V2，解决了其存在的安全问题。

10.2.2　L2TP

第二层隧道协议(Layer 2 Tunneling Protocol，L2TP)是 IETF 起草，微软、Ascend、Cisco、3COM 等公司参与的协议，在 RFC 2661 中对其进行了详细定义。该协议由 PPTP 与二层转发协议(Layer 2 Forwarding，L2F)的融合而形成，结合了两个协议的优点，是目前 IETF 的标准。其中，L2F 是由 Cisco 公司提出的可以在多种传输网络(如 ATM、帧中继、IP 网)上建立多协议的安全虚拟专用网的通信方式，主要用于 Cisco 的路由器和拨号访问服务器，能够将链路层的协议(如 HDLC、PPP 等)封装起来传送。

和 PPTP 一样，L2TP 通过对数据加密和对目的地址加密隐藏，在 Internet 网络上建立隧道，从而创建一种安全的连接来传送信息。L2TP 消息可以分为两种类型，一种是控制信息，另一种是数据信息。控制信息用于隧道和呼叫的建立、维护与清除。数据信息用于封装隧道传输的 PPP 数据帧。控制信息利用 L2TP 内部可靠的控制通道来保证传输，而数据信息一旦数据包丢失则不再重传。如图 10.4 所示。L2TP 在 IP 网络上的隧道控制信息以及数据使用相类似，通过 UDP 的 1701 端口承载于 TCP/IP 之上进行传输。

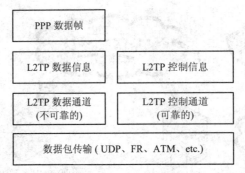

图 10.4　L2TP 协议结构

结合 IPSec 技术进行数据安全传输的 L2TP 数据包格式如图 10.5 所示。

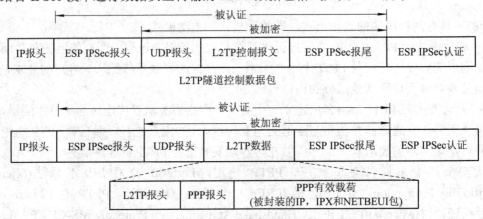

图 10.5　L2TP 数据包格式

与 PPTP 类似，L2TP 协议的实现也由两个设备来执行：一个是 L2TP 访问集中器(L2TP Access Concentrator，LAC)，另一个是 L2TP 网络服务器(L2TP Network Server，LNS)。L2TP 将隧道连接定义为一个 LNS 和 LAC 对，其中 LAC 用于发起呼叫、接收呼叫和建立隧道，而 LNS 是远程系统通过 L2TP 建立的隧道传送 PPP 会话的逻辑终点。如图 10.6 所示。

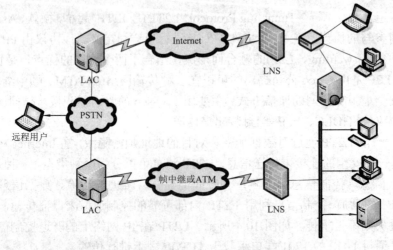

图 10.6　L2TP 实现过程

1. L2TP 的建立过程

(1) 远程用户通过 PSTN 或 ISDN 拨号至本地接入服务器 LAC(LAC 是连接的终点)；

(2) LAC 接收呼叫，认证用户是否合法，通过 Internet、帧中继或 ATM 网络建立一个通向内部网(Home LAN)LNS 的 VPN 隧道；

(3) 在隧道上传输 PPP 数据到达内部网络。

在以上过程中，内部网提供地址分配、认证、计费等管理。

LAC 客户端(运行 L2TP 的主机)可以直接接入内部网而不需要另外的 LAC。在这种情况下，包含 LAC 客户端软件的主机必须已经连接到公网上，然后建立一个"虚拟"PPP 连接，使本机 L2TP LAC 客户端与 LNS 之间建立一个隧道。其地址分配、认证、授权和计费都由目标网络的管理域提供。LAC 和 LNS 功能一般由为用户通过 PSTN/ISDN 拨入网络提供服务的网络接入服务器 NAS(Network Access Server)提供。

2. L2TP 协议的特性

(1) 扩展性。为了在互通的基础上具有最大化扩展性，L2TP 使用了统一的格式来对消息的类型和主体(body)进行编码，用 AVP 值对(Attribute Value Pair)来表示。

(2) 可靠性。L2TP 在控制信息的传输过程中，应用消息丢失重传和定时检测通道连通性等机制来保证传输的可靠性。而其数据消息的传输由于不采用重传机制，所以它无法保证传输的可靠性，但这一点可以通过上层协议如 TCP 等得到保证。另外，L2TP 在所有的控制信息中都采用序号来保证可靠传输，而数据信息可用序号来进行数据包的重排或用来检测丢失的数据包。

(3) 身份认证及保密性。L2TP 继承了 PPP 的所有安全特性，不仅可以选择多种身份认证机制(CHAP、PAP 等)，还可以对隧道端点进行认证。L2TP 定义了控制包的加密传输，对每个隧道生成一个独一无二的随机密钥，以抵御欺骗性的攻击，但是它对传输中的数据不加密。根据特定的网络安全要求可以方便地在 L2TP 之上采用隧道加密、端对端数据加密或应用层数据加密等方案来提高数据的安全性。

3. L2TP 与 PPTP 的区别

虽然 L2TP 是由 PPTP 发展起来的，都使用 PPP 协议对数据进行封装，然后添加附加报头用于数据在互联网络上的传输，但两者间仍有一定的区别：

(1) 从网络运行环境上来看，PPTP 要求互联网络为 IP 网络，而 L2TP 可以在 IP、帧中继、ATM 等网络上使用。

(2) 从建立隧道的模式来看，PPTP 只能在两端点间建立单一隧道，而 L2TP 支持在两端点间使用多隧道。因此，用户可以针对不同的服务质量使用 L2TP 创建不同的隧道。

(3) 从认证方式来看，L2TP 可以提供隧道认证，而 PPTP 则不支持隧道认证。但是当 L2TP 或 PPTP 与 IPSec 共同使用时，可以由 IPSec 提供隧道验证，而不需要在第二层协议上验证隧道。

(4) 从数据包传输效率来看，L2TP 合并了控制通道和数据通道，使用 UDP 协议来传输所有信息，因此，相对采用 TCP 协议传输数据的 PPTP 来说，效率更高，更容易通过防火墙。另一方面，PPTP 支持通过 NAT 防火墙的操作，而 L2TP 则不能支持。

10.2.3　MPLS

多协议标记交换(Multi-Protocol Label Switching, MPLS)吸收了 ATM 的 VPI/VCI 交换思想，无缝集成了 IP 路由技术的灵活性和两层交换的简捷性，在面向无连接的 IP 网络中增加了 MPLS 这种面向连接的属性。通过采用 MPLS 建立"虚连接"的方法，为 IP 网增加了一些管理和运营的手段。随着网络技术的迅速发展，MPLS 应用也逐步转向 MPLS 流量工程和 MPLS VPN 等应用。本节重点介绍 MPLS VPN 技术。

MPLS 的主要原理是为每个 IP 数据包提供一个标记，并由此标记决定数据包的路径以及优先级，使与 MPLS 兼容的路由器在将数据包转送到其路径之前，只需读取数据包标记，而无需读取每个数据包的 IP 地址和标头，然后将所传送的数据包置于帧中继或 ATM 的虚拟电路上，从而将数据包快速传送至终点路由器，减少了数据包的延迟，增加了网络传输的速度。同时由帧中继及 ATM 交换器所提供的服务质量(Quality of Service，QoS)对所传送的数据包加以分级，因而大幅提升网络服务品质及提供更多样化的服务。因此，MPLS 技术适合用于远程互联的大中型企业专用网络等对 QoS、服务级别(Class of Service，CoS)、网络带宽、可靠性等要求高的 VPN 业务。

10.3　VPN 集成

VPN 在网络中的集成有很多方式，最常见的有路由器集成 VPN、防火墙集成 VPN 和专用 VPN 设备三种方式。

1. 路由器集成 VPN

现在一些路由器中已经配备了 VPN 模块，即路由器集成 VPN，如图 10.7 所示。

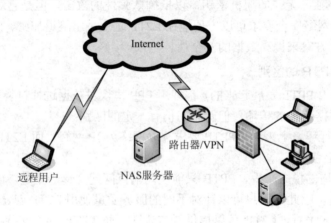

图 10.7　路由器集成 VPN

边缘路由器上集成 VPN，访问过程如下：
 > 远程用户建立 VPN 到路由器。
 > 路由器将请求转发给 NAS。
 > NAS 认证远程用户是否合法，若合法，则授权用户访问内部网。
路由器集成 VPN 的设备仅适合小型网络而不适合大型网络，因为路由器本身的性能有

限，若再加上加密/解密 VPN 信息带来的负担，则会使路由器超负荷。因此，一般对企业用户来说，路由器集成 VPN 并不是一个很好的选择。

2. 防火墙集成 VPN

防火墙集成 VPN 是应用广泛的模式。许多厂家的防火墙产品都具有 VPN 功能。由于防火墙本身具备较完善的记录功能，因此，在此基础上增加 VPN 记录不会给防火墙带来太大的额外负担。另外，防火墙也是网络的入口点，在此增加 VPN 功能将使用户能够访问网络而不用开放防火墙规则，以免增加安全漏洞。

防火墙集成 VPN 如图 10.8 所示。

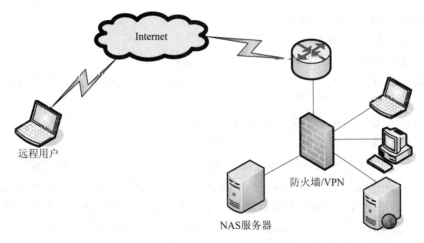

图 10.8　防火墙集成 VPN

防火墙集成 VPN 访问过程与路由器集成 VPN 类似：

➢ 远程用户建立 VPN 到防火墙。

➢ 防火墙将认证请求转发给 NAS。

➢ NAS 认证远程用户是否合法，若合法，则防火墙授权用户访问内部网。

防火墙集成 VPN 的模式可以获得设备中由防火墙部件提供的健壮的访问控制功能，给网络管理员提供了更多的控制权，使用户能够访问的网络资源部分被限定。但与路由器集成 VPN 一样，处理 VPN 加密/解密信息需要占用大量系统资源，如果防火墙本身负荷已经很重，则不适合选择此种模式。而且，防火墙集成 VPN 方案还有一个缺陷，就是在优化配置虚拟网和防火墙部件方面，选择余地非常小，因为最适合业务需要的防火墙产品可能与虚拟专用网不匹配。同时，集成方案还会使 VPN 和防火墙部件限制在一套系统上，使得配置方案不灵活。

3. 专用 VPN 设备

专用 VPN 设备最主要的优点就是减轻了路由器和防火墙管理 VPN 的负担，即使有再多的连接甚至过载，也不会影响网络的其他部分。专用 VPN 设备的另一个优点是增强了 VPN 访问的安全性，即使 VPN 被攻破，也可以使攻击者引起的破坏降到最低，相比路由器和防火墙集成 VPN 而言，增强了网络安全性。

专用 VPN 设备如图 10.9 所示。

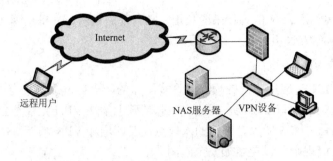

图 10.9 专用 VPN 设备

专用 VPN 设备访问过程如下：

➤ 远程用户建立 VPN 到专用设备。

➤ 专用设备处理用户认证请求，或将请求转发给 NAS。

➤ 如果认证成功，则授权用户访问内部网，并且管理员还能够限定用户访问网络的哪部分资源。

专用 VPN 设备与防火墙的组合主要有三种结构：

1) VPN 设备在非军事区内，位于防火墙和路由器之间

此种模式最大的问题就是网络地址转换(NAT)。例如，用户发出的报文使用了 IPSec 的 AH 进行认证，在报文到达目标网络虚拟网设备时，由于还没通过防火墙进行地址转换，因此不能通过目标网络 VPN 的完整性校验。这是因为在发送端的 NAT 设备在对报文处理时修改了报文的源地址，从而导致接收端的 VPN 连接不能通过消息摘要认证。

2) VPN 设备在防火墙之后，位于屏蔽子网或网络内部

此种模式的问题是地址管理，有些虚拟专用网规范要求给虚拟专用网设备配置一个合法的 IP 地址，如果 IP 地址被 NAT 改写后，可能会引起 IPSec 的 IKE 阶段失败。

3) VPN 设备在防火墙之前，更靠近 Internet 一些

此种模式可以避免潜在的网络地址转换和地址管理上出现的问题，但由于不能得到防火墙的保护，如果 VPN 端点的系统受到损害，可能使攻击者访问到应该受 VPN 保护的信息。

总之，专用 VPN 设备为稳固和可升级方案的实现提供了很好的解决方法，而且不影响网络的其他部分，具备许多优点。但是专用 VPN 也有一些缺点，因为它是额外的网络设备，所以也需要对它进行管理和监控。另外，VPN 设备及软件的管理和漏洞也要加强防范，同时还要防止由于在防火墙中要通过 VPN 而创建的连接可能引起的安全问题。最后，专用 VPN 设备的使用也会使网络成本提高。因此，选择哪一种 VPN 端接方式需要对所有的方案及网络潜在流量进行彻底的评估，才能找到最适合的解决方案。

10.4 VPN 应用实例

【实验背景】

PPTP 协议是最常用的 VPN 技术之一，它能够在通信的双方之间建立一个安全隧道，保证信息的安全传输，Windows 系统中提供了构建 PPTP 安全应用的所有组件。

【实验目的】

掌握 PPTP VPN 技术，保证信息的传输安全。

【实验条件】

(1) 基于 Windows Server 2003 的 PC 机一台；

(2) 基于 Windows 的 PC 机两台。

【实验任务】

(1) 实现 PPTP VPN 服务器端配置；

(2) 实现 PPTP VPN 客户端配置；

(3) 利用 PPTP VPN 技术实现客户端和服务器端安全访问。

【实验内容】

首先配置网络环境：

1. 各主机 IP 地址配置

VPN 服务器：Windows Server 2003，配置两块网卡，或一块网卡配两个 IP 地址。其中外网 IP 为 10.0.0.1/8，内网 IP 为 192.168.0.1/24。

外网主机：Windows 2000/XP/2003，IP 为 10.0.0.2/8。

内网主机：Windows 2000/XP/2003，IP 为 192.168.0.2/24。

2. 域的建立

(1) 将 VPN 服务器配置成域服务器，域名自己定义。本实验指导以建立的 it.sspu.cn 域名为例。

(2) 在域服务器上建立一个域用户，并赋予拨入权限，本文以建立的 vpn_client1 用户为例，其配置如图 10.10 所示。

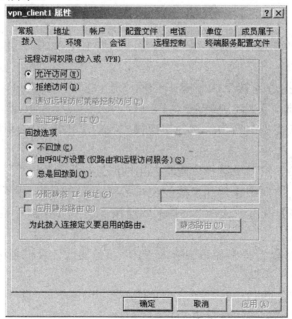

图 10.10　域用户拨入权限设置

3. VPN 服务器配置

(1) 单击"开始"按钮→"所有程序"→"管理工具"→"路由和远程访问",打开【路由和访问控制】窗口。

(2) 右击【路由和访问控制】窗口中的机器名→选择"配置并启用路由和远程访问"。

(3) 在【欢迎使用路由和远程访问服务器安装向导】窗口中单击"下一步"按钮。

(4) 在【配置】窗口中选择"自定义配置",单击"下一步"按钮。

(5) 在【自定义配置】窗口中选择"VPN 访问(V)",单击"下一步"按钮。

(6) 在【正在完成路由和远程访问服务器安装向导】窗口中单击"完成"按钮。

(7) 在【路由和远程访问】提示开始服务窗口中单击"是"按钮,开始启动路由和远程访问服务。

(8) 双击计算机名,高亮显示"端口",可以看到该向导自动创建了 VPN 端口,包括 PPTP 端口和 L2TP 端口,如图 10.11 所示。

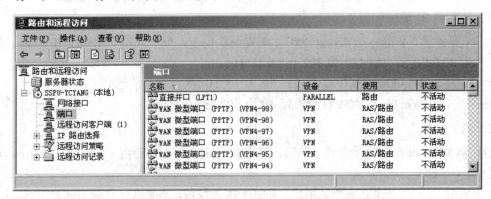

图 10.11　VPN 端口列表

4. 客户端配置

(1) 首先检查客户端网卡设置,为一外网静态网卡 10.0.0.2/24,并用 Ping 命令测试其与 IAS 是否连通。

(2) 在"网络和拨号连接"中新建一个网络连接(以 Windows XP/2003 为例),在【欢迎使用新建连接向导】窗口中单击"下一步"按钮。

(3) 在【网络连接类型】窗口中选择"连接到我的工作场所的网络",单击"下一步"按钮。

(4) 在【网络连接】窗口中选择"虚拟专用网络连接",单击"下一步"按钮。

(5) 在【连接名】窗口中输入此连接的公司名称,单击"下一步"按钮。

(6) 在【公用网络】窗口中选择"不拨初始连接"(因为本实验不需要拨号连接入公网),单击"下一步"按钮。

(7) 在【VPN 服务器选择】窗口中输入 VPN 服务器的计算机名称或其 IP 地址,如图 10.12 所示,单击"下一步"按钮。

(8) 在【可用连接】窗口中选择"只是我使用",单击"下一步"按钮。

(9) 在【正在完成新建连接向导】窗口中单击"完成"按钮。

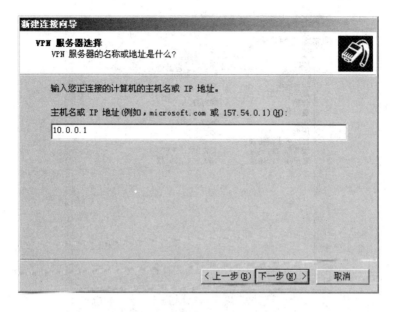

图 10.12　IAS 主机名或 IP 地址设置

5. VPN 连接与测试

(1) 在客户端新建立的网络连接中输入之前建立的域用户名和密码，如图 10.13 所示。

图 10.13　VPN 连接

(2) 单击"连接"后即可实现以 VPN 方式连接到远程 VPN 服务器中，并且可获取用户在局域网中访问资源的所有权限。

(3) 双击网络连接图标可以看到 VPN 网络状态，选择"详细信息"选项卡可以看到 VPN 的连接信息，包括使用的隧道协议、服务器类型、传输协议、身份验证、加密算法，分配的服务器和客户端 IP 地址等信息，如图 10.14 所示。

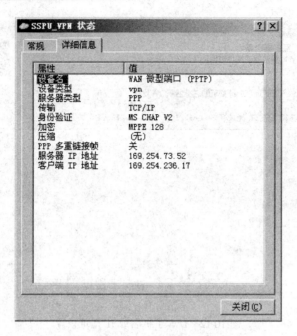

图 10.14 VPN 连接详细信息

(4) 在【网络连接】窗口中可以看到新建立的一个 VPN 连接，如图 10.15 所示。

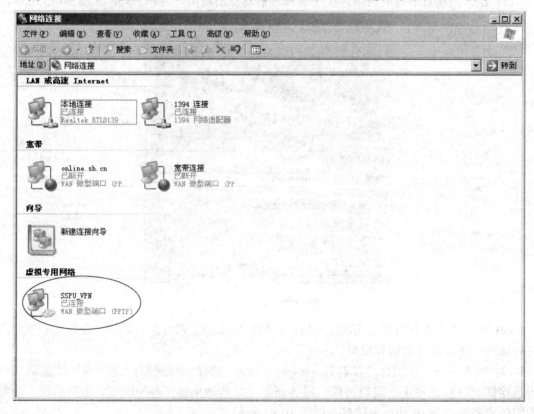

图 10.15 新建虚拟专用网络

(5) 在 IAS 可以看到一个 PPTP 端口由"不活动"状态变为"活动"状态，如图 10.16 所示。

图 10.16　PPTP 端口状态

(6) 双击活动端口可以查看连接的 VPN 配置，并可以对此连接进行"刷新"、"复位"或"断开"控制。

习　题

1. 简述 PPTP VPN 基本原理及连接过程。
2. 简述 L2TP VPN 基本原理及连接过程。
3. 简述 PPTP 与 L2TP 的区别。
4. 简述常见的 VPN 集成方案。
5. 实现用 L2TP VPN 保证客户端与服务端信息的安全传输。(提示：客户端与服务器端需分别向同一个 CA 申请 IPSec 证书并安装，然后在建立的 VPN 连接中选择 L2TP 方式进行连接，所有服务器端和客户端配置均与 PPTP 相同。)

第 11 章   无线局域网安全

随着个人数据通信的发展，为了实现任何人在任何时间、任何地点均能进行数据通信的目标，要求传统的计算机网络由有线向无线、由固定向移动发展，而无线局域网(Wireless Local Area Network，WLAN)正是适应这样的要求而发展起来的。

无线局域网在为用户带来便利的同时，也带来了许多安全上的问题。与有线网络不同，无线局域网中的数据是在开放的空间中进行传播的，因此不能采用类似有线网络那样的通过保护通信线路的方式来保护通信安全。由于无线电通信特殊的辐射性质，无线空间传播信道的开放性将会带来多种不安全因素，包括假冒攻击、网络欺骗、信息窃取等，使网络运营和通信信息的安全受到极大威胁，因此需要采取一系列安全措施，以防止信息被非法截取，并防止对业务的欺诈性接入等等。

11.1   无线局域网概述

无线局域网是高速发展的现代无线通信技术在计算机网络中的应用。一般来讲，凡是采用无线传输媒体的计算机局域网都可称为无线局域网，它与有线主干网相结合可构成移动计算网络，这种网络传输速率高、覆盖面大，是一种可传输多媒体信息的个人通信网络，也是无线局域网的发展方向。

1. 无线局域网硬件设备

无线局域网硬件设备由以下几部分组成：

➢ 天线：发射和接收信号的设备，一般分为外置天线和内置天线两种。

➢ 无线网卡(Wireless Network Interface Card，WNIC)：完成网络中 IP 数据包的封装并发送到无线信道中，同时也从无线信道中接收数据并交给 IP 层处理。一般无线网卡有 PCI 接口、USB 接口和笔记本 PCMICA 接口三种类型，可支持的速率一般为 11 Mb/s、22 Mb/s、54 Mb/s 和 108 Mb/s。

➢ 站点(Station，STA)：无线客户端，包含符合本部分与无线媒体的 MAC 和 PHY 接口的任何设备。例如，内置无线网卡的 PC、笔记本电脑或个人数字助理(Personal Data Assistant，PDA)等。

➢ 接入点(Access Point，AP)：类似于有线局域网的集线器，是一种特殊的站点，在无线局域网中属于数据帧的转发设备，主要提供无线链路数据和有线链路数据的桥接功能，并具有一定的安全保障功能，同时也必须完成 IEEE 802.3 数据帧和 IEEE 802.11 数据帧之间的帧格式转换。通常一个 AP 能够同时提供几十米或上百米的范围内多个用户的接入，并且可以作为无线网络和有线网络的连接点。

2. 无线局域网组网模式

基本的无线局域网有 Infrastructure 和 Ad-hoc 两种模式。

(1) Infrastructure 模式：是使用兼容协议的无线网卡的用户通过 AP 接入到网络，AP 用附带的全向的天线发射信号，STA 设备使用同样的机制来接收信号，与 AP 建立连接。AP 可以给用户分配 IP 地址，或者将请求发送给基于网络的 DHCP 服务器。STA 接收 IP 地址并向 AP 发送数据，AP 将数据转发给网络，并返回响应给网络设备。基本的 Infrastructure 模式如图 11.1 所示。

(2) Ad-hoc 模式：此模式不需要 AP，通过把一组需要互连通信的无线网卡的相关参数设为同一个值来进行组网，是一种特殊的无线网络应用模式。Ad-hoc 组网模式如图 11.2 所示。

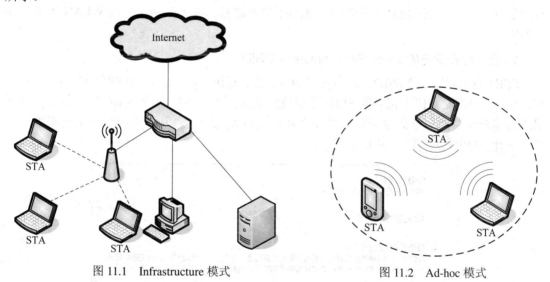

图 11.1 Infrastructure 模式   图 11.2 Ad-hoc 模式

3. 无线局域网标准

802.11 是 IEEE 最初制定的一个无线局域网标准，规范包括介质访问控制(MAC)和物理层的操作。由于 802.11 传输速率最高只能达到 2 Mb/s，所以，它主要用于数据的存取，而在速率和传输距离上都不能满足用户的需要，因此，IEEE 又相继推出了 802.11a、802.11b 和 802.11g 三个新标准。目前的网卡均支持此三种标准。三个标准的主要参数如表 11.1 所示。

表 11.1   IEEE 802.11 a/b/g 比较

协 议	工作频带	传输速率	说 明
802.11b	2.4 GHz	11/5.5/2/1 Mb/s	与 802.11a 不兼容
802.11a	5 GHz	54 Mb/s	与 802.11b 不兼容
802.11g	2.4 GHz	54 Mb/s	与 802.11a 设计方式一样且与 802.11b 完全兼容

4. 无线局域网安全

总的来说，无线局域网安全主要包括以下几个方面：

> ➤ 通过对用户身份的认证来保护网络，防止非法入侵；
> ➤ 通过对无线传输的数据进行加密，防止非法接收；
> ➤ 使用无线跳频等技术，防止网络被探测；
> ➤ 有效的管理合法用户的身份，包括用户名、口令、密钥等；
> ➤ 保护无线网络的基本设备，避免错误配置。

除了在无线局域网(WLAN)中采用各种认证技术和加密协议以外，对于全面保护 WLAN 安全还应包括防火墙技术、VPN 技术、入侵检测技术、PKI 技术等综合应用。

11.2　基本的 WLAN 安全

无线局域网可以采用业务组标识符(Service Set Identifier，SSID)、物理地址(MAC)过滤和控制 AP 信号发射区的方法来对接入 AP 的 STA 进行识别和限制，实现 WLAN 的基本安全保障。

1. 业务组标识符(Service Set Identifier，SSID)

SSID 也可以写为 ESSID，最多可以由 32 个字符组成，相当于有线网络中的组名或域名，无线客户端必须出示正确的 SSID 才能访问无线接入点 AP。利用 SSID 可以很好地进行用户群体分组，避免任意漫游带来的安全和访问性能的问题，从而为无线局域网提供一定的安全性。SSID 的配置如图 11.3 所示。

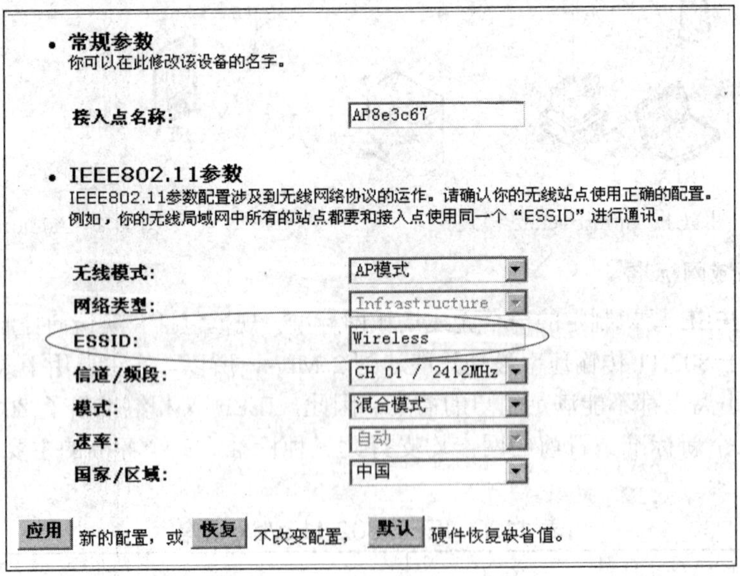

图 11.3　AP 常规配置

然而，由于无线接入点 AP 会不断向外广播其 SSID，这使得攻击者很容易获得 SSID，从而使 WLAN 安全性下降。另外，一般情况下，用户自己配置客户端系统，所以很多人都知道 SSID，很容易共享给非法用户。而且有的厂家支持"任何"SSID 方式，只要无线客户端处在 AP 范围内，那么它都会自动连接到 AP，这将绕过 SSID 的安全功能。

　　针对以上 SSID 安全问题，管理员可采取相应的安全配置，如在 AP 上设置禁止对外广播其 SSID，以此保证 SSID 对一般用户检测无线网络时不可见，而且设置只有知道该 SSID 的客户端才能接入；用户在使用该 AP 接入网络时应尽量避免将 SSID 随便告知他人，以免被攻击者获取；取消某些厂家支持的"任何" SSID 方式，避免客户端自动连接到 AP。AP 禁止 SSID 广播设置如图 11.4 所示。

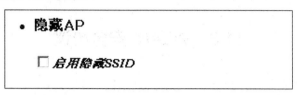

图 11.4　AP 的隐藏 SSID 配置

2. 物理地址(MAC)过滤

　　由于每个无线客户端网卡都有一个唯一的物理地址标识，因此可以在 AP 中手工维护一组允许访问的 MAC 地址列表，实现物理地址过滤。物理地址过滤属于硬件认证，而不是用户认证，要求 AP 中的 MAC 地址列表必须随时更新。MAC 地址过滤配置如图 11.5 所示。

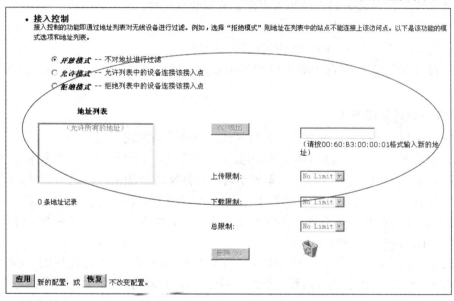

图 11.5　AP 的接入控制

　　由于目前 MAC 地址过滤都是手工操作，扩展能力很差，因此只适合于小型网络规模。另外，非法用户利用网络侦听手段很容易窃取合法的 MAC 地址，而 MAC 地址并不难修改，因此非法用户完全可以盗用合法的 MAC 地址进行非法接入。

3. 控制 AP 信号发散区

　　无线网络工作时会广播出射频(Radio Frequency，RF)信号，因此信号存在着距离的限制，这个虚拟的信号传播的覆盖区域就是"发散区"。如果对 AP 的信号不加限制，就可能使信息泄漏给远程的攻击者。控制信号泄漏有几种常用的方法，一种是将 AP 放在室内的中央位置，如果需要在大的空间里安置几个 AP，则尽量使其位于建筑物中心的位置，或者尽可能远离外墙。另外，可以通过控制信号强度来限制信号的传输距离，如某些高端的产品具有功率调节选项，而对于一般的产品可采取减少天线(有的 AP 产品有两个天线)或调整天线方向的办法来限制信号传输范围。

由以上分析可以看出，SSID、MAC 地址过滤和 AP 信号控制只是对 STA 的接入做了简单的控制，是 WLAN 中最基本的安全措施，还远远不能满足 WLAN 的安全需求。

11.3 WLAN 安全协议

11.3.1 WEP

为了保障无线局域网中实体间的通信免遭窃听和其他攻击，802.11 协议中定义了有线等价保密(Wired Equivalent Privacy，WEP)子协议，它规定了对无线通信数据进行加密的方法，并对无线网络的访问控制等方面做出了具体的规定。

1. WEP 协议设计

WEP 设计的基本思想是：
- 通过使用 RC4 流密码算法加密来保护数据的机密性；
- 支持 64 位或 128 位加密；
- 通过 STA 与 AP 共享同一密钥实施接入控制；
- 通过 CRC-32 产生的完整性校验值(Integrity Check Value，ICV)来保护数据的完整性。

2. WEP 协议认证方式

WEP 协议规定了两种认证方式：开放系统认证和共享密钥认证。
- 开放系统认证：是 802.11b 默认的身份认证方法，它允许对每一个要求身份认证的用户验证身份。但由于是开放系统，系统不对认证数据进行加密，因此所有认证数据都是以明文形式传输的，而且即使用户提供了错误的 WEP 密钥，用户照样能够和接入点连接并传输数据，只不过所有的传输数据都以明文形式传输。所以采用开放式系统认证只适合于简单易用为主，没有安全要求的场合。
- 共享密钥认证：是通过检验 AP 和 STA 是否共享同一密钥来实现的，该密钥就是 WEP 的加密密钥。密钥生成有两种方法，一种是采用 ASCII，一种是采用十六进制。一般来说，对于 40 位的加密需要输入 5 个 ASCII 或 10 个十六进制数，128 位加密需输入 13 个 ASCII 或 26 个十六进制数。一般用户比较喜欢采用 ASCII 格式的密钥，但这种密钥容易被猜测，因此并不安全，建议采用十六进制的密钥。IEEE 802.11 协议中没有规定 WEP 中的共享密钥 SK 如何产生和分发。一般产品中有两种密钥产生办法：一种由用户直接写入，另一种由用户输入一个密钥词组，通过一个产生器(Generator)生成。用户一般喜欢用第二种方式产生 SK，而由于产生器设计的失误使其安全性降低，又可能使穷举攻击成为可能。

3. WEP 的安全缺陷

WEP 虽然通过加密提供网络的安全性，但仍存在许多缺陷，具体主要体现在以下几个方面：

➢ 认证缺陷：首先，采用开放系统认证的实质是不进行用户认证，任何接入 WLAN 的请求都被允许。其次，共享密钥认证方法也存在安全漏洞，攻击者通过截获相关信息并经过计算后能够得到共享密钥，而且此方法仅能够认证工作站是否合法，确切地说是无线网卡是否合法，而无法区分使用同一台工作站的不同用户是否合法。

➢ 密钥管理缺陷：由于用户的加密密钥必须与 AP 的密钥相同，并且一个服务区内的所有用户都共享同一把密钥，因此倘若一个用户丢失密钥，则将殃及到整个网络。同时，WEP 标准中并没有规定共享密钥的管理方案，通常是手工进行配置与维护，由于更换密钥费时且麻烦，所以密钥通常是长时间使用而很少更换，这也为攻击者探测密钥提供了可能。

➢ WEP 加密算法缺陷：包括 RC4 算法存在弱密钥、CRC-32 的机密信息修改容易等存在的缺陷使破译 WEP 加密成为可能。

目前，能够截获 WLAN 中无线传输数据的硬件设备已经能够在市场上买到，可以对截获数据进行解密的黑客软件也已经能够从因特网上下载，如 airsort、wepcrack 等，WEP 协议面临着前所未有的严峻挑战，因此采用 WEP 协议并不能保证 WLAN 的安全。

11.3.2　802.1x

认证——端口访问控制技术(IEEE 802.1x)协议于 2001 年 6 月由 IEEE 正式公布，它是基于端口的网络访问控制方案，要求用户经过身份认证后才能够访问网络设备。802.1x 协议不仅能提供访问控制功能，还能提供用户认证和计费的功能，适合无线接入场合的应用，是所有 IEEE 802 标准系列(包括 WLAN)的整体安全体系结构。

802.1x 网络访问技术的实体一般由 STA、AP 和远程拨号用户认证服务(Remote Authentication Dial-In User Service，RADIUS)服务器三部分构成，其中 AP 提供了两类端口：受控端口(Controlled Port)和非受控端口(Uncontrolled Port)。STA 通过 AP 的非受控端口传送认证数据给 RADIUS，一旦认证通过则可通过受控端口与 AP 进行数据交换。

802.1x 定义客户端到认证端采用局域网的 EAP 协议(EAP over LAN，EAPOL)，认证端到认证服务器采用基于 RADIUS 协议的 EAP 协议(EAP over RADIUS)。其中可扩展认证协议(Extensible Authentication Protocol，EAP)，即 PPP 扩展认证协议，是一个用于 PPP 认证的通用协议，可以支持多种认证方法。

以 STA、AP 和 RADIUS 认证服务器为例，802.1x 协议的认证过程如下：

(1) 用户通过 AP 的非受控端口向 AP 发送一个认证请求帧；

(2) AP 返回要求用户提供身份信息的响应帧；

(3) 用户将自己的身份信息(例如用户名、口令等)提交给 AP；

(4) AP 将用户身份信息转交给 RADIUS 认证服务器；

(5) 认证服务器验证用户身份的合法性，如果是非法用户，发送拒绝接入的数据帧，反之，则发送包含加密信息的响应帧给 AP。

(6) AP 将收到的 RADIUS 返回数据帧中包含的信息发给用户。

(7) 合法用户能够计算出返回信息中的加密数据，通过 AP 与 RADIUS 经过多次交换信息后，认证服务器最终向 AP 发送接受或拒绝用户访问的信息。

(8) AP 向用户发送允许访问或拒绝访问的数据帧。如果认证服务器告知 AP 可以允许用户接入，则 AP 为用户打开一个受控端口，用户可通过受控端口传输各种类型的数据流，如超文本传输协议 HTTP、动态主机配置协议 DHCP、文件传输协议 FTP 及邮局协议 POP3 等。

11.3.3　WPA

WPA(Wi-Fi Protected Access)采用临时密钥完整性协议(Temporal Key Integrity Protocol，TKIP)实现数据加密，可以兼容现有的 WLAN 设备，认证技术则采用 802.1x 和 EAP 协议实现的双向认证。

TKIP 是 WEP 的改进方案，能够提高破解难度，比如延长破解信息收集时间，但由于它并没有脱离 WEP 的核心机制，而 WEP 算法的安全漏洞是由于 WEP 机制本身引起的，因此 TKIP 的改进措施并不能从根本上解决问题。而且由于 TKIP 采用了常常可以用简单的猜测方法攻破的 Kerberos 密码，所以更易受攻击。另一个严重问题是 TKIP 在加密/解密处理效率问题没有得到任何改进，甚至更差。因此，TKIP 只能作为一种临时的过渡方案，而不能是最终方案。

在 IEEE 完成并公布 IEEE 802.11i 无线局域网安全标准后，Wi-Fi 联盟也随即公布了 WPA 第 2 版(WPA2)，支持其提出的 AES 加密算法。一般 AP 产品对 WPA 的支持如表 11.2 所示。

表 11.2　WPA 产品参数比较

WPA 参数	认　证	RADIUS	加　密	适用环境	常见别称
WPA－PSK	共享密钥	不需要	TKIP	家庭或小型办公室网络	WPA-Personal
WPA2－PSK			TKIP/AES		WPA2-Personal
WPA	802.1x 和 EAP	需要	TKIP	企业网络	WPA-Enterprise
WPA2			TKIP/AES		WPA2-Enterprise

其中：

➢ WPA－PSK 和 WPA2－PSK：即通常所说的 WPA-Personal 和 WPA2-Personal，采用 8～63 个字符长度的预先共享密钥(Pre-Shared Key，PSK)作为每个接入用户的密码口令，不需要 RADIUS，适用于家庭和小型办公室网络，前者一般使用 TKIP 加密方法，而后者通常使用 AES 加密方法。采用 PSK 的 WPA 安全性比较差。

➢ WPA 和 WPA2：即通常所称的 WPA-Enterprise 和 WPA2-Enterprise，使用 802.1X 认证服务器给每个用户分配不同的密钥，前者通常采用 TKIP 加密方法，而后者通常采用 AES 加密方法，需要 RADIUS 支持，适用于企业级的网络，是比 WPA－PSK 加密更安全的访问方式。

11.3.4　802.11i 与 WAPI

802.11i 和我国的无线局域网标准 WAPI 同时向 IEEE 申请成为国际标准，2007 年 6 月，IEEE 标准委员会将 802.11i 确定为最新无线局域网安全标准。

1．802.11i

802.11i 标准通过使用 CCM(Counter-Mode/CBC-MAC)认证方式和 AES(Advanced Encryption Standard)加密算法构建的 CCMP 密码协议来实现机密和认证两种功能，更进一步加强了无线局域网的安全和对用户信息的保护，安全性好，效率高，但由于它们与以往的

WLAN 设备不兼容，而且对硬件要求高，因此目前还未在 WLAN 产品中普遍使用。

2. WAPI

无线局域网鉴别与保密基础结构(WLAN Authentication and Privacy Infrastructure，WAPI)是由"中国宽带无线 IP 标准工作组"负责起草的无线局域网国家标准，采用基于椭圆曲线公钥密码(Elliptic Curve Cryptography，ECC)的证书技术对 WLAN 系统中的 STA 和 AP 进行认证，而加密部分采用中国商用密码管理办公室认定的算法，包括对称加密算法、HASH算法、WLAN 随机数算法、ECC 算法等。WAPI 具有全新的高可靠性安全认证与保密体制、完整的"用户接入点"双向认证、集中式或分布式认证管理、高强度的加密算法等优点，能够为用户的 WLAN 系统提供全面的安全保护。

11.4　第三方安全技术

由于无线网络接入相比有线网络接入更容易受到黑客的利用，因此必须加强对无线网络的安全部署。除了利用 AP 自带的认证和加密等安全功能以外，要想保证 WLAN 整体安全必须要结合第三方的安全技术，如采用防火墙、VPN 技术对无线网络用户的接入控制和数据安全进行加强；在网络内部采用 IDS 技术对无线网络用户对访问内网进行分析等。

1. 防火墙在 WLAN 中的应用

由于攻击者能够较容易地接入无线网络，因此在设计整体网络安全的时候，WLAN 应被看做是与 Internet 一样不安全的连接，需要结合防火墙技术将无线用户和内部用户分开。一般来说，在为无线网络接入选择防火墙时，最好选用专业的硬件防火墙，也可选用主流的防火墙产品来保护现有的 Internet 连接，并将访问点放在 DMZ 中，如将无线集线器或交换机放到 DMZ 区中，并结合访问策略对无线访问用户进行限制。当然，这样的网络规划有助于保护网络内部资源，但不能很好地保护无线网络用户，不过由于无线网络的用户群体一般比较小，因此他们实施另外的保护措施还不至于显得非常复杂。WLAN 通过防火墙接入 LAN 如图 11.6 所示。

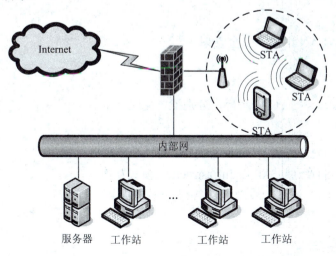

图 11.6　WLAN 通过防火墙接入 LAN

2. VPN 技术在 WLAN 中的应用

　　由于仅仅通过防火墙的实施还不能挡住攻击者对无线网络的嗅探，而 WLAN 自身的加密算法强度有限，因此还要配合 VPN 技术来保证无线网络用户安全访问内部网。无线访问用户在访问内部网络时不仅接受防火墙规则的制约，而且在原有 WALN 加密数据的基础上再增加 VPN 身份认证和加密隧道，能大大增强其访问安全性。支持 VPN 技术的 WLAN 可以使用带有 VPN 功能的防火墙或独立的 VPN 服务器，如图 11.7 所示。

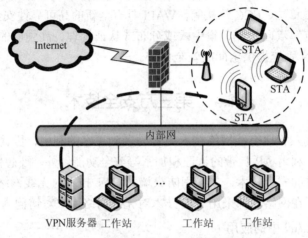

图 11.7　WLAN 通过 VPN 接入 LAN

11.5　无线局域网组建实例

【实验背景】

　　无线局域网已经成为最常用的网络结构，利用 AP 和 STA 可以快速地架构局域网而不用会受到太多的空间限制。不过，如果不能对 WLAN 进行安全配置和管理，则可能给整个内部网络带来安全威胁。

【实验目的】

掌握常用的 WLAN 组建及安全管理。

【实验条件】

(1) AP 一台；

(2) 基于 Windows 的 PC 机两台，分别配备无线网卡。

【实验任务】

(1) 实现 AP 的安全配置；

(2) 实现两台 STA 通过 AP 以 Infrastructure 模式互连；

(3) 实现两台 STA 通过无线网卡以 Ad-hoc 模式互连。

【实验内容】

1. 无线网卡安装

在两台 PC 机上分别安装无线网卡，使其成为 STA。基本的无线网卡安装由于产品不同，安装过程也会有所区别，这里不做详细叙述。无线网卡安装成功后可以在【网络连接】窗口中管理并配置无线网卡，如图 11.8 所示。

图 11.8　无线网络连接

2. AP 连接

对于 AP 的管理连接分有线和无线两种连接方式。本实验以无线连接方式配置 AP 为例进行演示。

(1) 首先将 AP 各部件按照说明书进行组合，并通过网线接入到上级交换机中(若只是实现 STA 通过 AP 互连，则 AP 可不必接入有线网络)。

(2) 配置 STA 无线网卡 IP 地址。本实验所用的 AP 说明书提供了其默认的初始 IP 配置为 192.168.1.1。因此，在 STA1 上右击如图 11.8 所示【网络连接】窗口中的"无线网络连接"→"属性"，在"常规"选项卡中双击"Internet 协议(TCP/IP)"，在【Internet 协议(TCP/IP)属性】窗口中选择"使用下面的 IP 地址"，输入与默认 AP 在同一网段的 IP 地址和网关地址，如图 11.9 所示。

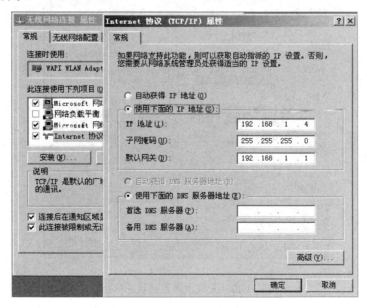

图 11.9　配置无线网络连接 IP 地址

(3) 在【Internet 协议(TCP/IP)属性】窗口中两次单击"确定"按钮后关闭无线网络连接属性窗口，完成无线网卡 IP 地址配置。

(4) 右击如图 11.8 所示【网络连接】窗口中的"无线网络连接"图标→"查看可用的无线连接"，可以看到检测未启用安全措施的无线网络，如图 11.10 所示。

图 11.10   AP 建立的无线连接检测

(5) 双击该 AP 默认的 SSID，与 AP 建立连接，通常，默认的 AP 是没有加密设置的，连接时可能会提示是否要连接不安全的无线网络。先确认连接，等无线局域网连接成功后再进行安全加密。正常连接后，网络属性中会显示当前的信号强度，如图 11.11 所示。

图 11.11   与 AP 建立的无线网络连接

(6) 双击 Windows 窗口右下角的无线网络连接图标可以看到该无线网络连接的详细信息，如图 11.12 所示。

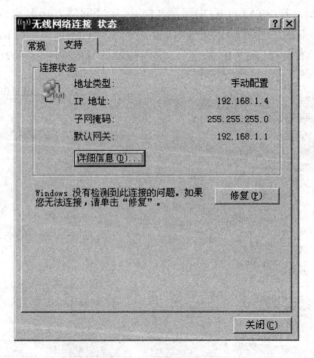

图 11.12   无线网络连接状态信息

3. AP 配置

(1) 在 STA 的 IE 中输入 AP 的 IP 地址 http://192.168.1.1，即可看到 AP 的管理界面，在说明书上找到 AP 的初始密码，输入后单击"登录"，进入 AP 配置页面。

(2) AP 的常规配置界面如图 11.3 所示。选择"无线模式"为"AP 模式"，用于建立 Infrastructure 网络，允许 SAT 的连接，并配合其他功能可以方便的管理用户。在"ESSID"中输入新的字符串(出于安全考虑一般应该对 AP 默认的 SSID 进行更改以防止被试探连接，本实验以默认的 SSID/"Wireless"为例进行讲解)。根据国家的不同选择频道参数，并可根据实际网络需求选择"模式"为 802.11b、802.11g 或混合模式。

(3) AP 的安全配置。在"网络鉴别方式"下拉菜单中选择"共享密钥"，在"数据加密"下拉菜单中选择"WEP40"(若对加密要求高则应选择"WEP128")，然后在"Passphrase"对话框中输入一个简单的字符串，单击其右侧的"生成密钥"按钮，即可在密钥序列中看到生成的密钥，选择其中的一个并告诉用户作为加密密钥。如图 11.13 所示。

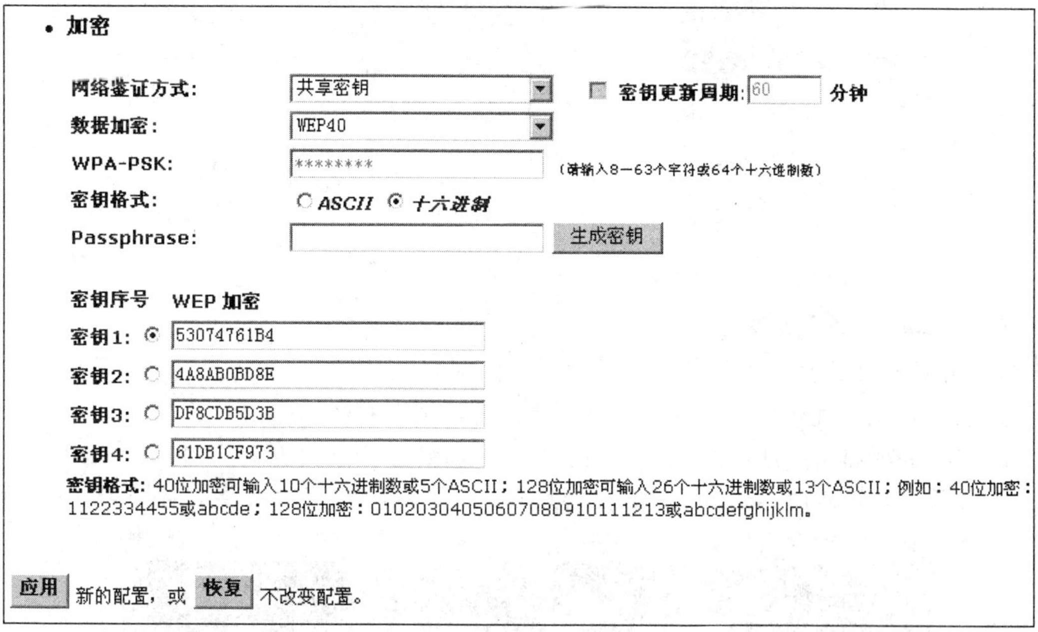

图 11.13　AP 安全配置

单击"应用"按钮，AP 重新启动，无线网络适配器与 AP 连接断开。

4. STA 接入 AP

(1) 以安装了 Windows 2003 的 STA 为例，在如图 11.8 所示【网络连接】窗口中右击"无线网络连接"图标→属性，选择"无线网络配置"选项卡，选中 AP 网络 SSID，单击"属性"按钮，选择"网络身份验证"和"数据加密"方式，输入"网络密钥"，所有设置应与 AP 中的设置保持一致，如图 11.14 所示(注：如果在无线网络配置中没有找到需要连接的 SSID，则可单击"添加"按钮，然后按次序写入各参数)。

(2) 单击"确定"按钮关闭所有属性窗口，即可成功连接该无线网络。此时在【无线网络连接】窗口中可看到 STA 已连接到启用安全的无线网络，如图 11.15 所示。

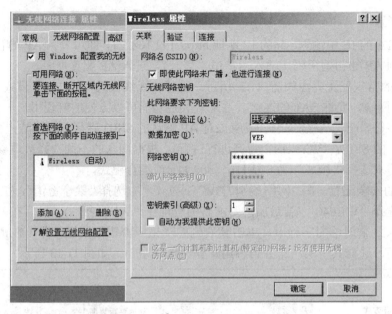

图 11.14　STA 无线网络连接配置

图 11.15　STA 接入 AP 的无线网络

5. AP 其他功能的配置

1) MAC 地址过滤

通过对接入的 MAC 地址进行限制可以防止非法主机的接入。

(1) 查看要限制的 STA 的 IP 地址：单击"开始"按钮→"运行"，输入"cmd"打开 DOS 命令窗口，输入命令 ipconfig /all，得到无线网卡的 MAC 地址信息，如图 11.16 所示。

图 11.16　STA 的 MAC 地址

(2) 可以在如图 11.5 所示 AP 接入控制管理界面中添加允许或拒绝连接的 STA 的 MAC 地址，同时制定分配给该 STA 的带宽等参数。

2) DHCP 服务器功能

为了便于更多的 STA 接入 AP，可以启用 AP 的 DHCP 服务器，对接入的 STA 分配 IP

地址，如图 11.17 所示。

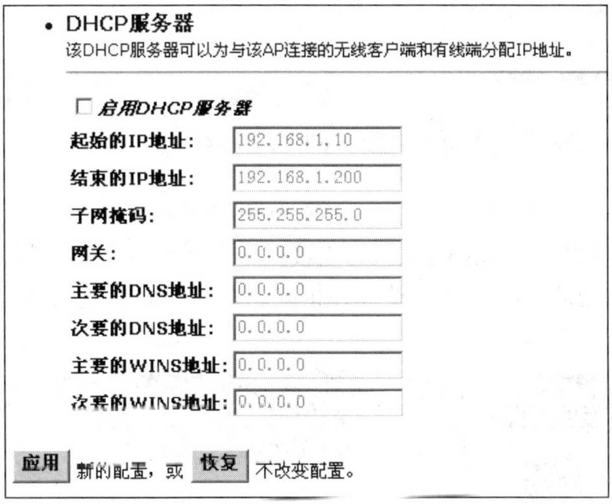

图 11.17　AP 的 DHCP 服务器配置

3) SSID 隐藏功能

为了安全起见，可以隐藏 AP 的 SSID，使一般的用户不能搜索到该无线网络，而只有知道该 SSID 的用户才能够接入，如图 11.4 所示。

6. STA 以 Ad-hoc 模式互连

(1) 在一台 STA 的【无线网络连接属性】窗口中的"无线网络配置"选项卡中单击"添加"按钮，添加新的无线网络连接，选中"这是一个计算机到计算机(特定)的网络；没有使用无线访问点"，如图 11.18 所示。

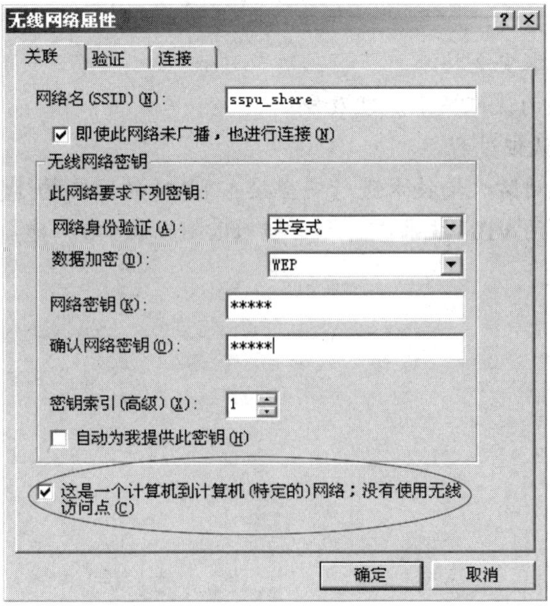

图 11.18　STA 建立 Ad-hoc 无线网络配置

(2) 单击"确定"按钮后可以在无线网络连接中看到新的无线网络,双击无线网络后进行连接,如图 11.19 所示。

图 11.19　Ad-hoc 无线网络连接 1

(3) 在另外一台 STA(Windows 2003)的无线网卡上设置好在同一网段的 IP 地址,在无线网络中可以看到刚增加的无线网络,设置好相同的参数后即可连接到此网络中,如图 11.20 所示。

图 11.20　Ad-hoc 无线网络连接 2

(4) 两台 STA 互连后即可与有线网络连接一样进行资源共享和访问等操作。

习　题

1. 简述 WLAN 基本安全技术。
2. 简述 WEP 协议的认证技术原理及缺陷。
3. 简述 802.1x 的认证过程。
4. 实现 WLAN 利用防火墙技术进行安全接入 LAN 的网络构建。
5. 实现 WLAN 利用 VPN 技术进行安全接入 LAN 的网络构建。

第 12 章　计算机网络安全工程

计算机网络的快速发展也促使网络安全的需求大大增加,因为任何一个网络的建设都不可能假设自己处于一个纯粹干净的网络环境中,要想避免网络内外恶意使用者的攻击和探测,就必须要结合各项安全技术来保障网络的合法使用,因此,如何建设一个安全的网络构架已经成为网络工程建设中必不可少的关键环节。

12.1　网络安全系统设计过程

计算机网络安全从其本质上来讲就是保障网络上的信息安全,即保证网络上信息的保密性、完整性、可用性、真实性和可控性。如何在网络上保证合法用户对资源的安全访问,防止并杜绝黑客的蓄意攻击与破坏,同时又不至于造成过多的网络使用限制和性能的下降,或因投入过高而造成实施安全性的延迟,正成为当前网络安全技术不懈追求的目标。

网络安全设计一般应遵循以下过程:

1. 需求分析

需求分析一般包括确定网络资源、分析安全需求两方面的工作。

确定网络资源是网络安全系统设计中的首要步骤。一般的网络建设很少是全新的建设,因此在进行方案设计的时候必须考虑原有网络资源情况,尽量在保留原有设备和资源的前提下进行扩建和升级,避免造成浪费。网络资源一般包括网络中的硬件资源、软件资源及存储资源等。

安全需求分析是在确定网络资源的基础上结合系统的设计目标确定每一部分网络资源对安全方面的要求以及要达到的目标。

2. 方案设计

安全方案设计一般是在安全需求分析的指导下,针对现有网络资源进行风险评估以确定现有资源存在的安全风险,然后制定相关的安全策略,并选择所需的安全服务种类及安全机制。

1) 风险评估

风险评估是对信息和信息处理设施的威胁、影响、脆弱性及三者发生的可能性的评估,一般根据网络的开放程度,对安全故障可能造成的业务损失、现有网络服务的风险、当前的主要威胁和漏洞以及目前实施的控制措施进行分析,确定信息资产的风险等级和优先风险控制。

常用的风险评估可以采用量化分析法或定性分析法对系统面临的风险等级作出评估。所谓量化分析法属于精确算法,就是用数字来进行评估,把考虑的所有问题都变成可以度量的数字,计算出风险评估分数,从而得出面临的风险等级。定性分析方法则是在评估时对风险的影响值和概率值用"高/中/低"的期望值或划分等级的办法来评估系统风险。

进行风险评估是一个非常复杂的过程,除了常用的量化法和定性分析法以外,也可以利用一些风险评估工具,如基于信息安全标准的风险评估与管理工具 ASSET、CC Toolbox;基于知识的风险评估与管理工具 COBRA、MSAT、@RISK;基于模型的风险评估与管理工具 RA、CORA 等。另外,还有一些基于漏洞检测和面向特定服务的扫描工具,包括基于主机的风险评估工具、面向应用层的风险评估工具以及密码和帐户的检查工具等。

2) 制定安全策略

安全策略规定了用户、管理人员和技术人员保护技术和信息资源的义务,也指明了完成这些机制要承担的责任,是所有访问机构的技术和信息资源人员都必须遵守的规则。一般来说,安全策略包含两个部分:总体的策略和具体的规则。总体的策略用于阐明企业或单位对于网络安全的总体思想,而具体的规则用于说明网络上什么活动是被允许的,什么活动是被禁止的。计算机网络的安全策略一般包含物理安全策略、访问控制策略、信息加密策略、网络安全管理策略等几个方面。具体也可以参照 RFC 2196 中安全策略的详细信息。

3) 决定安全服务

在工程中,网络安全服务一般包含预警、评估、实现、支持和审计几个过程。

➢ 预警:根据掌握的系统漏洞和安全审计结果,预测未来可能受到的攻击危害,全面提供安全组织和厂家的安全通告。

➢ 评估:根据当前用户的网络状况进行深入的、全面的网络安全风险评估与管理。主要包括威胁分析、脆弱性分析、资产评估、风险分析等技术手段。

➢ 实现:根据预警和评估的成果,对不同的用户制定不同的网络安全解决方案。主要包括系统加固、产品选型,工程实施、维护等全面的技术实现。

➢ 支持:对用户进行全面的安全培训和安全咨询,以及对突发事件进行快速响应支持。帮助用户建立良好的安全管理体制,提高用户安全意识。

➢ 审计:针对用户的网络安全现状,审查核定网络安全状态,帮助用户识别网络环境的漏洞和存在的风险,提供安全报告并且提出安全解决方案。

4) 选择安全机制

根据安全策略和选择的安全服务确定具体要采用的安全机制,即要实现的具体技术措施,包括网络物理安全、计算机系统安全、数据安全、防火墙、入侵检测、防病毒技术等。

3. 系统集成

安全系统集成就是根据安全设计方案进行相关硬件和软件的选择和配置,并测试网络系统安全性,建立有关安全的规章制度,并对安全系统进行审计、评估和维护,同时,还必须在网络建成后对用户、管理者和技术人员进行技术培训,使其对整个网络进行有效管理和使用。

12.2　区级电子政务网络安全系统设计实例

电子政务网络是政府信息网络平台,如何建立一个标准统一、功能完善、安全可靠的电子政务网络是关系到整个政府信息能否得到有效利用的关键因素。区级电子政务网络是市级电子政务网络建设的重要组成部分，而随着国民经济的发展，原有的电子政务网络已不能满足区内各级政府办公和为民服务的需要，因此计划应充分利用原有政务网的基础，重新规划建设覆盖全区的电子政务网络，以满足全区范围内各行政部门办公的需求。

新建设的区政务网络平台作为全区各个办事机构的主要办公平台，涉及了很多部门(如财政、工商、税务等)的内部信息，因此，该网络上将会有很多部门敏感信息进行传输和流转。同时，区政府网络平台又是区统一的互联网出口，将面临网络上的各种病毒和木马等风险的威胁，如果建成后网络安全无法保障，或存在重大的安全漏洞，那么其后果将是极其严重的，因此，信息安全建设是区政务网络建设中非常重要的部分。

本政务平台的安全建设需要全面的、系统的从边界数据防护系统、病毒防治系统、数据审计系统等几个方面规划。同时，安全规划要与区政务网现有网络整体安全规划一致，统一考虑安全管理问题。

12.2.1　项目概述

安全系统的建设是电子政务建设和应用的重要保障。由于政务应用系统中存在着较多的敏感信息和重要数据，必须保证网络和数据的安全，所以对系统的保密性要求很高。

1. 项目安全系统设计目标

本项目安全系统设计的目标是：对原有区政务网络平台进行必要的安全建设，保障政务平台的信息安全。从技术与管理两方面着手，将全区的网络应用系统建设成一个具有纵深安全体系部署的可靠系统。重点建设内容包括以下几方面：

➢ 政务网络平台本身的基础设施建设；
➢ 政务网络平台与各个边界的安全建设；
➢ 各个业务系统及公众服务体系安全的措施；
➢ 完善的病毒防护机制；
➢ 数据安全保障及有效的备份中心；
➢ 完善的综管理系统和机制；
➢ 统一的全网认证体系。

2. 项目总体安全构架

本项目总体安全架构建设由安全技术架构和安全运行总体管理架构两部分组成。

1) 安全技术架构

➢ 网络基础设施安全(网络设备安全配置，核心设备及重要区域链路的冗余，网络出口的负载均衡)。
➢ 边界安全策略(边界访问控制，防火墙，入侵防御，网关防病毒)。
➢ 计算环境安全(统一防病毒体系，网络审计)。
➢ 安全基础设施(公钥体系建设，安全管理中心)。

2) 安全运行管理架构

安全运行管理架构包括安全协调策略、事件响应策略、日常监控策略、升级管理策略、分析改进策略、培训教育策略和应急响应策略。

3. 项目总体设计原则

系统建设应充分考虑长远发展需求，统一规划、统一布局、统一设计。在实施策略上根据实际需要及投资金额，分期配置、分期实施、逐步扩展，保证系统应用的完整性和用户投资的有效性。在方案设计中，应遵循以下设计原则：

(1) 标准化原则。系统建设、业务处理和技术方案应符合国家、市及区有关信息化标准的规定。数据指标体系及代码体系统一化、标准化。

(2) 资源充分利用原则。所有设计必须在原有的基础上利用现有资源对政务网络平台提出符合发展趋势的设计规划，并充分利用原有设备。

(3) 实施及网络切换的高效性原则。由于在网络改造和切换的过程中将会严重影响整个区的政务办公，因此，项目的实施设计应遵循改造实施及网络切换的高效性原则，要设计详细的计划和方案。

(4) 安全性原则。信息管理系统中的用户有着各种各样不同的权限级别和应用层次，因此在系统设计时，应该充分考虑不同用户的需求，保证正常用户能够高效、快速地访问授权范围内的系统信息和资源。同时，也必须能够有效地阻止未授权用户的非法入侵和非授权访问。

(5) 可靠性原则。信息管理系统每天将处理全区几十个部门的审批数据，任何时刻的系统设备故障都有可能给用户带来损失，这就要求系统具备很高的稳定性和可靠性，以及很高的平均无故障率，保证故障发生时系统能够提供有效的失效转移或者快速恢复等性能。硬件环境应消除单点故障，实现双机容错和负载均衡功能，保证系统的高可用性，即 7×24 小时不停机的工作模式。

(6) 开放性原则。开放性是现今计算机技术发展过程中形成的一种建立大系统、扩大系统交流范围的技术原则。系统总体方案设计在体系结构、硬件/软件平台的确定，以及产品选型、设计、开发等方面都要充分考虑"标准和开放"的原则。在应用系统的设计与开发中，应依据标准化和模块化的设计思想，建立具有一定灵活性和可扩展性的应用平台，使系统不仅在体系结构上保持很大的开放性而且可以提供各种灵活可变的接口，系统内部也应保持相当程度的可扩充性。

(7) 实用性及可扩展性原则。系统的建设既要充分体现政府系统业务的特点，充分利用现有资源，合理配置系统软硬件，保护用户投资；又要着眼建成使用后具有良好的扩展能力，可以根据不断增长的业务需求，随着信息技术的发展而不断地平滑升级。各计算机应用系统的开发，应做到功能完善、使用方便、符合实际、运作高效。实用性的原则是系统能够成功应用的关键。在系统的设计阶段就应该充分考虑本区内当前的各种业务层次的需求、各个环节的数据处理以及管理要求。在实际的项目实施过程中可以采用总体设计、分布实施的方案，保障核心部门的核心业务功能首先得到实现，然后再逐步扩展业务功能。

(8) 可维护性及易用性原则。由于信息管理系统的范围大、应用广，因此对于系统的管理和维护性能提出了更高的要求。在方案设计时，易使用、易维护原则成为将来系统应用实施过程中的重要条件。因此，系统设计必须充分考虑管理维护的可视化、层次化以及控制的实时性。系统面向掌握不同计算机知识层次的人员，要容易操作使用。

(9) 经济性原则。在保证系统能够安全、可靠运行的前提下，充分利用原有的计算机设备、网络设备、业务应用系统、数据等投资，注重经济性，避免浪费，最大限度地降低系统造价，这也是重要的设计思路。同时计算机与网络技术的发展是非常迅速的，通常不可能选择一种永远不过时的计算机及网络技术。所以在构造一个信息管理系统时，应该将投资与目前的应用紧密结合起来，选用便于向更高的技术过渡的方案。

12.2.2　需求分析

某区政务网安全现状拓扑图如图 12.1 所示。

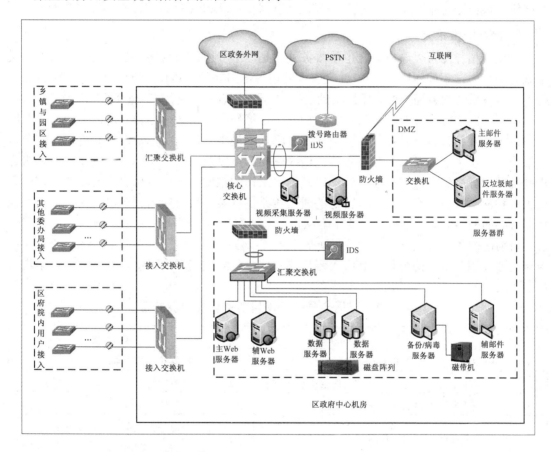

图 12.1　区政务网安全现状拓扑图

1. 网络平台基本状况

目前区政务网络平台由一台核心交换机(Quidway® S6506)、三台内外接入交换机以及三个服务器区和外网出口等几个部分组成的。

在区电子政务内网中，各乡镇与园区通过光纤连接到中心机房，并通过汇聚交换机(Quidway® S3526)汇总后接入网络核心；各委办局通过接入交换机(Quidway® S3526)汇总后接入网络核心；区政府大院局域网也通过 3COM6509 交换机汇总后接入核心网络。

网络服务器按照功能分为了三个区域，一个是对外提供服务或有公众网络需求的服务器，此区域设置在出口处的防火墙 DMZ 区，提供对外服务。另两个区域分别是公文服务器

区和OA服务器区,数据库、OA、电子政务等服务器分别连接到一台汇聚交换机上(Quidway®
S3526)。一台千兆联想防火墙(联想网御防火墙 2000FWE-T3)实施安全策略以控制用户对这
些服务器的访问。视频服务器和视频采集服务器均直接接入核心交换机(Quidway® S6506)。
区政府的各种服务器通过汇聚形成服务器群,统一连接到核心交换机。对于 Web、OA 和经
济分析系统采用了双机热备,共用磁盘阵列,集中式存取重要数据。

外网出口有三个,政务外网用户通过防火墙(华依千兆防火墙 HY-F2000KU)接入区核心
网络;通过 PSTN 访问区内网的用户经过拨号路由设备(Quidway R2621+RT-6AM)接入区核
心网络;Internet 访问用户则通过防火墙(华依百兆防火墙 HY-F2000K)接入区核心网络。

2. 网络安全状况

从安全拓扑图可以看出,区电子政务外网是一个多连接的网络。多连接体现为网络连
接既有节点内部不同网段的连接(如区府大院内各部门间的连接),又有节点间的连接(如区
府电子政务系统与各局委办专用网络的连接),同时还存在外部连接(与互联网的连接)。

如果将网络结构按照应用系统严格划分,使每种应用都运行在独立的网络中,那么网
络中用户相互信任程度就很高,安全问题会降低到最小。但是实际情况不允许这样划分,
主要原因在于主机设备、网络设备、通信线路的共用以及不同应用间的数据交换。如果进
行硬性的划分必然会增加投资、管理以及维护工作的难度。由于主机为支持应用的需求开
放了多种网络服务,客户端通过特定的通信线路执行某种特定应用程序的同时,又用来执
行非必要的网络服务,这样就产生了非法访问和黑客攻击的可能。

目前区政务网均统一部署了瑞星防病毒系统;各自按照部门划分了 VLAN,进行访问
控制;并分别部署了两台百兆鹰眼入侵检测系统,与防火墙形成联动,其主要的安全设备
如表 12.1 所示。

表 12.1 某区电子政务网目前主要安全设备表

编号	名　称	数量	备　注
1	联想网御防火墙 2000FWE-T3	2	政务外网防火墙
2	三零卫士鹰眼百兆入侵检测系统 NIDS100-S3	2	政务外网
3	华依千兆防火墙 HY-F2000KU	1	政务外网防火墙,租用
4	华依百兆防火墙 HY-F2000K	2	一台是市政务外网防火墙;一台是独享 2M 带宽外网防火墙,均为租用

3. 安全系统需求

由于政务外网将承载区大部分的应用系统,并同互联网逻辑隔离,因此受到的安全威
胁较大,也比较复杂。政务外网的安全需求主要来自应用系统安全、网络及系统技术安全、
安全基础措施和支撑性基础措施四个方面。

1) 应用系统安全

本期政务外网建成后,将运行多个应用系统,如邮件交换系统、公文流转系统、OA 系
统等等,这些应用系统对政务外网的接入单位提供服务。需要通过认证授权、应用审计和
运行监控等手段对这些应用系统的正常运行进行保护。

2) 网络及系统技术安全

网络及系统技术安全包括以下两方面。

(1) 网络边界安全：网络边界处是整个政务外网安全方面最脆弱、最容易发生隐患的部位。来自外部网络或是内部的攻击和威胁，都会对政务外网造成不可估量的影响。应对进出边界的数据流进行有效的控制与监视，实施访问控制。

(2) 网络骨干和平台安全：对于提供数据传输服务的网络，应能保证政务外网上传输的各种数据流能正确实现传输。需要通过流量监控，核心设备和链路的冗余，网络设备的安全配置等方式保证数据流的高效传输。

3) 安全基础设施

为保证系统的正常运转，需要为各类系统设备提供一个安全、可靠、温湿度及洁净度均符合要求的运行环境；为相关工作人员提供方便、快捷、舒适的工作环境和顺畅高效的通信通道；并需要防止非法用户进入计算机控制室及防止各种偷窃、破坏活动的发生。

4) 支撑性基础措施安全

系统安全的重要工作是对全网(包括公务网和政务外网)的安全状态进行集中的监控，对与区电子政务网安全相关的服务请求做出及时的响应和及时支持。为此需要在网络中心建立集中的管理监控平台，及时掌握全网的安全状态。

12.2.3　策略建设

安全建设是一个体系过程，任何一个环节存在问题都会导致整个系统安全性出现问题。这是信息系统安全中的"木桶理论"，即信息系统的安全程度是由整个系统的最弱环节而非最强环节决定。安全系统的策略建设主要包括网络与基础设施保护策略、计算机环境保护策略、边界安全保护策略和支撑性基础措施保护策略四个方面。

1. 网络与基础设施保护策略

在网络上通常传输着有三种不同的数据流：用户数据、控制数据、管理数据。保护网络与基础设施的根本目的是保护这三种数据流能正确实现传输。通常用于保护网络设施的相关技术有网络流量控制、冗余、备份技术等等。

2. 计算机环境保护策略

信息系统中的每一个主机都是构成信息系统的一员，它们的安全情况都直接影响到整个信息系统的安全。因此，建设一个安全的信息系统首先要做的就是确保信息系统中的每一台主机的安全状况良好。对信息系统中主机安全防护的方法有多种，可以通过操作系统安全加固(打安全补丁、设置安全配置)、安装防病毒软件，对于安全要求严格的主机，还可以通过在系统上安装安全加固软件、主机入侵监测系统等软件并对其数据进行备份来增强主机的安全等级。

3. 边界安全保护策略

绝大多数的网络都需要与外界相连，区政务外网信息系统除了与机关外的各委办局之间存在网络连接外，部门委办局还与其上级单位的局域网之间进行网络连接，这些连接的接入点被称为边界。对边界的保护就是实施访问控制，对进出的数据流进行有效的控制与监视。

4. 支撑性基础设施保护策略

深度防御的根本在于提高针对网络的入侵与攻击的防范能力，支撑性基础设施是能够提供安全服务的一套相互关联的活动与基础设施，其所提供的安全服务用于实现框架式的技术解决方案并对其进行管理。目前的深层防御策略定义了两个支撑性的基础设施——检测与响应，其作用是检测、识别可能的网络攻击和非法行为；做出有效响应以及对攻击行为进行调查分析。通常可以采用安全审计系统来检测记录可能的网络非法行为，并对其进行调查分析和总结，从而加固系统的安全。

12.2.4　措施建设

通过对区政务信息中心将来运行环境的分析，我们提出了相应的安全规划，同时明确了用户的安全需求，下面列出的是关于安全集成设计的说明，以切实可行的方案满足用户的需求。

➢ 将各个业务不同的服务器按照其功能划分为几个服务器区，同时针对各个服务器区的职能和个别业务的需求，划分严格的安全策略。因此除了在防火墙实施严格的安全访问控制策略外，还需要在网络 VLAN 划分时，详细考虑网络各部分的规划。

➢ 由于各个应用服务器以及数据服务器的重要性，应部署入侵防御系统、安全审计系统等设备，对区域内重要服务器的访问行为进行多种防护。

➢ 为了保障系统的稳定性，重要网络部分均采用双链路连接。

➢ 现在的网络面临着各种各样的安全威胁，如蠕虫病毒、黑客的攻击、用户误操作等等，因此需要对整网的数据流进行监控，一旦发现可疑的行为，应迅速采取相关的安全手段，将攻击带来的影响最小化。

➢ 为了数据的统一存储及提高磁盘空间的效率，将建立一套全网的 SAN 系统以方便数据的存储。

➢ 在区网络中心以外的地方增加一台磁带备份服务器，以使系统崩溃或灾难发生时数据不会被丢失，并能恢复到崩溃或灾难之前的运行状态。

➢ 信息系统中每个服务器的安全情况都直接影响到整个信息系统的安全。因此，建设一个安全的信息系统首先要做的就是确保信息系统中的每一台服务器安全状况良好，这是通过对整个服务器群区域内的服务器进行系统安全加固来实现。

➢ 随着区电子政务网络平台的扩展，越来越多的用户单位都接入这套网络，极需对接入的 PC 机的防病毒软件和病毒库做统一的管理和更新。

➢ 随着网络平台的扩展，涉及到的网络设备种类、数量繁多。不可能通过人工一台一台地进行维护，这样就给管理和维护人员带来了极大的挑战。通过一个统一的管理平台，能够内嵌和调用其他厂商的监管系统，对各种设备进行自动的远程实时监控和分析，找出故障点和原因，以便及时采取相应措施，并提高工作效率。

➢ 为了保障应用系统的安全，提供详尽的应用安全措施。

综合以上设计思想，新区政务网络系统安全设计如图 12.2 所示。

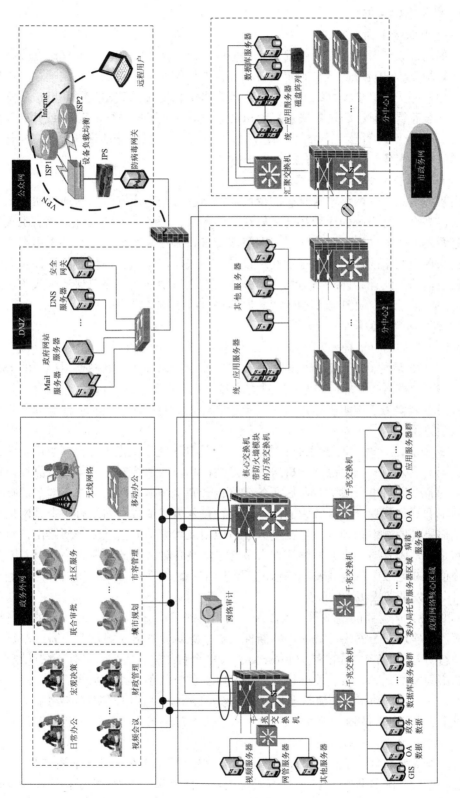

图 12.2　新区政务网安全设计拓扑图

1. 网络基础设施安全

1) 网络设备安全配置

在系统的详细设计阶段，对网络中每个设备的功能就应该有明确的定义。在设备部署过程中，应该根据设计阶段的定义确定设备应提供的网络服务，对于设计定义之外的网络服务应该禁用，因为不必要的网络服务只会为攻击者提供更多的攻击途径和门户。除此之外，有两点应该着重注意：即设备缺省配置和已知的不安全服务。很多设备(或其中软件系统)为了方便用户应用，都会有一个出厂缺省配置。一定要根据系统的详细设计文档仔细核对设备提供的网络服务，禁用不该有的缺省服务。

2) 核心设备及重要区域链路的冗余

由于区政务信息中心网络本身具有的特性，网络核心是整个网络的交通枢纽，如果网络核心瘫痪，整个信息系统的应用将随之崩溃。随着公共服务业务的展开，政府机关日常办公对信息系统的依赖性增大，因此采用网络双交换核心成为大势所趋，并采用高性能的三层交换机来保证网络的连通性和稳定性。该项目将采用网络双交换核心的设计理念，以及重要区域双链路的设计，同时与另外两个分中心建立环状网络，充分保证区政务信息中心的高可用性和稳定性。如图 12.2 中的"政府网络核心区域"模块所示。

3) 网络出口的负载均衡

网络出口负载均衡有多种方式可以实现。针对不同方式分析如下：

➤ 单一的 ISP 运营商的两条链路同一点接入。整个网络接入互联网使用单一的 ISP 链路运营商，就等于将网络对外访问的可靠性完全依靠在单一的 ISP 链路运营商身上。采用双链路的目的本来就为了预防因运营商的故障造成对外访问中断，同一运营商的两条链路很难解决这个问题。

➤ 单一的 ISP 运营商的两条链路不同点接入。这样可能在一定程度上减小用户两条链路被放置在同一运营商同一地点同一机房的可能性，相对增加了对外访问的可靠性，但是当该运营商的整个网络出现故障时，这两条链路也会完全瘫痪。两条链路不同点的接入方式还将给网络的管理和划分造成较大的问题。这种接入方式造成了网络有两个外网出口的事实，这就需要区的网络管理人员自己划分哪些应用或者哪些人员从哪个网络出口对外访问。这实际是非常困难的，首先网络管理人员必须清楚各种应用的流量大小，以及人员访问出现的峰值，在区政务网高速发展的情况下，应用不断增多，一旦将应用与出口划分固定，就会对今后发展造成极大的障碍。

➤ 不同的 ISP 运营商的链路同一点接入。采用不同运营商的链路，对出口的瓶颈进行适当的缓解，并实现整个网络出口的不间断性，这就意味要部署负载均衡设备，对这两条链路进行动态的分配，当某条 ISP 链路掉(down)时，整个负载就直接划到另外一条链路上去，保证网络的不间断性。同时负载均衡设备还可实时地调整两条链路的负载情况，当一条链路流量过大时，可以自动将部分流量调整到另一条链路上，真正地发挥双链路的作用。

根据以上三种情况的分析，确定第三种方式是最合理的接入方式。负载均衡设备部署如图 12.2 中的"公众网"模块所示。

负载均衡设备都是串接在网络出口处。通过该设备，区政务外网就无需通过 ISP 协作、大带宽连接、选定的 IP 地址块、ASN 或高端路由器来消除系统故障。由于链路控制器解决方案不依靠 BGP 提供故障切换功能，它不存在 BGP 多归属所面临的延迟、高更新成本、次等流量管理等问题。通过使用链路控制器，能够使用成本低的带宽，并且可对基于性能、成本和业务政策的链路选择进行完全的粒状控制。

2. 边界安全

1) 边界策略的制定

在区政务网络基础平台建设中，由于职能和业务的不同，网络分为了不同的区域。我们需要按照不同的要求对每个区域采取相对独立的策略设置。网络核心由配置了防火墙模块的万兆交换机组成，重要的网络用户和视频服务、认证服务等直接通过核心交换机，由核心交换机上的防火墙模块处理这些数据流量，以保证这些用户和服务的数据交换的高速及时。如图 12.2 "政府网络核心区域" 模块所示。

对于其他跨区域的数据流量，要严格制定网络边界策略。比如，对于对外服务的 Mail 服务器、政府网站服务器和 DNS 服务器来说，　方面要面对互联网上的用户访问，一方面还要访问位于数据库区的门户系统数据库。数据库区域是整个信息网络平台的核心，其安全级别是远远高于对外服务区的，因此我们就要制定相应的边界访问策略，只允许政务中心服务器的固定 IP 和固定端口访问门户数据服务器的相应端口。同样，由于信息平台中包括政务网络用户和办公人员，我们也要针对他们定制相应的边界策略，区分不同区域的访问权限。

2) 防火墙

如图 12.2 所示，本项目除配置了两块核心交换机防火墙板卡外，还有三台防火墙，分别位于分中心 1 核心交换机、分中心 2 核心交换机和互联网出口的边界。

> 核心区域的防火墙部署

核心交换区域是所有应用服务的核心，在功能上与网络的核心类似，所有的服务处理及数据库集中于此，而且任何原因造成的破坏和中断都会造成严重后果。为了保障全区应用服务的安全运行，对于这一区域的安全保护措施必须加强。另外这一区域不同于连接 Internet 区域，由于服务及数据量非常集中，数据量及延迟的要求是这一区域安全设计必须考虑的问题。鉴于这些原因，在核心交换区域的核心交换机上配备了防火墙板卡，在保证服务器区域安全的同时也排除了由于安全措施对各种服务的延迟影响，如图 12.2 所示 "政府网络核心区域" 模块核心交换机防火墙配置。

> 外网出口区域的防火墙部署

Internet 区域属于全开放区域，不但数据流量大，而且由于没有统一的安全保障体系，病毒、攻击、入侵、非法站点随处可见。为了保证区政务外网网络的安全，对于这两个网络的连接只在策略上采取控制手段是远远不够的，必须通过专门的设备来保证内部网络的安全。因此通过对一台千兆防火墙来达到硬件级的隔离效果，具体部署在核心交换机与外网之间，分别强制所有由内向外和由外向内传输的数据必须经过防火墙的安全处理。同时在技术方式上内部网络访问 Internet 统一通过 NAT 方式，借助 NAT 技术的地址安全保障功能使外部网络无法获知内部网络情况，从而阻断绝大部分攻击。DMZ 区服务器通过外网防火墙进行安全的数据交换。如图 12.2 所示 "公众网" 模块和 "DMZ" 模块防火墙配置。

3) 入侵防御系统与入侵检测

入侵防御对于网络的安全运行和改进完善起着极其重要的作用，通过对全网内所有数据流的实时采集与分析，使得我们能够洞察内部网络的各种非法行为。

入侵防御同时也可以对网络的操作做一个完整的记录，当违反网络安全规则的事件发生时，能有效地追查责任和分析原因，必要时还能为惩罚恶意攻击行为提供必要的技术证据。如果与报警功能结合在一起，就可以在违反网络安全规则的事件发生之后，或在威胁网络安全的重要操作进行时，及时制止和补救，避免损失扩大。

由于对区政务网络的入侵主要集中在连接 Internet 的出口区域，所以从安全方面考虑，在这个区域内布设入侵防御设备，可以更为有效地阻断入侵行为，为网络管理人员提供重要的数据依据，并在第一时间对入侵行为进行阻断。

入侵防御的部署如图 12.2 "公众网" 模块所示。在 Internet 与防火墙之间串行接入 IPS 设备，使其不但能对来自 Internet 的数据进行分析和检测，也能够对内网中的 DMZ 区、核心交换机和应用服务器汇聚交换机等的数据流进行实时采集与分析，使得我们能够洞察网络内外的各种非法行为，及时弥补安全漏洞。

通过入侵检测设备，可以实时监控整个网络的数据流量，实时发现攻击行为并立即报警，为动态网络安全防御提供了良好的基础设备支持。利用入侵检测系统，可以在无人干扰的情况下进行 7×24 小时的安全监控，一旦发现入侵行为，可以及时地通知管理人员，或者采取其他相应的措施，如切断可疑连接等。

4) 网关防病毒

区政务外网的 Internet 出口处，是各类病毒进入的重要途径，网关防病毒技术能够在网络边界处，对混合型病毒进行全面扫描，防止病毒通过网络边界传入。网关防病毒的部署如图 12.2 "公众网" 模块所示。

将防病毒网关部署在互联网的出口处，对进入的数据进行扫描，以阻止病毒爆发、堵塞网络病毒(Internet 蠕虫)，并在病毒爆发期间阻塞高威胁漏洞，隔离并清除包括无保护设备(当其进入网络时)在内的传染源。防病毒网关不仅能够采取准确的预防病毒爆发的安全性措施，并且能够前瞻性地检测、预防并排除病毒爆发的危险。

3. 计算机环境安全

1) 统一防病毒体系

在网络中，病毒已从存储介质(软、硬、光盘)的感染发展为网络通信和电子邮件的感染。其传播速度极快，破坏力更强。据统计，一个新病毒从一台计算机出发后仅六个小时就足以感染全球互联网机器。网络一旦被病毒侵入而发作，将会对重要数据的安全、网络环境的正常运行带来严重的危害。

区政务外网的安全非常重要，一旦病毒发生与扩散，造成的后果不可估量，所以防止计算机病毒是区政务外网安全设计的重要环节。

整个病毒防护系统的部署包括三个部分：服务器父中心端、服务器子中心端和客户端。

由于区政务外网信息点较多，在政务网核心区应该部署专用的防病毒服务器，同时，在各个分中心同样应该部署防病毒服务器，对防病毒客户端要进行集中管理，安装防病毒客户端软件，防病毒控制中心要能够对所有的客户端进行强制防病毒策略的实施，避免人为因素造成病毒防护失败。

应选用具有多层病毒防护体系的防病毒软件来构建区政务网的防病毒部署,由防病毒父中心对位于不同区域的一级防病毒子中心和直属客户端进行控制和更新,再由防病毒一级子中心对所属的防病毒客户端或二级子中心进行日常的维护和更新,由此形成多级的立体的防病毒体系。

2) 网络审计

安全审计是网络安全系统中的一个重要环节。各单位信息网络都包含了许多业务系统,对于一些重要业务系统的操作访问需要进行审计,防止滥用。

通过安全审计技术能够收集审计跟踪的信息;通过列举被记录的安全事件的类别(例如对安全要求的明显违反或成功操作),能适应各种不同的需要。已知安全审计的存在可对某些潜在的侵犯安全的攻击源起到威慑作用。

如图 12.2 中的"政府网络核心区域"模块所示,在核心交换机处安装一台网络安全审计系统,并采用统一的控制中心进行管理。网络安全审计系统上有两种端口,分别为管理端口和探头。分布型网络安全审计系统由控制中心和检测引擎组成,控制中心是安装在客户指定的服务器上的软件,检测引擎是有管理端口和探头的硬件设备。网络审计系统能够实现实时采集网络中对应用系统的访问信息,进行协议分析,恢复还原应用层数据,自动记录重要的事件,协助网管人员全面地掌握网络使用情况,及时发现、制止非法访问。审计范围是与外网相连接的链路,通过在交换机做镜像来采集数据。

4. 支撑性基础措施安全

支撑性基础措施安全包括公钥体制建设和系统综合管理平台两个方面。

1) 公钥体系建设

公钥体系建设分为两个方面:统一授权管理和统一认证,两者是相互关联的有机整体,其目的是为了解决电子政务网络中要解决的安全核心问题,包括网络中各实体身份认证、身份真实性、授权合法性及信息的保密性、完整性和不可抵赖性。其平台建设应根据系统应用当前的实际情况,有计划、有重点地进行和展开,先建立证书应用环境,即部署证书发放模块(RA 系统)实现基于证书的身份认证,然后扩大应用范围,并实现重要业务的责任认定,最后待该平台从功能上、性能上、稳定性等几个方面不断完善以后,将其同各类应用平台集成,实现安全应用系统。

区电子政务网络公钥体系建设主要包括 SHECA RA 系统建设、应用系统安全认证建设和网络远程接入认证建设三个方面(注:SHECA,即上海电子商务安全证书管理中心,是上海市唯一从事数字证书签发和管理业务的权威性认证中心)。

(1) SHECA RA 系统建设。SHECA RA(以下简称"RA")作为 SHECA 系统证书管理服务功能在区电子政务各单位的延伸,不但能够方便自行管理数字证书,更能根据各自应用的具体情况进行证书信息定制,使得数字证书更能满足对用户属性信息的需要。RA 系统建设需要部署以下内容:

➢ RA 服务器:RA 服务器作为 RA 服务的主体,需要首先在用户单位进行安装部署;

➢ 管理终端:管理终端的作用是对 RA 服务器进行日常维护和管理;

➢ 制证终端:制证终端的作用是对用户证书的申请、审核、制作、管理;

➤ 防火墙：若用户有条件，最好在 RA 服务区出口处部署一台防火墙，用以加强 RA 服务区的网络环境安全性；配置政务外网与互联网的边界防火墙，以使得 RA 服务器能够同 SHECA 指定的服务器建立通信。

(2) 应用系统安全认证建设。应用系统安全认证建设作为数字证书的典型应用，不但技术成熟，部署迅速，而且效果突出，用户操作便捷，因此推荐采用其作为初次建立安全支撑平台的工作内容。应用系统安全认证建设需要部署以下内容：

➤ 安全认证网关部署：安全认证网关作为应用系统安全认证的重要组成部分，能够实现基于数字证书的用户身份安全认证、访问控制、数据传输加密，并为应用系统提供用户证书信息获取接口。安全认证网关部署在客户端和应用服务器通信链路之间。

➤ 应用系统接入：根据安全认证网关获取用户证书信息的接口，改造用户登录认证模块。

➤ 客户端：安装数字证书 USB Key 驱动。

➤ 防火墙配置：若在应用服务区和用户工作区之间部署防火墙，需要配置防火墙开放安全认证网关端口，允许客户端访问该端口。

(3) 网络远程接入认证建设。网络远程接入认证建设的目标是基于 SHECA 签发的数字证书，通过部署安全认证网关，实现工作人员能够通过 Internet 网络安全地连接到电子政务网，并能够正常使用各应用系统。网络远程接入认证部署内容包括远程接入认证客户端和安全认证网关两方面，其中前者采用数字证书和安全认证客户端套件，实现基于数字证书的远程登录，实现双网独立；后者采用 SSL/VPN 技术，实现对客户端证书验证和访问控制，在客户端和服务端建立高强度加密的安全通信链路。部署具体内容如下：

➤ 在互联网和电子政务外网边界防火墙的 DMZ 区部署安全认证网关，如图 12.2 中 DMZ 模块所示，以确保所有需要进入政务外网的访问请求都必须首先通过安全认证网关的认证后才能进行；

➤ 在边界防火墙中配置策略，允许外部用户访问安全认证网关的服务端口(仅需一个端口即可)；

➤ 在需要进行远程访问电子政务外网应用的终端计算机上安装安全认证客户端软件，以实现对政务外网的访问以及客户端策略的执行；

➤ 在安全认证网关上配置访问控制策略，如允许哪些用户访问哪些应用，是否允许客户端在访问政务外网的时候访问互联网的其他应用。

2) 系统综合管理平台

对区中心大楼内政务平台的所有小型机、服务器、存储设备、网络设备、UPS、机房空调设备进行监控。该平台要能够实现对网络设备、服务器和机房中的各种设备的运行情况进行监视，能够提前对设备的异常情况发出报警，及时控制异常设备。平台由网络管理和机房环境监控组成。

(1) 网络管理系统。由于新网络中心的网络规模大，设备多，还有很多重要应用服务器，因此需要通过高效的网络管理系统对整个网络进行监控，从而保证网络的正常运行。好的网关系统不仅在网络发生故障时能够报警并准确快速定位故障点，而且还要在故障发生前就能够根据各种网络设备的流量、负载的情况，及时察觉网络的异常，将网络故障消灭在萌芽状态。网络管理系统能解决的问题有以下几方面：

➤ 提供网络稳定安全运行最为强大的技术保障，使业务运营连续高效。

➤ 完全掌握全网整体结构，有助于发现网络瓶颈，优化网络结构，便于做出网络升级参考。

➤ 及时的预警以及告警、快速的故障定位以及恢复，提高了网络运行质量以及稳定性。

➤ 降低故障发生率，提升用户满意度。

➤ 扩大业务市场占有率，直接带来效益。

➤ 网络的科学升级，从而避免浪费，保护投资。

➤ 强大的报表系统体现了整个网络的运行情况和工作业绩。

(2) 机房环境监控系统：包括七个组成部分，UPS 设备监控、机房专用空调监控、配电设备监控、门禁系统监控、机房环境监控、直放站合入器监控和图像监控。根据要求，我们为区政务网机房安装其中的四部分。

➤ UPS：机房内的 UPS 对于网络设备是至关重要的，它不仅在断电时为网络设备提供电源，而且在正常供电时也能对市电进行滤波和功率因素修正，可以完全解决所有的电源问题，如断电、市电高/低压、电压瞬时跌落、减幅振荡、高压脉冲、申压波动、浪涌电压、谐波失真、杂波干扰、频率波动等申源问题。所以 UPS 是否正常工作，对网络系统是很重要的。机房环境监控设备能够对 UPS 工作状态进行监控，并通过监控系统输出相应的数据，显示在大屏幕上，使工作人员能够非常直观地了解 UPS 的工作状态。同时当 UPS 处在非正常工作状态下时，机房环境监控系统会立刻联动报警系统，通过声光、电话、PB 机等报警。

➤ 环境监控：该系统能够准确地探测机房内的温度、湿度等。工作人员对环境监控系统设定阈值，保证机房环境在其设定的范围内，一旦机房的环境与我们对系统设定的状态不符，该系统会立即通过声光、电话、PB 机告警。

➤ 图像监控：对图像的监控即对闭路监控系统的控制，能与其他监控设备联动，也可独立控制。

➤ 空调监控：该系统能够遥测空调回风温度、湿度，压缩机、风机、加湿器、加热器的工作状态，对温度过高或过低、湿度过大或过小、风机故障、压缩机故障、加湿器故障、排气压力过高、进气压力过低等所有状态进行告警，并具有遥控开机、关机，温、湿度设置，告警复位等功能。

➤ 其他监控：机房环境监控系统暂时不需要对配电设备系统监控，但我们在监控系统中预留了配电接口，对以后配电系统扩大升级需要监控时，可以轻松实现配电系统监控的兼容。对门禁的监控需要门禁系统开放其协议，从而实现对门禁的开关状态以及人员进出状态的读取，但门禁系统暂时无法提供其协议，所以我们预留门禁系统接口。

12.2.5　产品选型

1. 防火墙(千兆)

1) 防火墙性能要求

根据网络设计要求防火墙处理能力应达到 2 Gb/s；最大并发连接数应大于 200 万；每秒新建连接数应达到 25 000；延时应小于 40 μs；VPN 隧道数应达到 2000；应支持虚拟网卡

技术；支持内核级会话检测；支持 QoS；支持 VPN；支持本地认证、Radius 认证；支持 LDAP 认证；支持一次性口令认证；支持 X.509 证书；支持分级管理；支持配置文件的导入导出；支持条件查询日志以及多种输出方式；支持状态监控；支持 TCP/IP、IPX、H.323、SIP、MSN 协议；支持 802.1Q；支持双机热备；支持负载均衡；支持多出口的路由均衡；MTBF(最大平均无故障时间)应达到 100 000 小时。

2) 防火墙产品选型

根据以上性能指标要求，我们选择了华依 HY-F2000K(U)、天融信 NGFW4000、网御神州 SecGate_3600-G7 三款市场定位相同的主流厂商的核心交换机产品进行对比分析，具体对比结果和综合各项指标后的综合评价分别如图 12.3 和图 12.4 所示。

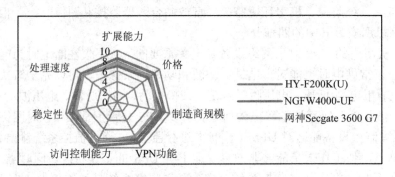

图 12.3　防火墙产品对比

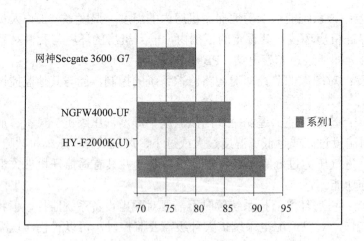

图 12.4　防火墙产品综合评价

根据上面的对比结果，建议采用华依公司的 HY-F2000K(U)防火墙。

2. 负载均衡

1) 负载均衡系统性能要求

网络负载均衡建立在现有网络结构之上，它提供了一种有效、透明的方法来扩展网络设备的带宽，增加吞吐量，加强网络数据处理能力，提高网络的灵活性和可用性。因为大量的并发访问或数据流量流经负载均衡设备，所以其产品的稳定性、处理能力至关重要，同时产品的可管理性和安全性非常重要。主要技术指标为：背板能力≥14 Gb/s；流量吞

量≥500 Mb/s；二层能力：线速；四层能力≥6 万；七层能力≥2.2 万；并发会话数量≥400
万；支持 HA：心跳及网络两种方式，支持毫秒级双机切换；平均无故障时间≥50 000 小时；
支持多种均衡算法；提供 API 接口支持 SSH，HTTPS(Web)安全管理；应用加速，服务器和
带宽成本低；具备 IP 应用的集成解决方案。

2) 负载均衡系统产品选型

根据以上性能指标要求，我们选择了 Radware 公司的 LinkProof 202 和 F5 公司的 Big-IP
Link Controller 1500 两款负载均衡系统产品进行对比分析，具体的对比结果和综合各项指标
后的综合评价分别如图 12.5 和图 12.6 所示。

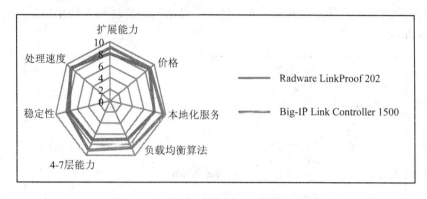

图 12.5　负载均衡系统产品对比

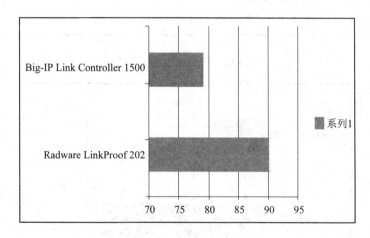

图 12.6　负载均衡系统产品综合评价

根据上面的对比结果，建议采用 Radware 公司的 LinkProof 202 负载均衡产品。

3. 入侵防御

区政务网信息系统防御入侵的要求除了采用防火墙外，还需要配备入侵防御设备作为
防火墙的补充，实时检测内部网络，发现非法入侵则通过防火墙联动阻断。

1) 入侵防御系统功能要求

在互联网出口处部署 IPS 设备，要求采用成熟、稳定的产品。由于 IPS 为串联设备，为
保证网络的稳定性，要求一旦 IPS 设备出现问题，可以通过旁路避免影响用户使用网络。IPS
对所有流经的数据进行深度分析与检测，具备实时阻断攻击的能力，同时应对正常数据流

量不产生任何影响。IPS 应可以有效检测并实时阻断隐藏在海量网络流量中的病毒、攻击与滥用行为，也可以对分布在网络中的各种流量进行有效管理，从而达到对网络中各应用的保护、网络基础设施的保护和网络性能的保护。IPS 应在跟踪流状态的基础上，对报文进行二至七层信息的深度检测，可以在蠕虫、病毒、木马、DoS/DDoS、后门、Walk-in 蠕虫、连接劫持、带宽滥用等威胁发生前成功地检测并阻断，IPS 也能够有效防御针对路由器、交换机、DNS 服务器等网络重要基础设施的攻击。

2) 入侵检测系统产品选型

根据以上性能指标要求，我们选择了 Radware 的 DP-202 和 TippingPoint 的 TippingPoint 200 两款入侵检测系统产品进行对比分析，具体的对比结果和综合各项指标后的综合评价分别如图 12.7 和图 12.8 所示。

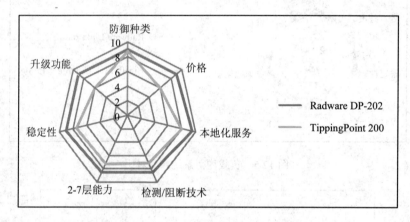

图 12.7　入侵检测产品对比

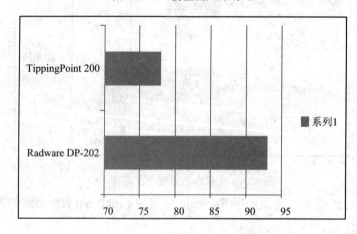

图 12.8　入侵检测产品综合评价

根据上面的对比结果，建议采用 Radware 公司的 DP202 入侵检测产品。

4. 网络审计系统

1) 网络审计系统性能要求

安全审计系统应包括对 HTTP、TELNET、FTP、SMTP、POP3、SMB、ICQ、OICQ、MSN Messenger 等协议的审计，并应该包括对网络中的 TCP 和 UDP 协议流量、所有主机的通信流量和当前的 TCP 活动连接流量进行统计。

2) 网络审计系统产品选型

根据以上性能指标要求，我们选择了三零鹰眼 NSAS1000-4A 和复旦光华 S_Audit 两款网络，具体的对比结果和综合各项指标后的综合评价分别如图 12.9 和图 12.10 所示。

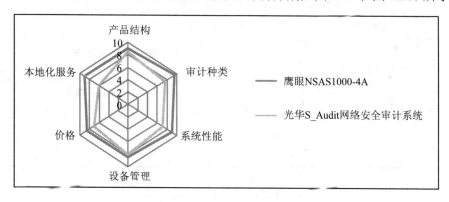

图 12.9　网络审计系统产品对比

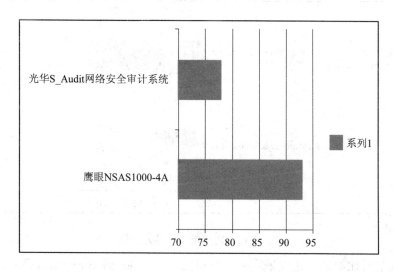

图 12.10　网络审计系统综合评价

根据上面的对比结果，建议采用三零公司的鹰眼 NSAS1000-4A 产品。

5. 网络防病毒

1) 产品性能要求

网络防病毒产品的主要技术指标参数要求能够支持 7000 用户使用；包括对网络中所有客户端、服务器的邮件和网关的病毒防护；拥有广泛的平台支持，具备自动化集中管理能力和先进的扫描轮询方式；具备强大的病毒查杀和修复能力，以及全方位的域保护能力；快速响应和病毒库更新，具备强大的系统管理能力，网络自动更新，软件分发，以及良好的自我保护机制。

2) 防病毒产品选型

根据以上性能指标要求，我们选择了 symantec 公司的 antivirus 和趋势公司的 Client

Server Suite 两款在国内占有率最高的网络防病毒产品进行对比分析，具体的对比结果和综合各项指标后的综合评价分别如图 12.11 和图 12.12 所示。

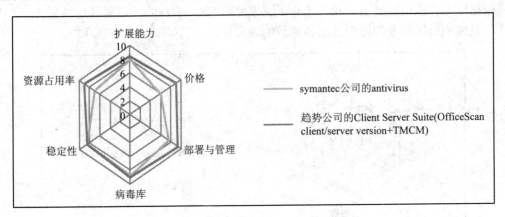

图 12.11　防病毒产品对比

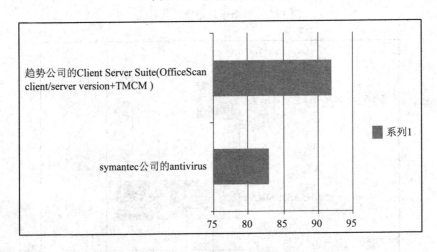

图 12.12　防病毒产品综合评价

根据上面的对比结果，建议采用趋势公司的 Client Server Suite(OfficeScan client/server version+TMCM)产品。

6. 病毒网关

各单位信息网络的多个边界，是各类病毒进入的重要途径，网关防病毒技术能够在病毒进入网络前即在网络边界进行全面扫描，防止病毒通过网络边界传入。

1) 防毒网关性能要求

防病毒网关应具备策略处理引擎，能实现精密复杂的基于各种类型和属性的安全策略；具备 Web 知识框架结构，精通 Web 信息流量所涉及到的各种核心技术，为策略处理引擎提供策略控制的依据；具备可视化策略管理器，具有直观的、图形化的用户界面，为分布于整个企业网络范围内的所有专用设备设置和管理安全策略；具备基于目录的认证功能，可与 RADIUS、LDAP 和 NTLM 等多个不同的后台认证目录服务集成；具备基于网络的认证功能，可根据 IP 地址、子网或其他网络标识识别用户；具备病毒扫描、DoS 攻击防御、URL

过滤、根据 MIME 类型过滤功能；具备流媒体带宽管理、内容转换、配置管理、实时日志和事件通知、全面的日志和统计报告及配置恢复功能。

2) 病毒网关产品选型

根据以上性能指标要求，我们选择了 Mcafee 公司的 Mcafee Secure Web Gateway-SWG 和趋势公司的 IWSA-2500-EE-S2 两款病毒网关产品进行对比分析，具体的对比结果和综合各项指标后的综合评价分别如图 12.13 和图 12.14 所示。

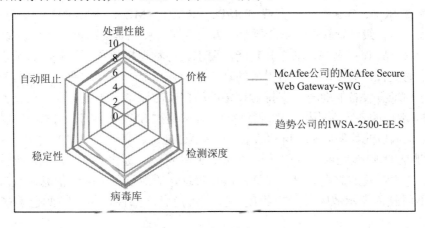

图 12.13　病毒网关产品对比

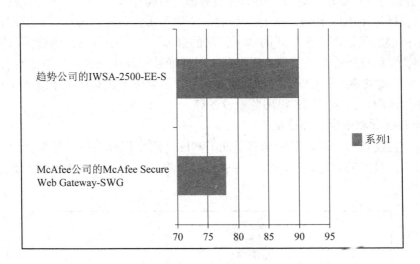

图 12.14　病毒网关产品综合评价

根据上面的对比结果，建议采用趋势公司的 IWSA-2500-EE-S 产品。

7. 系统综合管理平台

1) 系统综合管理平台性能要求

系统管理软件要有成熟的体系架构，基于统一的管理平台；要以模块化的方式构建系统管理的各个部分，具有对服务器、数据库等关键资源的监控能力、故障事件分析和处理能力；应具备良好的授权机制及安全性，对所有的管理动作都有日志记录；应支持主流的操作系统和数据库，具有良好的扩展性，应有很好的对第三方产品的支持能力；应具有中文界面，并具有图形化和基于 Web 的操作界面；应具备对历史性能数据良好的管理能力，能够灵活地绘制历史性能数据报表并展现各种性能报表——如周报、月报、季报等等；对于历史数据的膨胀应具备合理的自我裁减功能。

(1) 网络管理：主要对系统内各类交换机、路由器设备进行监控和管理；针对网络拓扑、网络故障进行分析、监控和管理；以及针对网络性能进行监控和管理。网络管理应具备国内自主知识产权，全中文操作界面，系统支持 Windows、Linux 和 Unix 等各种操作系统和标准数据库如 SQL、Oracle 等；支持 SNMP、TRAP、RMON、RMON2、NetFlow、Telnet 等管理协议；平台级网管软件，不需要第三方网管即可实现对桌面机、网络设备、服务器、应用程序的统一管理；支持自动拓扑功能，要求具有物理拓扑和逻辑相结合的功能；支持网络设备实时监视，可以动态获得设备的真实面板，可显示不同厂商、不同型号设备的物理面板，包口堆叠设备的面板；支持对设备的端口实时流量、历史流量的监视；能够监视全网、设备、端口的各种性能指标并进行统计；要求通过 SNMP 协议的方式，实现 IP、MAC 地址与交换机端口的管理；要求自动获取 IP、MAC 地址、交换机端口的对应关系，支持对 IP、MAC 地址的绑定功能；支持对服务器软、硬件资产、进程的管理，同时支持对服务器实时性能、历史性能的监视；提供灵活的故障管理，监测设备的故障信息，将故障定位到端口，用不同颜色表示故障的严重程度；提供短消息、邮件、声音、颜色等多种告警方式等。

(2) 服务器管理：要求针对系统内所有服务器进行监控和管理，要求能提供完善的报表系统，重点包括对 CPU、磁盘、内存的性能、文件和文件系统以及进程的监控和管理。具体的管理功能要求包括提供集中式的基于策略的管理方式、服务器系统资源监控的参数配置灵活简便、采用智能的监控策略、提供对实时性能数据和历史性能数据的查看功能等。

(3) 机房环境监测：除了以上管理功能要求外，还要考虑到对区电子政务平台计算机机房相关设备的监测，包括空调、机房监控设备等。

2) 系统综合管理平台产品选型

根据以上性能指标要求，我们选择了北塔和网强两个厂商的网络综合管理平台产品进行比较和分析，具体的对比结果和综合各项指标后的综合评价分别如图 12.15 和图 12.16 所示。

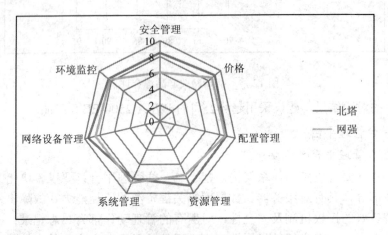

图 12.15　网络综合管理平台产品对比

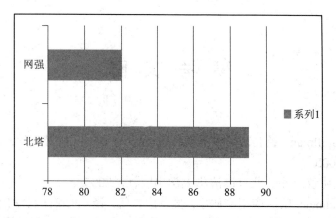

图 12.16 网络综合管理平台产品综合评价

根据上面的对比结果，建议采用北塔公司的网络综合管理平台产品。

习 题

综合运用所学安全技术，为周围的网络系统应用设计一个网络安全方案。

参 考 文 献

[1]　[美]Richard Spillman. 经典密码学与现代密码学. 1 版. 叶阮健，等. 译. 北京：清华大学出版社，2005

[2]　卿斯汉. 安全协议. 1 版. 北京：清华大学出版社，2005

[3]　[美]旋奈尔(Schneier,B.). 应用密码学. 吴世忠，等. 译. 北京：科学出版社，1999

[4]　William Stalling. 密码编码学与网络安全：原理与实践. 杨明，胥光辉，齐望东，等. 译. 北京：电子工业出版社，2001

[5]　[美]Charlie Kaufman，Radia Perlman，Mike Speciner. 网络安全——公共世界中的秘密通信. 许建卓，左英男，等. 译. 北京：电子工业出版社，2004

[6]　胡向东，魏琴芳. 应用密码学教程. 北京：电子工业出版社，2005

[7]　薛质，苏波，等. 信息安全技术基础和安全策略. 北京：清华大学出版社，2007

[8]　袁家政. 计算机网络安全与应用技术. 北京：清华大学出版社，2004

[9]　邓亚平. 计算机网络安全. 北京：人民邮电出版社，2004

[10]　黄传河，杜瑞颖，张沪寅，等. 网络安全. 武汉：武汉大学出版社，2004

[11]　戴英侠，连一峰，王航. 系统安全与入侵检测. 北京：清华大学出版社.2002

[12]　何德全，肖国镇，唐正军，等. 入侵检测技术. 北京：清华大学出版社，2004

[13]　[美]Brian Caswell，等. Snort 2.0 入侵检测. 宋劲松，等. 译. 北京：国防工业出版社，2004

[14]　南湘浩，陈钟. 网络技术概论. 北京：国防工业出版社，2003

[15]　姚顾波，刘焕金，等. 黑客终结——网络安全完全解决方案. 北京：电子工业出版社，2003.

[16]　[美]Dr.Cyrus Peikari，Seth Fogie. 无线网络安全. 周靖，等. 译. 北京：电子工业出版社，2004

[17]　曹秀英，耿嘉. 无线局域网安全系统. 北京：电子工业出版社，2004

[18]　刘健伟，王育民. 网络安全——技术与实践. 北京：清华大学出版社，2005

[19]　张基温. 信息系统安全原理. 北京：中国水利水电出版社，2005

[20]　王达，等. 虚拟专用网（VPN）精解. 北京：清华大学出版社，2004

[21]　[美]Allan Liska.网络安全实践. 王嘉祯，等. 译. 北京：机械工业出版社，2004

[22]　张仁斌，李钢，侯整风. 计算机病毒与反病毒技术. 北京：清华大学出版社，2006

[23]　韩筱卿，王建锋，钟玮，等. 计算机病毒分析与防范大全. 北京：电子工业出版社，2007

[24]　潘瑜，臧海娟，何胜. 计算机网络安全技术. 北京：科学出版社，2006

[25]　[美]Anne Carasik-Henmi. 防火墙核心技术精解. 李华飚，柳振良，王恒，等. 译. 北京：中国水利水电出版社，2005

[26] [美]Aron Hasiao. Linux 系统安全基础. 史兴华. 译. 北京：人民邮电出版社，2002

[27] 王石. 局域网安全与攻防：基于 Sniffer Pro 实现. 北京：电子工业出版社，2006

[28] 戚文静，刘学. 网络安全原理与应用. 北京中国水利水电出版社，2005

[29] 王常吉，龙冬阳. 信息与网络安全实验教程. 北京：清华大学出版社，2007

[30] [美]Greg Holden. 防火墙与网络安全：入侵检测和 VPNs. 工斌，孔璐. 译. 北京：清华大学出版社，2004

[31] 斯桃枝，杨寅春，俞利君. 网络工程. 北京：人民邮电出版社，2005

[32] 西安西电捷通无线网络通信有线公司，GB 15629.11-2003，《信息技术系统间远程通信和信息交换局域网和城域网特定要求第 11 部分：无线局域网媒体访问(MAC)和物理(PHY)层规范》. 北京：中国标准出版社，2003

[33] 中国宽带无线 IP 标准工作组. http://www.chinabwips.org

[34] Port-Basea Network Access Control，IEEE Std 802.1X-2001，available from http://ieeexplore.ieee.org/xpl/tocresult.jsp?isNumber=20246

[35] L.Bluck and J. Vollbrecht, "PPP Extensible Authentication Protocol (EAP)"，available from http://www.ietf.org/rfc/rfc2284.txt

[36] B. Aboba and D. Simon，" PPP EAP TLS Authentication Protocol"， available from http://www.ietf.org/rfc/rfc2716.txt

[37] C. Rigney , etc，"Remote Authentication Dial In User Service (RADIUS)"， available from http://www.ietf.org/rfc/rfc2865.txt

[38] WPA，http://www.wi-fi.org/opensection/protected_access.asp

[39] IPSec http://www.rfc-archive.org/getrfc.php?rfc=2401

[40] AH http://www.rfc-archive.org/getrfc.php?rfc=2402

[41] ESP http://www.rfc-archive.org/getrfc.php?rfc=2406

[42] The Point-to-Point Protocol (PPP). http://www.rfc-archive.org/getrfc.php?rfc=1661

[43] Point-to-Point Tunneling Protocol (PPTP) http://www.rfc-archive.org/getrfc. php?rfc=2637

[44] Layer Two Tunneling Protocol(L2TP) http://www.rfc-archive.org/getrfc.php?rfc=2661

[45] http://www.secnumen.com/technology/wanglouanquan.htm应用防火墙论坛

[46] http://www.chinahacker.com

[47] http://www.chinaitlab.com

[48] http://www.duba.net